人工智能技术专业群系列教材

主　编 ◎ 赵　娟
副主编 ◎ 李鑫平　张建军

C 语言程序设计

活页式教程

电子工业出版社
Publishing House of Electronics Industry
北京·BEIJING

内 容 简 介

本书通过工作任务的设置，由浅入深地介绍了使用 C 语言完成程序设计的流程、步骤、技术、方法。全书包括 11 个项目，采用活页式的理念组织任务模块，全面覆盖了 C 语言程序设计相关知识，构建了"项目导入+任务分解+总结提升"的内容组织体系，达到了知识与技能相融、技术与标准互通的目的，跨越了课前、课中、课后三个时间段，便于教师组织教学及学习者安排自学进度，为学习者搭建了一个实时互动的专业基础课学习平台。

本书既可作为职业院校相关课程的专用教材，也可作为 C 语言程序设计爱好者的自学读物。

未经许可，不得以任何方式复制或抄袭本书之部分或全部内容。
版权所有，侵权必究。

图书在版编目（CIP）数据

C 语言程序设计活页式教程 / 赵娟主编. —北京：电子工业出版社，2022.12
ISBN 978-7-121-44811-9

I. ①C… II. ①赵… III. ①C 语言—程序设计—高等学校—教材 IV. ①TP312.8

中国国家版本馆 CIP 数据核字（2023）第 001559 号

责任编辑：关雅莉
印　　刷：天津画中画印刷有限公司
装　　订：天津画中画印刷有限公司
出版发行：电子工业出版社
　　　　　北京市海淀区万寿路 173 信箱　邮编　100036
开　　本：787×1 092　1/16　印张：20.25　字数：518.4 千字
版　　次：2022 年 12 月第 1 版
印　　次：2022 年 12 月第 1 次印刷
定　　价：68.00 元

凡所购买电子工业出版社图书有缺损问题，请向购买书店调换。若书店售缺，请与本社发行部联系，联系及邮购电话：(010) 88254888，88258888。
质量投诉请发邮件至 zlts@phei.com.cn，盗版侵权举报请发邮件至 dbqq@phei.com.cn。
本书咨询联系方式：(010) 88254576，zhangzhp@phei.com.cn。

PREFACE 前　言

党的二十大报告指出："教育、科技、人才是全面建设社会主义现代化国家的基础性、战略性支撑"。职业教育作为教育的一个重要组成部分，其目的是培养应用型人才和具有一定文化水平和专业知识技能的社会主义劳动者和建设者，职业教育侧重于实践技能和实际工作能力的培养。在职业学校中，"C语言程序设计"是人工智能专业的一门重要专业课。

C语言是一种通用的计算机编程语言，功能强大，应用广泛，既具有高级编程语言的优点，又具有低级编程语言的许多特点，很适合编写系统软件。本书编者根据C语言程序设计的工作特点，面向职业院校学生的学习要求和广大程序设计爱好者的自主学习愿望，采用活页式理念编排，以任务为导向，循序渐进地培养动手能力。书中内容系统全面、清晰易懂、实用性强。

1. 本书特色

- ❖ 多点聚焦，体现活页理念：设计"项目导入+任务分解+总结提升"3个模块，使用11个项目展现了C语言程序设计的流程、步骤、技术、方法。
- ❖ 问题引领，体现项目导入：设计"案例+分析+问题+反思"4个环节，便于学习者快速梳理学习要点，不断增强学习者的学习主动性。
- ❖ 闭环反馈，体现任务实施：设计"任务准备+任务实现+任务测试+任务评价"4个步骤，构建融合互通的工作任务体系，不断增强学习者的综合能力。
- ❖ 阶梯递进，体现能力训练：设计"实例+实训+实战"3个阶梯，围绕核心层层递进，引导学习者不断提升程序编制与调试能力。
- ❖ 实时客观，体现学习测试：从"课前预习小测+任务学习小测+项目综合小测"3个角度，全时段、全方位检测学习者的学习效果，不断促进学习者查缺补漏。
- ❖ 资源齐备，体现学习辅助：配备"课程PPT+程序源代码+重点微课+习题答案+自测题库"等教学资源，为学习者提供有效的学习辅助。

2. 内容简介

本书包括11个项目，涵盖了C语言程序设计的所有核心知识点和技能点。

项目1和项目2通过对C语言程序编制及编译方法的讲解，使学习者掌握常量和变量的使用方法、相关数据类型的特性及复杂表达式的运算，实现C语言程序设计的快速入门。

项目 3~项目 5 从顺序、选择、循环三大结构特点入手，使学习者掌握相关输入/输出函数的使用方法，掌握 if 语句、while 语句、中断语句等的使用方法。

项目 6 从一维数组入手，使学习者掌握数组存储和遍历的方法，同时掌握数组元素的交换、赋值及求和等操作方法。

项目 7 从函数的定义入手，使学习者掌握函数定义形式、参数传递、返回值等必备知识，从而快速掌握函数的调用方法。

项目 8 使学习者快速掌握预编译处理的使用方法及常见错误和注意事项。

项目 9、项目 10 从不同类型指针变量的定义方法入手，使学习者掌握使用指针访问数组、字符串、函数等内容的方法，掌握结构体和共用体的使用方法及注意事项，使学习者具备用 C 语言程序设计处理复杂问题的能力。

项目 11 通过对文件的相关函数及其应用案例的讲解，使学习者掌握文件操作函数的使用方法。

3．编者团队

本书编者团队由校、企两方人员组成，团队中的所有成员均长期从事或参与 C 语言程序设计一线教学工作，同时具备丰富的项目实施经验，多年来团队教科研成果突出。

4．本书配套资源

本书配备了课程标准、单元设计、课程 PPT、习题答案、程序源代码、自测题库等基本教学资源，同时还提供了重难点知识的讲解及任务实现部分的重点步骤的分析等微课资源，微课资源以二维码的形式体现在教材内容中，学习者可随时扫码学习。

5．编写人员及分工

本书由赵娟任主编，负责全书的统稿、修改、定稿、配图和教学资源制作工作，由李鑫平、张建军任副主编。主要编写人员分工如下：党小争编写了项目 1、项目 9 和项目 11，王晓卓编写了项目 2、项目 8 和项目 10，赵娟编写了项目 3、项目 4 和项目 5，李鑫平编写了项目 6 和项目 7，张建军编写了项目 6 和项目 9 的部分任务实现。

本书倾注了编者的心血，由于编者水平有限，书中难免有疏漏之处，恳请各位学习者和专家批评指正。

编　者
2022 年 11 月

CONTENTS 目 录

项目 1　创建一个简单 C 语言程序 ………………………………………………001

　　项目导入　认识 C 语言程序 …………………………………………………002
　　任务 1　运行一个简单 C 语言程序 …………………………………………004
　　任务 2　C 语言程序基本结构分析 …………………………………………011
　　任务 3　算法的表示方法 ……………………………………………………016
　　项目小结及测试 1 ……………………………………………………………023

项目 2　数据类型及运算 …………………………………………………………027

　　项目导入　商品打折销售 ……………………………………………………028
　　任务 1　常量和变量的使用 …………………………………………………029
　　任务 2　基本数据类型的使用 ………………………………………………036
　　任务 3　复杂表达式运算 ……………………………………………………046
　　项目小结及测试 2 ……………………………………………………………056

项目 3　顺序结构程序设计 ………………………………………………………059

　　项目导入　大小写字母转换 …………………………………………………060
　　任务 1　顺序结构的特征分析及语句的使用 ………………………………061
　　任务 2　使用 printf 函数与 scanf 函数输入与输出数据 …………………067
　　项目小结及测试 3 ……………………………………………………………081

项目 4　选择结构程序设计 ………………………………………………………085

　　项目导入　找到班级最高成绩 ………………………………………………086
　　任务 1　选择结构特征分析及判断条件设定 ………………………………087
　　任务 2　使用 if 语句完成条件判断 …………………………………………095
　　任务 3　使用 switch 语句完成多分支判断 …………………………………107

项目小结及测试 4 ··· 115

项目 5　循环结构程序设计 ··· 119

项目导入　寻找"幸运之星" ·· 120

任务 1　使用 while 语句和 do-while 语句完成循环 ····································· 121

任务 2　使用 for 语句完成循环 ·· 133

任务 3　使用中断语句控制程序流程 ··· 143

项目小结及测试 5 ··· 149

项目 6　应用数组处理批量数据 ··· 153

项目导入　统计年度"蓝天"数量 ·· 154

任务 1　使用一维数组处理多数据 ·· 155

任务 2　使用二维数组处理多数据 ·· 164

任务 3　使用字符数组处理多数据 ·· 172

项目小结及测试 6 ··· 179

项目 7　使用函数实现模块化程序设计 ·· 183

项目导入　谁是"团体积分冠军" ·· 184

任务 1　使用函数实现模块化 ·· 185

任务 2　数组作为函数参数 ··· 193

任务 3　变量的作用域和存储类别 ·· 201

项目小结及测试 7 ··· 209

项目 8　编译预处理命令 ··· 213

项目导入　体验"化繁为简" ·· 214

任务 1　宏定义及文件包含的使用 ·· 215

任务 2　条件编译的使用 ·· 224

项目小结及测试 8 ··· 228

项目 9　应用指针程序设计 ·· 231

项目导入　投递准确的快递员 ··· 232

任务 1　指针访问变量 ··· 233

任务 2　指针访问数组 ··· 242

任务 3　指针访问字符串和函数 ··· 252

项目小结及测试 9 ··· 260

项目 10　应用结构体与共用体程序设计 ············ 263

　　项目导入　家庭话费小档案 ············ 264
　　任务 1　结构体及共用体类型的使用 ············ 265
　　任务 2　使用指针处理链表 ············ 280
　　项目小结及测试 10 ············ 287

项目 11　文件操作 ············ 291

　　项目导入　读写文件，计算长方形的面积 ············ 292
　　任务 1　文件的打开、关闭与读写 ············ 293
　　任务 2　相关函数的使用 ············ 303
　　项目小结及测试 11 ············ 307

附录 1　常用字符与 ASCII 码对照表 ············ 311

附录 2　运算符的优先级和结合性 ············ 312

附录 3　C 语言常用库函数 ············ 313

项目 1
创建一个简单 C 语言程序

　　C 语言是学习程序设计的入门语言，也是一个程序员必备的基础，程序设计就是先把实际问题设计成算法，再用编程语言实现算法，最后调试运行形成可执行的软件的过程。本项目将从计算机的工作过程入手，从程序开发过程、算法、简单 C 语言程序介绍等方面向学习者介绍有关 C 语言的一些常识性知识，在此基础上，通过对 C 语言的具体开发环节的介绍，使学习者掌握简单 C 语言程序的编辑及编译方法，为 C 语言程序设计做好准备。通过训练带领学习者快速掌握本部分的重点——C 语言常识、算法分析、编码、编译等方法及技能，实现了 C 语言的快速入门，为后续的学习打下基础。

学习目标

- 了解计算机的工作过程及软件开发的工作流程
- 掌握 C 语言程序的组成结构及主函数的作用
- 掌握 C 语言的流程图、N-S 结构图的图例特点
- 掌握 C 语言的开发工具及编译过程
- 能够运用 C 语言编译器进行简单 C 语言程序的编辑、编译和执行

知识导图

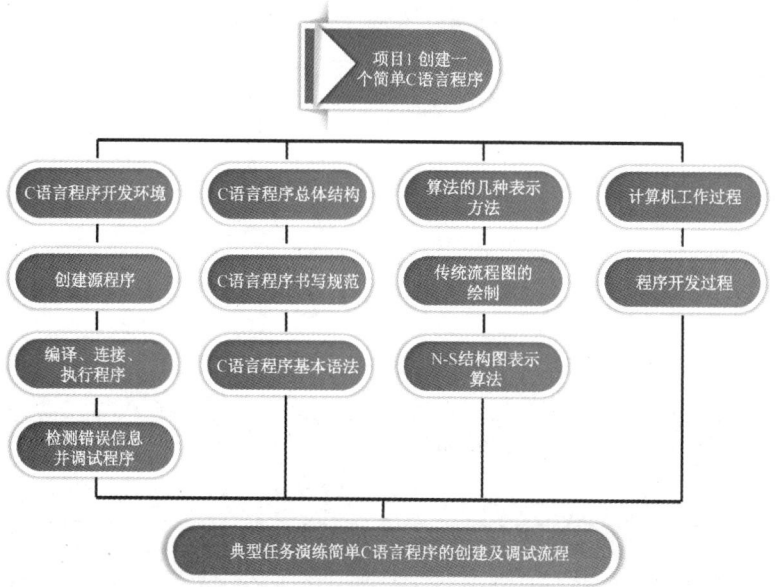

项目导入 认识 C 语言程序

工欲善其事，必先利其器。在生活中要做什么事，首先要准备好相应的工具或了解做事的方法及步骤，程序开发也是如此，总体上说程序设计需要 3 个步骤。

第 1 步：安装开发软件。
第 2 步：编写程序代码。
第 3 步：编译程序生成软件。

这些步骤就包含了一个程序开发的全过程，包括 C 语言编译器（Visual C++）的安装、算法的设计、流程图的表示、编写代码、编译调试、形成可执行文件等。在这个过程中需要掌握一些基本常识，包括计算机的工作过程、C 语言程序的总体结构、基本语法等。下面通过一个实例，了解 C 语言程序的特点。

【实例】阅读如下简单 C 语言程序。

代码：

```
1)  #include <stdio.h>
2)  main()
3)  { printf("Hello, world! \n");     //输出"Hello, world"
4)  }
```

流程图如图 1-1 所示。

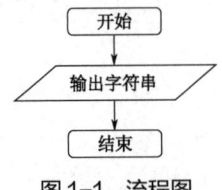

图 1-1 流程图

1. 目标分析

首先要了解 C 语言程序功能的需求，其次会看流程图，最终掌握 C 语言程序基本语法，为后续能上机调试该程序打下基础。

2. 问题思考

● 该程序的功能是什么？

● 流程图有什么特点？

● 分析 C 语言程序中有哪些组成部分。

- 能简单看出哪些语法点？

_____

_____

3．学习小测

你能模仿该实例完成输出如下结果的 C 语言程序编写吗？

输出：Welcome！

```
#include <stdio.h>
main()
{


}
```

任务1 运行一个简单C语言程序

任务描述

本任务将通过对 Visual C++集成开发环境的操作训练，使学习者掌握简单 C 语言程序的调试运行方法。在知识方面，从计算机的工作过程入手，从程序设计流程、开发过程、结构特点等方面向学习者介绍有关 C 语言程序设计的一些必备知识。

任务准备

1. C语言程序的编译

C 语言程序的编译包含了编辑程序和运行程序两个过程，用高级语言编写的代码称为源程序，要将它编译成机器语言程序才能被计算机直接执行。对于 C 语言程序来说，编译过程一般分为四步。

第一步：编辑源程序。即通过 C 语言的语法编写代码，并加以修改，最后以文本形式保存，形成扩展名为.c 的源程序。

第二步：编译。编译是把 C 语言源程序翻译成机器语言程序的过程，在编译过程中根据出现的提示信息进行调试、修改，直到编译正确为止，最后生成扩展名为.obj 的目标文件。

第三步：连接。连接就是将当前各个模块的二进制目标代码与系统的目标模块进行连接处理，形成一个完整的程序代码文件，文件扩展名为.exe。程序在连接过程中，如果发现错误，需要重新进入编辑器进行编辑。

第四步：执行。执行即运行可执行文件。在 DOS 环境下，直接输入可执行文件名；在 Windows 环境下，双击可执行文件名即可运行。

2. 使用 Visual C++集成开发环境调试 C 语言程序

目前大多数 C 语言程序编译系统都是集成开发环境的，即把程序的编辑、编译、连接、运行等操作全部集中到一个界面上，功能丰富，使用方便。

本书主要介绍被广泛使用的 Visual C++ 6.0 集成开发环境。Visual C++ 6.0 提供了可视化的集成开发环境，主要包括文本编辑器、资源编辑器、工程创建工具、调试器等实用开发工具。

要想进入 Visual C++ 6.0 集成开发环境，首先需要在计算机上安装 Visual C++ 6.0，安装后可在桌面上建立 Visual C++ 6.0 的快捷方式，双击桌面快捷方式的图标就能进入 Visual C++ 6.0 集成开发环境，如图1-2所示。

Visual C++ 6.0 集成开发环境主窗口的顶部是主菜单栏，包括九个菜单项：File（文件）、Edit（编辑）、View（查看）、Insert（插入）、Project（工程）、Build（组建）、Tools（工具）、Window（窗口）、Help（帮助）。主窗口的左侧是工程工作区窗口，右侧是程序的编辑窗口。工作区窗口用来显示所设定的工作区的信息，程序编辑窗口用于输入和编辑源程序。

<<< 创建一个简单 C 语言程序 **项目 1**

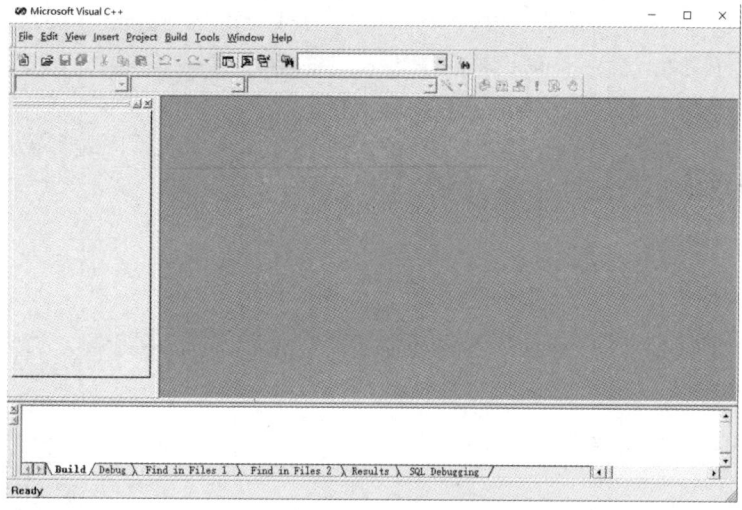

图 1-2 Visual C++ 6.0 集成开发环境

训练 1：使用 Visual C++ 6.0 集成开发环境编辑、编译和执行如下简单 C 语言程序。

```
1)   #include <stdio.h>
2)   main()
3)   { printf("Hello, world! \n");
4)   }
```

（1）训练分析

完成训练的关键是要熟练掌握 Visual C++ 6.0 集成开发环境的使用方法，确保输入的代码符合 C 语言程序的书写规则，体会编译 C 语言程序的 4 个步骤，关注每个步骤完成后生成的.c、.obj、.exe 的文件。

（2）操作步骤

① 新建源程序。

在主菜单中的"File"（文件）菜单中选择"New"（新建）选项，此时屏幕上会出现一个"New"（新建）对话框，如图 1-3 所示。

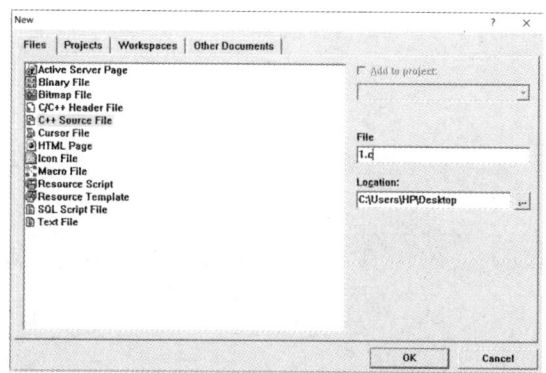

图 1-3 "New"（新建）对话框

005

单击对话框上方的"Files"(文件)选项卡,选择"C++ Source File"选项,表示要建立 C++源程序文件,然后在对话框右侧输入准备编辑的源文件名"1.c",在位置框内设置存储路径。

单击"OK"(确定)按钮后回到主窗口,可以看到光标在程序编辑窗口闪烁,表示程序编辑窗口已被激活,可以编辑源程序了,如图 1-4 所示。

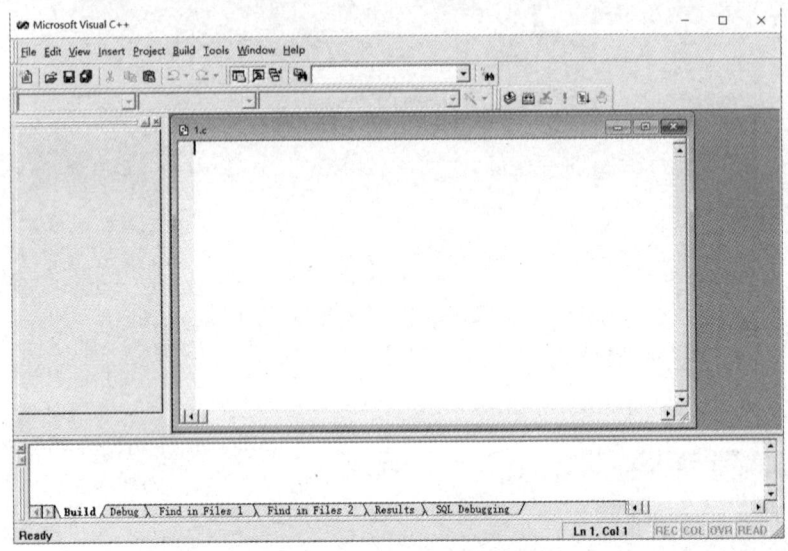

图 1-4　源程序编辑窗口

② 编辑源程序。

输入源代码,选择"File"(文件)菜单中的"Save"(保存)选项,或者单击工具栏中的保存按钮📄,如图 1-5 所示。

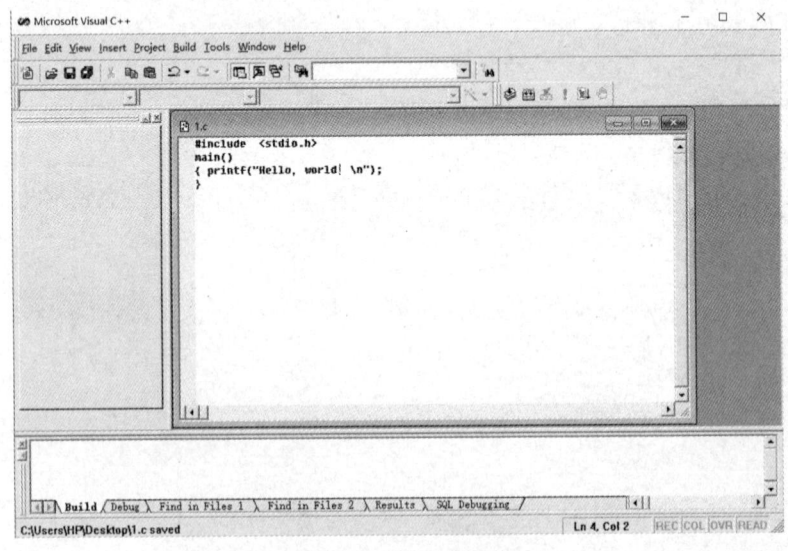

图 1-5　保存文件窗口

<<< 创建一个简单 C 语言程序　**项目 1**

小贴士

如果源程序没有被保存,在编辑区文件名后方会有"*",如图 1-6 所示,这也是判断文件是否保存成功的标志。

图 1-6　文件未被保存时的状态

③ 程序的编译。

选择"Build"(组建)菜单中"Compile"(编译)选项,由于建立了保存指定的源文件,因此在菜单中的"Compile"(编译)选项中会自动显示要编译的源文件名称,如图 1-7 所示。

选择编译命令后,屏幕上会出现一个提示框,询问是否同意建立一个默认的项目工作区,如图 1-8 所示。单击"是"按钮,表示同意建立默认项目工作区,然后开始编译。

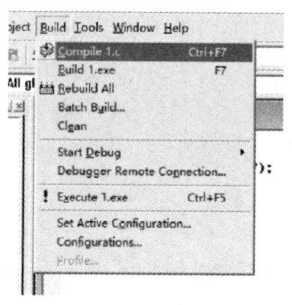

图 1-7　编译菜单

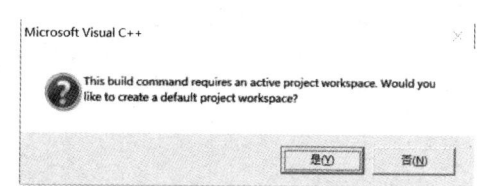

图 1-8　提示框

小贴士

也可以不使用菜单而直接按【Ctrl+F7】组合键或者单击工具栏中的 按钮来完成编译。

在编译时系统会检查源程序是否有语法错误,然后在主窗口下方的调试信息窗口输出编译信息。如果没有错误,则生成 1.obj 文件;如果有错,会指出错误的位置和性质,提示用户改正错误,如图 1-9 所示。

④ 程序的连接。

得到.obj 的目标程序后,还不能直接运行,要把程序与系统提供的资源,如函数库头文件,建立连接。选择"Build"(组建)菜单中的"Build"(组建)选项或单击工具栏中的 按钮,生成 1.exe 可执行文件,注意观察调试窗口的信息,如图 1-10 所示。

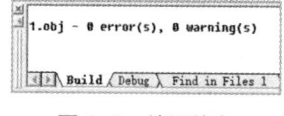

图 1-9　编译信息

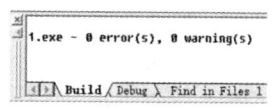

图 1-10　生成可执行文件

⑤ 程序的执行。

得到可执行文件后,就可以直接执行可执行文件,选择"Build"(组建)菜单中的"Execute"(执行)选项,如图 1-11 所示,或单击工具栏中的 按钮执行程序,此时弹出运行结果界面,如图 1-12 所示。在程序的输出窗口单击任意键,输出窗口消失,返回主窗口编辑区。

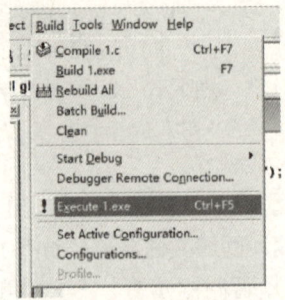

图1-11 执行菜单

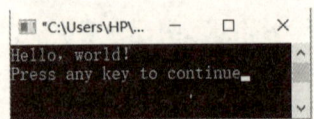

图1-12 运行结果

⑥ 关闭工作区。

选择"File"（文件）菜单中的"Close Workspace"（关闭工作区）选项结束该程序的操作，如图1-13所示。

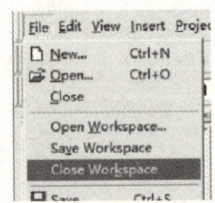

图1-13 关闭工作区选项

训练2：在如下C语言程序中设置2处错误，在编辑器中进行调试。

```
1)    #include <stdio.h>
2)    main()
3)    { printf("Hello, world! \n");
4)    }
```

（1）训练分析

在训练1的基础上，在程序中设置两处错误，如可以删除main后的一对小括号，调试程序，观察编译后的弹出信息，明确错误信息，修改程序后再调试，直到正确为止。

（2）操作步骤

① 设置的错误是什么？

_____

_____

② 编译信息是什么？

_____

_____

③ 改错步骤是什么？

_____

_____

根据任务 1 所学内容，完成下列测试

1. 关于计算机指令，下列说法不正确的是（   ）。
   A．计算机要执行的一种基本操作命令
   B．指令由操作码和操作数构成
   C．计算机进行程序控制的最小单位
   D．指令是用户下达的口头描述
2. C 语言是一种（   ）。
   A．低级语言   B．机器语言
   C．高级语言   D．汇编语言
3. 下列不属于编译过程的是（   ）。
   A．编辑   B．编译
   C．执行   D．修改
4. 下列不属于 C 语言程序编译过程中产生的文件扩展名的是（   ）。
   A．.doc   B．.c
   C．.obj   D．.exe
5. 下列关于编译程序的说法正确的是（   ）。
   A．可以不保存源程序直接执行
   B．.exe 文件不能在 Windows 下直接执行
   C．.obj 文件可以离开编辑环境执行
   D．在 DOS 状态下，只输入.exe 文件名即可执行

任务评价

项目 1：创建一个简单 C 语言程序		任务 1：运行一个简单 C 语言程序		
班级		姓名		综合得分
知识学习情况评价（30%）				
评价内容	分值	自评（30%）	师评（70%）	得分
计算机工作过程	5			
程序设计过程	5			
Visual C++ 6.0 集成开发环境界面划分	10			
编译过程操作指令及快捷方式	10			
能力训练情况评价（60%）				
评价内容	分值	自评（30%）	师评（70%）	得分
掌握新建源程序的方法	10			
掌握编译、连接程序的方法	20			
会读编译信息，能判断出错点并改正	20			
掌握运行程序的方法	10			

续表

素质养成情况评价（10%）					
评价内容	分值	自评（30%）	师评（70%）	得分
出勤及课堂秩序	2			
严格遵守实训操作规程	4			
团队协作及创新能力养成	4			

任务2　C语言程序基本结构分析

C语言程序是由若干语句序列组成的，C语言程序的基本模块是函数。本任务将通过对C语言程序的总体结构的分析，使学习者掌握正确的C语言程序书写规范。

1. C语言程序的总体结构

通常一个C语言程序包含一个或多个函数，一个函数由若干个语句构成。下面通过从易到难的两个实例学习C语言程序在组成结构上的特点。

【实例1】从终端输出欢迎语句：Hello，C Language！

```
1)   #include <stdio.h>
2)   main()
3)   { printf("Hello, C Language!\n");   /*输出字符串Hello, C Language! */
4)   }
```

该实例的运行结果为：

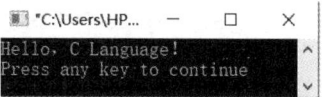

【实例2】通过调用函数，实现求两个数的平均值。

```
1)   #include <stdio.h>
2)   int average(int x,int y)
3)   { return (x+y)/2;
4)   }
5)   main()
6)   { int a,b,c;
7)     scanf("%d%d",&a,&b);
8)     c=average(a,b);
9)     printf("average=%d\n",c);
10)  }
```

该实例的运行结果为：

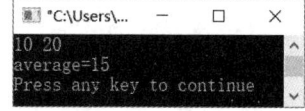

通过以上实例可以看出，C语言程序的主要特点如下。

① C语言程序是由函数构成的。

➢ 一个C语言程序至少包含一个主函数main，也可以包含一个主函数和其他函数。所以说C语言是函数式的语言，函数是C语言的基本组成单位。

➢ 被调用的函数可以是系统提供的库函数，也可以是用户根据需要自己编写的函数。

② 主函数是每个程序的起始点。一个 C 语言程序总是从主函数开始执行，并在主函数中结束。主函数书写位置是任意的，可以将主函数放在整个程序的最前面，也可以放在整个程序的最后面，或者放在其他函数之间。

③ C 语言程序的每个语句都是以分号作为语句结束符的。

④ C 语言程序书写格式自由，一行可以写几个语句，一个语句也可以写在多行上。通常为便于阅读，一行写一条语句。

⑤ 可以用"/*""*/"对程序的任何部分作注释，以增加可读性。注释部分允许出现在程序中的任何位置，注释部分只是用于阅读，对程序运行不起作用。

⑥ C 语言本身不提供输入/输出语句，输入/输出操作是通过调用库函数完成的。

2. C 语言程序的书写规则

C 语言语句简练、语义丰富、格式灵活。为了提高程序的可读性，应该遵循 C 语言程序的书写规则，养成良好的书写习惯。

C 语言程序的书写规则如下。

① 一般一条语句占一行，以分号结束。

② 以"#"号开始的语句是预处理命令。"#include <stdio.h>"作为程序的一部分，是为了调用输入/输出库函数准备的，这里常用的输入/输出库函数是 printf 和 scanf。

③ C 语言程序只能包含一个主函数 main，{}括起来的部分是函数体。

④ C 语言区分大小写字母，如 main、printf 等只能小写。

⑤ C 语言程序的源文件的名字由用户选定，文件扩展名为.c。

⑥ 程序建议采用逐层缩进格式，使程序更加清晰易读，通常向右缩进两字符或一个制表符。

训练 1：分析下列程序结构，改错并调试。

```
1)    #include <stdio.h>;
2)    main
3)    { Int  a,b,t;
4)      scanf("%d%d",a,b);
5)      t=a;a=b;b=t
6)      print("%d,%d\n",a,b);
7)    }
```

（1）训练分析

按照 C 语言程序的语法规则，仔细分析上述程序中各条语句的结构，注意拼写、标点符号等方面是否存在错误，强化 C 语言程序的基本书写规则。

（2）操作步骤

① 找出＿＿＿处错误。

错误 1：第 1 行末尾有分号。

② 改正错误。

修改错误 1：删除第 1 行末尾的分号。

③ 请写出修改后的正确程序。

④ 请写出调试后的运行结果。

训练 2：编程实现输出以下信息。

****

我的第 1 个程序

****

（1）训练分析

按照 C 语言程序书写规范及程序基本结构，练习使用 printf 函数实现上述效果，注意 printf 的书写要求。

（2）操作步骤

① 进入编辑环境，新建源程序。

② 输入源代码如下。

③ 调试程序，输出结果。

任务测试

根据任务 2 所学内容，完成下列测试

1. C 语言程序的基本模块是（　　）。
   A．顺序结构　　　　　　　　　　B．循环结构
   C．函数　　　　　　　　　　　　D．语句
2. 下列关于主函数的说法中不正确的是（　　）。
   A．一个 C 语言程序有且只能有一个 main 函数
   B．main 函数的书写位置可以放在子函数里面
   C．程序开始执行，入口是 mian 函数
   D．程序执行结束也是在 main 函数里
3. 下列关于函数结构说法中正确的是（　　）。
   A．函数必须有声明部分
   B．函数必须有执行部分
   C．函数必须有返回部分
   D．函数可以没有声明部分，也可以没有执行部分
4. 下列关于 C 语言的注释的说法中错误的是（　　）。
   A．注释内容可以写在 "/*" "*/" 中
   B．C 语言中注释不允许嵌套
   C．注释是编程人员的良好习惯，注释也是重要的交流工具
   D．注释在编译的时候会被执行
5. 在书写程序时，下面说法中错误的是（　　）。
   A．C 语言程序不在乎大小写
   B．一个说明或一个语句占一行
   C．用{}括起来的部分，通常表示了程序的某一层次结构
   D．注释信息可增加程序的可读性

任务评价

项目1：创建一个简单 C 语言程序		任务2：C 语言程序基本结构分析		
班级		姓名		综合得分
知识学习情况评价（30%）					

评价内容	分值	自评 （30%）	师评 （70%）	得分
C 语言程序的组成	5			
主函数的特点	10			
语句的特点	10			
常用库函数的特点	5			

续表

能力训练情况评价（60%）					
评价内容	分值	自评（30%）	师评（70%）	得分
掌握主函数的书写规范	10			
掌握语句的书写规范	10			
掌握常用库函数的书写规范	20			
具备综合改错能力	20			
素质养成情况评价（10%）				
评价内容	分值	自评（30%）	师评（70%）	得分
出勤及课堂秩序	2			
严格遵守实训操作规程	4			
团队协作及创新能力养成	4			

任务 3 算法的表示方法

算法就是为了解决某个问题而设定的具体操作步骤。完成训练的过程就是按照算法一步一步地操作，严格执行设定的步骤，最终完成训练。本任务将通过对算法特性的分析，使学习者掌握正确绘制流程图的方法。

任务准备

1. 算法入门

（1）算法的特性

如果没有好的算法是很难圆满完成训练的。下面通过一个生活中的例子，用自然语言描述算法。

例如，要在三个人中找到个子最高的人。

第 1 步：测量出每个人的身高。

第 2 步：比较第一个人和第二个人的身高，找出较高者。

第 3 步：比较较高者与第三个人的身高，找出最高者。

第 4 步：宣布身高最高的人，任务完成。

这是生活中的算法案例，为解决不同的问题，需要不同的策略，因而相应的算法必定各种各样。而在程序中的算法有自己的特点，通常一个算法具有如下 5 个特点。

① 有输入：有零个或多个输入数据。

② 有输出：有一个或多个输出数据。

③ 确定性：每个步骤必须被明确地定义，不能模棱两可。

④ 有穷性：一个算法必须在执行有限步之后终止，而且每一步都能在有限时间内完成。

⑤ 可行性：算法中待定完成的每一步运算都是可执行的，即可以在计算机的能力范围内用有限的时间完成。

（2）算法的评价

解决一个问题可以有若干种算法。那么如何评价一个算法的优劣呢？首先，一个算法应该是正确的，否则谈不上优劣。对一个正确的算法，通常从以下三个方面判断其优劣。

① 可读性：算法不仅仅是让计算机来执行的，更是让人们来阅读的，可读性好的算法有助于调试程序及发现和修改错误，并使得以后对软件功能的扩展、维护易于实现。一个算法应当思路清晰、层次分明、简单明了。

② 健壮性：一个算法能够对非法的输入做出合理的处理而不产生莫名其妙的结果。

③ 高效率与低存储空间需求：解决特定问题时，算法的执行时间应尽量短，算法执行过程中需要的存储空间应尽量小。

2. 算法的表示方法

算法可以使用各种不同的方法来表示。常见的算法的表示方法有自然语言、传统流程图、N-S 结构图、伪代码等。

（1）用自然语言表示算法

自然语言就是人们日常使用的语言，可以是中文、英文等。如前面提到的对三个人的身高比较的描述，就属于自然语言的算法。

用自然语言表示的算法简单、通俗易懂，但文字冗长，表达上准确度不够，易有二义性，所以一般不用自然语言描述算法。

（2）用传统流程图表示算法

传统流程图是用一组规定的图形符号、流程线和文字说明来表示各种操作算法的。流程图常用的符号见表 1-1。

表 1-1　流程图常用的符号

符号	符号名称	含义
	起止框	表示算法的开始或结束
	输入/输出框	表示输入/输出操作
	处理框	表示对框内的内容进行处理
	判断框	表示对框内的条件进行判断
	流程线	表示流程的方向
	连接点	表示两个具有同一标记的"连接点"应连接成一个点
	注释框	表示对流程图中某些框的操作做必要的补充说明

在结构化程序设计方法中，流程图包括三种基本程序结构。

① 顺序结构。

在顺序结构中，要求依次执行每一个基本的处理单位。顺序结构的流程图如图 1-14 所示，该图表示先执行处理过程 A，再执行处理过程 B。

② 选择结构。

在选择结构中，要根据判断条件的成立与否而选择执行不同的处理过程。选择结构的流程图如图 1-15 所示，当判断条件成立时，执行处理过程 A，否则执行处理过程 B。

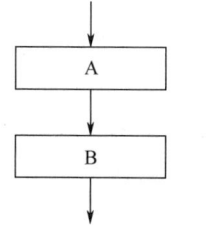

图 1-14　顺序结构的流程图

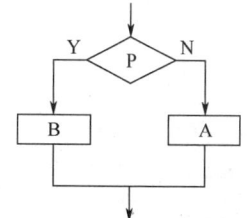

图 1-15　选择结构的流程图

③ 循环结构。

循环结构是根据一定的条件，对于某些语句重复执行的结构，被重复执行的部分称为循环体。循环结构一般分为当型循环和直到型循环。

在当型循环结构中，当判断条件成立时，就反复执行处理过程 A（循环体），直到判断条件不成立时结束。当型循环结构的流程图如图 1-16 所示。

在直到型循环结构中，反复执行处理过程 A，直到判断条件成立时结束。直到型循环结构的流程图如图 1-17 所示。

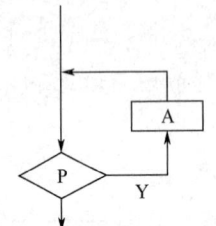

图 1-16　当型循环结构的流程图

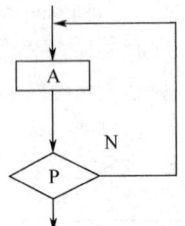

图 1-17　直到型循环结构的流程图

【实例 1】任意输入两个数，求两个数中较大的那个数。用传统流程图表示此问题的算法，如图 1-18 所示。

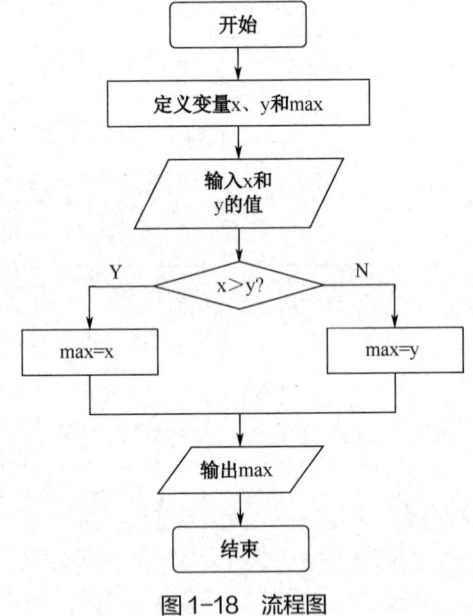

图 1-18　流程图

> **想一想**
>
> 　　上例中比较两个数大小时，引入了第 3 个变量 max，如果不使用 max，而只有 x 和 y 两个变量，该如何用流程图表示算法呢？试着画在框线内。

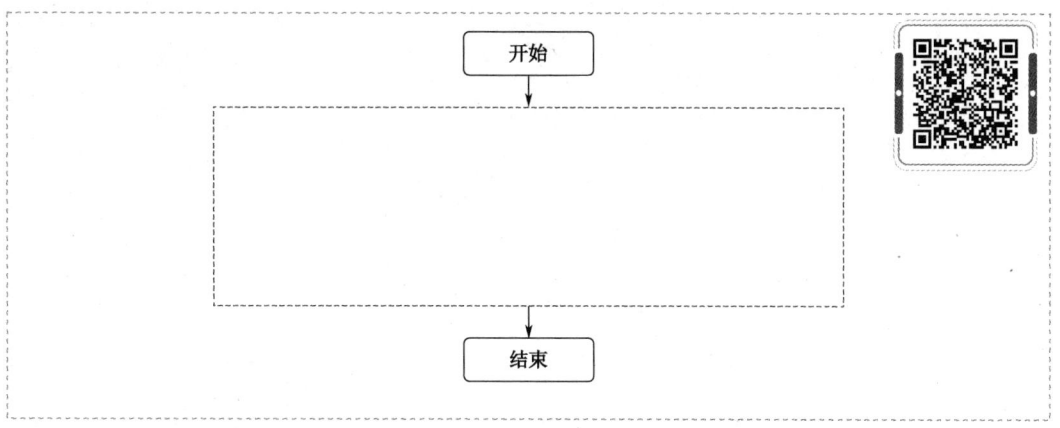

(3) 用 N-S 结构图表示算法

针对传统流程图存在的问题，人们提出了一种新的结构化流程图形式，简称 N-S 结构图。

N-S 结构图的主要特点是取消了流程线，不允许有随意的控制流，整个算法的流程写在一个矩形框内，该矩形框通过以下三种基本结构复合而成。

① 顺序结构。顺序结构的 N-S 结构图如图 1-19 所示。
② 选择结构。选择结构的 N-S 结构图如图 1-20 所示。

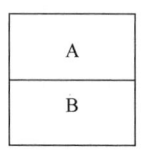

图 1-19　顺序结构的 N-S 结构图

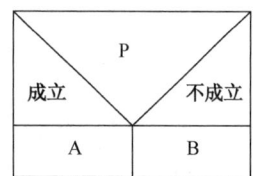

图 1-20　选择结构的 N-S 结构图

③ 循环结构。当型循环结构的 N-S 结构图如图 1-21 所示，直到型循环结构的 N-S 结构图如图 1-22 所示。

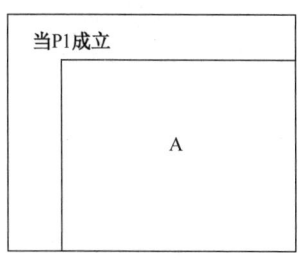

图 1-21　当型循环结构的 N-S 结构图

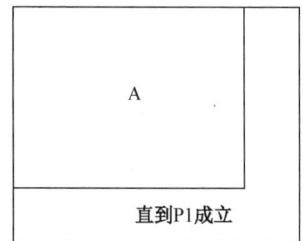

图 1-22　直到型循环结构的 N-S 结构图

【实例 2】用 N-S 结构图表示从任意输入的两个数中找到最大的数，算法表示如图 1-23 所示。

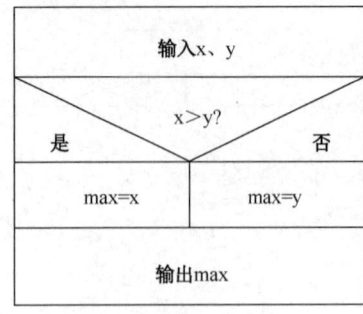

图1-23 N-S结构图

(4) 用伪代码表示算法

伪代码是一种通过介于自然语言和计算机语言之间的文字和符号来描述算法的方法。

例如，用伪代码描述上述算法：

```
if x>y then
    x→max
Else
    y→max
```

伪代码不能在计算机上实际执行，但是用伪代码表示算法更为友好，便于向计算机程序过渡。伪代码的表现形式灵活自由、格式紧凑、不需要严谨的语法格式。

 任务实现

训练1：任意输入三个数，对三个数从小到大排序，用流程图表示该算法。

(1) 训练分析

这个问题可以理解为首先输入三个数，然后通过处理把这三个数从小到大排序，最后输出由小到大排序的三个数。绘制流程图的关键在于比较大小的条件判定该如何表示。

(2) 操作步骤

① 自然语言描述解题过程。

第一步，先输入三个数，此时并不知道三个数的大小关系，所以，先对第一个数和第二个数进行比较。如果第一个数比第二个数大，就交换这两个数的顺序；如果第一个数不大于第二个数，就不改变它们的顺序。这样就排好了前两个数的顺序。

第二步，再用第一个数和第三个数进行比较。方法和第一步的相同，这样就排出了第一个数和第三个数的顺序。

第三步，比较第二个数和第三个数的大小，同理，排好第二个数和第三个数的顺序。现在这三个数的顺序已经按照从小到大的顺序排列好了。

第四步，输出这三个数，程序结束。

② 绘制流程图。

用传统流程图表示此题的算法，如图1-24所示。

 创建一个简单 C 语言程序 **项目 1**

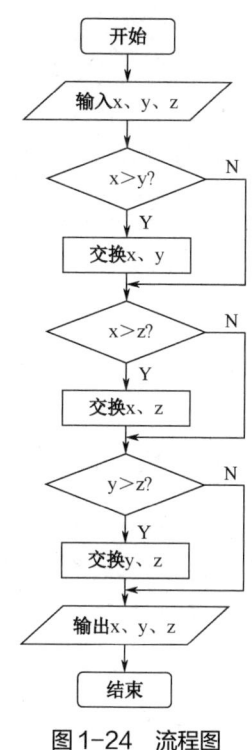

图 1-24 流程图

训练 2：任意输入三个数，比较三个数的大小，找到最大的数并输出。画出流程图表示该算法。

（1）训练分析

在训练 1 的基础上，分析找到最大值的方法，这里建议可以考虑设置标杆位，让所有数据都和标杆位进行对比，从而找出最大值。

（2）操作步骤

① 用自然语言描述解题过程。

② 绘制流程图。

 任务测试

根据任务 3 所学内容，完成下列测试

1. 下列不属于算法特点的是（　　）。
   A．零个或多个输入　　　　　　B．可以无输出
   C．确定性　　　　　　　　　　D．可行性
2. 下列不属于结构化流程的是（　　）。
   A．顺序结构　　　　　　　　　B．选择结构
   C．迭代结构　　　　　　　　　D．循环结构
3. 下列关于传统流程图可以使用的符号中描述错误的是（　　）。
   A．流程线　　　　　　　　　　B．输入/输出框
   C．判断框　　　　　　　　　　D．任意图形
4. 下列关于伪代码的说法中正确的是（　　）。
   A．伪代码也可以执行
   B．伪代码有严格的语法规定
   C．伪代码表示算法更为友好，便于向计算机程序过渡
   D．伪代码可以替代源代码

 任务评价

项目 1：创建一个简单 C 语言程序		任务 3：算法的表示方法		
班级		姓名		综合得分	
知识学习情况评价（30%）					
评价内容	分值	自评（30%）	师评（70%）	得分
算法的特征	5			
算法的表示方法的比较	10			
流程图常用符号	15			
能力训练情况评价（60%）				
评价内容	分值	自评（30%）	师评（70%）	得分
掌握用 N-S 结构图表示算法的方法	10			
掌握流程图的绘制方法	20			
具备利用流程图解决实际问题的能力	30			
素质养成情况评价（10%）				
评价内容	分值	自评（30%）	师评（70%）	得分
出勤及课堂秩序	2			
严格遵守实训操作规程	4			
团队协作及创新能力养成	4			

项目小结及测试 1

分析小结

通过对 C 语言程序设计流程等相关知识的学习，对简单 C 语言程序有了基本的了解。在此基础上，对 C 语言结构、算法概念、流程图、C 语言编辑环境及编程等必备基础知识的学习，又对 C 语言编程有了具体的了解。学习者通过学习可了解 C 语言程序的结构及基本语法，掌握在 Visual C++ 6.0 集成开发环境中调试简单 C 语言程序的方法。通过训练，学习者可具备 C 语言程序的基本书写和调试能力。

学习笔记

· 重点知识 ·

· 易错点 ·

思考实践

如何进一步学习 C 语言的数据与运算是每一位学习者接下来会思考的问题。
- C 语言中的数据和数学中的数据的概念是否一样？
- 常量和变量的内涵是什么？
- C 语言中有哪些基本数据类型？
- 不同的运算符与表达式应如何使用？
- 不同类型的数据之间是如何转换的？

这一系列的问题会在后续的任务中详细介绍，可以在学习中寻找答案。

项目测试

根据项目所学内容，完成下列测试

1. 请完成以下单项选择题

(1) 一个 C 语言程序的执行是从（　　）。
　　A．本程序的主函数开始，到主函数结束。
　　B．本程序的第一个函数开始，到本程序的最后一个函数结束。
　　C．本程序的主函数开始，到本程序的最后一个函数结束。
　　D．本程序的第一个函数开始，到本程序的主函数结束。

(2) 一个 C 语言程序是由（　　）的。
　　A．一个主程序和若干个子程序组成　　B．函数组成
　　C．若干过程组成　　　　　　　　　　D．若干子程序组成

(3) C 语言是一种（　　）。
　　A．机器语言　　　　　　　　　　　　B．中级语言
　　C．高级语言　　　　　　　　　　　　D．低级语言

(4) 以下叙述中正确的是（　　）。
　　A．在 C 语言程序中，主函数必须位于程序的最前面
　　B．C 语言程序的每行只能写一条语句
　　C．C 语言本身没有输入/输出语句
　　D．在对一个 C 语言程序进行编译的过程中，可以发现注释中的拼写错误

(5) C 语言编译程序是（　　）。
　　A．C 语言程序的机器语言版本
　　B．一组机器语言指令
　　C．将 C 语言源程序编译成目标程序的程序
　　D．由制造厂家提供的一套应用软件

(6) 以下叙述中错误的是（　　）。
　　A．C 语言源程序经编译后生成扩展名为.obj 的目标程序
　　B．C 语言程序经过编译、连接步骤之后才能形成一个真正可执行的二进制机器指令文件
　　C．用 C 语言编写的程序称为源程序，它以 ASCII 码形式存储在一个文本文件中
　　D．C 语言中的每条可执行语句和非执行语句最终都将被转换成二进制的机器指令

(7) 以下叙述中正确的是（　　）。
　　A．C 语言程序的基本单位是语句
　　B．C 语言程序中的每一行只能写一条语句
　　C．简单 C 语言语句必须以分号结束
　　D．C 语言控制语句必须在一行内写完

(8) 计算机能直接执行的程序是（　　）。
　　A．源程序　　　　　　　　　　　　　B．目标程序
　　C．汇编程序　　　　　　　　　　　　D．可执行程序

2．请完成以下填空题

（1）一个 C 语言程序一般是由_____构成的，程序中至少包括_____。

（2）一个 C 语言程序总是从_____开始执行。

（3）C 语言程序的源文件扩展名是_____，编译后的文件扩展名是_____，连接后的文件扩展名是_____。

（4）C 语言中_____作为一个语句的结束标志。

（5）C 语言程序开发的 4 个步骤是_____、_____、_____、_____。

3．课后实战，完成下列演练

【实战 1】安装 Visual C++ 6.0 集成开发环境，新建一个源文件。

【实战 2】编写一个 C 语言程序，要求显示如下结果：

****

Hello C program!

【实战 3】用传统流程图表示算法：输入五个数，将其中最大的数输出。

项目 2
数据类型及运算

　　程序离不开数据，编写程序需要处理各种各样的数据，C 语言提供了丰富的数据类型和运算符。本项目将从常量和变量入手，从数据类型和运算符等方面向学习者介绍有关 C 语言程序设计的初步知识。在此基础上，通过对表达式的讲解，使学习者掌握相关数据类型的使用方法，为 C 语言程序设计打下基础。通过训练使学习者快速掌握常量的使用方法、变量的定义和使用方法、复杂表达式的运算及常见错误和注意事项，实现对 C 语言程序设计的初步认识，为结构化程序设计的学习打下基础。

- 掌握常量的定义及分类方法
- 掌握 C 语言标识符的命名规则
- 掌握变量的定义及使用方法
- 掌握各种数据类型的使用方法
- 掌握各种运算符的优先级和运算法则
- 掌握不同数据类型之间的转换方法

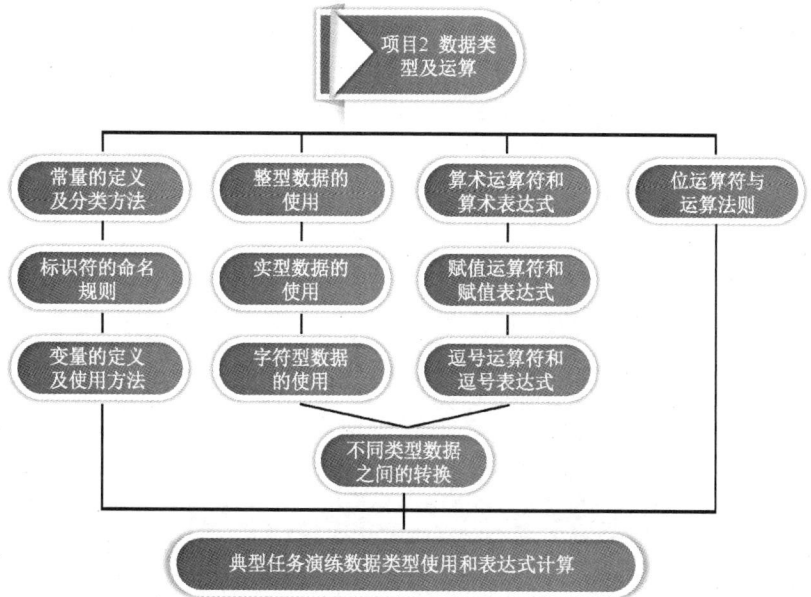

C 语言程序设计 活页式教程

● 项目导入　商品打折销售 >>>

在日常生活中，凡是涉及用计算机程序完成的事情，都涉及各种数据的处理。根据数据的处理需求描述合适数据类型的常量、定义合适数据类型的变量、正确编写出表达式，这些是程序设计的基础，也是程序设计的首要环节。下面就通过一个实例，练习分析题目提取输入/输出数据的方法。

【实例】某商场举行店庆活动，所有商品均 9 折销售，请根据商品的单价，计算商品实际付款金额。

1. 目标分析

按照实例描述，首先分析实例中都有哪些数据项，然后确定哪些数据项是已知的、哪些数据项是未知的及如何表述这些量，最后明确通过什么样的运算得到结果。商品的折扣是不能改变的量、实际付款金额随着商品单价的变化而变化，当确定商品单价以后，实际付款金额经过公式运算也随之确定。程序员在计算机程序调试界面首先输入商品的单价，然后运行程序，最后计算机程序界面应显示出该商品实际需付款的金额。

2. 问题思考

- 根据分析，确定实例中的数据类型。

_____

_____

- 不变的数据用什么表示？

_____

_____

- 变化的数据如何在程序中表示？

_____

_____

- 完成程序步骤的文字描述。

_____

_____

3. 学习小测

尝试完成实例程序的初步编写。

```
#include <stdio.h>
main()
{


}
```

任务1　常量和变量的使用

任务描述

本任务将从 C 语言提供的数据类型入手，从标识符、数据特点等方面向学习者介绍有关常量和变量的一些必备知识，在此基础上，通过对变量定义及存储空间的分析，使学习者掌握简单 C 语言程序中常量和变量的使用方法。

任务准备

1．C 语言提供的数据类型

C 语言提供了丰富的数据类型。数据类型不同，其在内存中占用的存储空间的大小也是不同的。

数据类型可以分为四类：基本类型、构造类型、指针类型和空类型。C 语言的数据类型如图 2-1 所示。

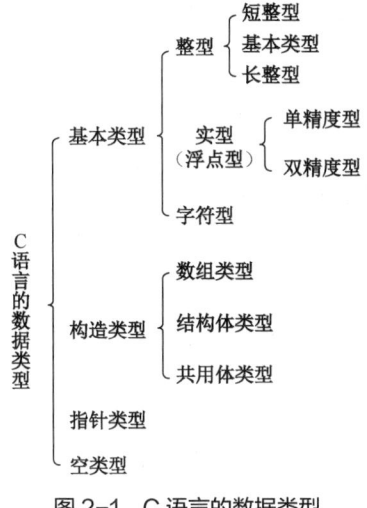

图 2-1　C 语言的数据类型

① 基本类型：其值不可以再分解为其他类型。

② 构造类型：根据已定义的一个或多个数据类型，用构造的方法来定义。一个构造类型的值可以分解成若干"元素"。每个"元素"都是一个基本数据类型或一个构造类型。

③ 指针类型：一种特殊的数据类型，其定义的变量存储的是内存中的地址。

④ 空类型：调用后并不需要向调用者返回值的函数可以定义为"空类型"，说明符为 void。

2. 常量

（1）常量的定义

在程序运行过程中，其值不能改变的量称为常量。使用常量时无须事先声明，只要按照规定书写即可。

（2）常量的分类

常量按照数据类型可分为整型常量、实型常量、字符型常量和字符串常量，整型常量和实型常量又称为数值型常量。整型常量只用数字表示，不带小数点，如 6、12、-3 为整型常量。实型常量一般表示为带小数点的数字，如 3.14、6.5、-12.34 为实型常量。'a' 'A'为字符型常量，"abc" "ABC" 为字符串常量。

常量按照表现形式可分为直接常量和符号常量。C 语言程序中直接描述的一个数值，称为直接常量，而用一个符号名代表的称为符号常量。符号常量一般用在编译预处理的宏定义当中，符号常量通常用大写字母来表示，例如：

```
#define PI 3.1415926
```

其中 PI 为符号常量，含义是代表数据 3.1415926，宏定义命令之后，程序中凡是出现 PI 的地方都表示要替代为 3.1415926。

宏定义的作用是给常量起"别名"，利用它可以增强程序的可维护性。例如，当需要修改某一常量值时，只要修改宏定义中的常量值即可，而不必在程序各处逐一修改。同时，意义明确的"别名"还可以增强程序的可读性。有关宏定义更进一步的讲解会在后续项目中详细介绍。

3. 标识符

（1）标识符的组成

标识符是用于标识名称的有效字符串。C 语言中的标识符是由英文字母、数字 "0～9"、下画线 "_" 组成，并且首字符不能是数字，但可以是字母或者下画线。

标识符命名有以下几种常用方法：

① 直接使用小写字母。由一个英文字母或单词组成，使用小写字母，例如：a 或 name。

② 字母数字组合命名法。由英文字母或单词与数字组合而成，例如：a2 或 Name1。

③ 综合命名法。由两个以上单词组成时，为便于识别，每个单词的首字母可以大写，一般还可在中间加下画线，例如：username、Stu_Name、BookNum。

> **小贴士**
>
> 理论上 C 语言不限制标识符的长度，但实际标识符的长度受编译系统和机器系统的限制。例如，某些编译程序中规定标识符前八位有效，即当两个标识符前八位相同时，被认为是同一个标识符。

（2）标识符的分类

C 语言中的标识符分为关键字、预定义标识符、用户自定义标识符三类。

① 关键字。

C 语言系统规定的有特定含义、专门用途的标识符称为关键字。关键字不能作为其他用途，且只能小写。例如，用来说明变量类型的标识符 int、double 及 if 语句中的 if、 else 等都有专门的用途，它们不能再用作用户自定义变量名或函数名。

ANSI C 标准 C 语言共有 32 个关键字，见表 2-1。

表 2-1　ANSI C 标准 C 语言关键字

auto	break	case	char
const	continue	default	do
double	else	enum	extern
float	for	goto	if
int	long	register	return
short	signed	sizeof	static
struct	switch	typedef	union
unsigned	void	volatile	while

② 预定义标识符。

预定义标识符是在 C 语言系统中预先定义好的有特定含义的标识符，如系统函数名。预定义标识符具有见字明义的特点，如格式输出函数（printf）、格式输入函数（scanf）等。

预定义标识符可以作为用户标识符使用，只是这样会失去系统规定的原意，使用不当还会使程序出错，因此为了避免误解，建议用户不要再重新定义这类预定义标识符，目前 C 语言系统一致地把这类标识符作为固定的库函数或预编译处理中的专门命令使用。

③ 用户自定义标识符。

由用户根据需要定义的标识符称为用户自定义标识符，又可简称为用户标识符。用户标识符一般用来给常量、变量、自定义函数、数组等命名。

用户标识符命名规则如下：
- 只能由字母、数字和下画线组成，且第一个字符必须为字母或者下画线；
- 标识符区分英文字母大小写，如 num 和 Num 是两个不同的标识符；
- 用户标识符不能与关键字相同；
- 尽量使用有意义的英文单词或拼音定义用户标识符，利于程序的可读性。

4．变量

（1）变量的三要素

在程序运行过程中，其值可以改变的量称为变量，变量包括变量名、变量值和存储单元三要素，如图 2-2 所示。

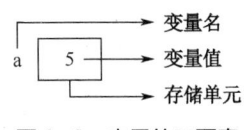

图 2-2　变量的三要素

① 变量名，即变量的名字，是用户定义的标识符，图 2-2 中的 a 就是变量名。

② 变量值，即存储单元中所存放的变量的值，图 2-2 中的整数 5 就是变量值。

③ 存储单元，每个变量在内存中都占用一定的存储单元，存储单元的大小由变量的数据类型决定。

变量名必须符合用户标识符命名规则，虽然变量名在程序运行中不会改变，但是变量的值是可以变化的。

（2）变量的定义

程序中使用的每个变量都必须定义，也就是必须"先定义，后使用"。编译系统会根据变量类型为定义的变量在内存中分配一定大小的存储单元。对变量的定义通常放在函数体内的前部，但也可以放在函数体的外部或复合语句的开头。只有被定义过的变量才可以在程序中使用，这就使得变量名的拼写错误容易被发现。定义的变量属于确定的类型，编译系统可方便地检查变量所进行的运算的合法性。变量也像常量一样，有整型变量、实型变量、字符型变量等不同的类型。

变量定义的格式如下：

```
数据类型  变量名1,变量名2,变量名3,…;
```

例如：

```
int  a,b,c;      /*定义a,b,c为整型变量*/
```

变量定义后，必须先赋值才能使用，如果变量不赋值就使用，系统会自动为其赋一个不可预测的值。因此，要求变量"先定义，后赋值，再使用"。例如：

```
int  a=6;       /*定义a为整型变量，初值为6*/
```

任务实现

训练1： 小红在运行如下程序时发现a和b这两个变量空间中是存有数据的，但明明在程序中没有给变量赋值，为什么会有这样的结果呢？请分析一下并完善程序。

```
1)  #include <stdio.h>
2)  main()
3)  { int  a,b;
4)    printf("a=%d,b=%d\n",a,b);
5)  }
```

（1）训练分析

编译阶段在内存中指定了两个空间分别给变量a和变量b，这两个空间中可能会存在以前垃圾值，因此即使在本程序中并没有给变量赋值，但是输出函数也会将其中的垃圾值显示出来。如果想完善程序，应该在变量定义以后给其赋一个常量值。

（2）操作步骤

① 找到错误原因。

② 改正错误。

③ 请写出修改后的正确程序。

④ 请写出调试后的运行结果。

训练 2：编程实现交换两个变量的值。
（1）训练分析

首先要确定变量名，正确使用用户标识符的命名方法；其次要正确使用变量，做到"先定义，后使用"；最后要思考如何交换这两个变量的值。建议引入第 3 个变量辅助完成训练任务。

（2）操作步骤
① 定义变量。
② 给变量赋值。
③ 引入第 3 个变量辅助完成值的交换。
④ 输出变量的值，观察是否成功交换了变量值。

```
1)    #include <stdio.h>
2)    main()
3)    {  _____      /*（1）定义变量*/
4)       _____      /*（2）给变量赋值*/
5)       _____      /*（3）引入第3个变量辅助完成值的交换
6)       _____      /*（4）输出变量的值*/
7)    }
```

⑤ 请写出程序调试后的运行结果。

任务测试

根据任务 1 所学内容，完成下列测试

1. 不属于 C 语言关键字的是（　　）。
   A．int　　　　　　　　　　　　B．break
   C．while　　　　　　　　　　　D．Char
2. 下述关于 C 语言中变量定义的说法中正确的是（　　）。
   A．变量可以不定义直接使用
   B．一个定义语句只能定义一个变量
   C．不同类型的变量可在同一语句中定义
   D．变量可以在定义时进行初始化
3. 下面选项中合法的标识符是（　　）。
   A．auto　　　　　　　　　　　B．c-
   C．6a　　　　　　　　　　　　D．Define
4. 下面标识符中可以用作变量名的是（　　）。
   A．you　　　　　　　　　　　 B．2e3
   C．float　　　　　　　　　　　D．*y
5. 下面说法中不正确的是（　　）。
   A．程序中使用的每个变量都必须被定义
   B．变量定义后，必须先赋值才能使用
   C．常量使用时需要事先声明
   D．标识符区分英文字母大小写

任务评价

项目 2：数据类型及运算		任务 1：常量和变量的使用	
班级		姓名		综合得分	

知识学习情况评价（30%）					
评价内容	分值	自评 （30%）	师评 （70%）	得分
常量的分类	10			
标识符的组成	10			
变量的三要素	10			
掌握整型常量、实型常量的使用方法	5			
掌握字符型常量的语法规范	5			
掌握用户自定义标识符的命名规则	10			
掌握关键字、预定义标识符的使用方法	10			
掌握变量的定义方法及使用规范	10			
具备使用变量和常量解决实际问题的能力	20			

续表

素质养成情况评价（10%）					
评价内容	分值	自评（30%）	师评（70%）	得分
出勤及课堂秩序	2			
严格遵守实训操作规程	4			
团队协作及创新能力养成	4			

任务 2　基本数据类型的使用

任务描述

基本的数据类型包括整型、实型和字符型。本任务将通过对三种基本数据类型的说明符、存储空间、取值范围的分析，使学习者掌握在程序中正确使用数据类型的方法。

任务准备

1. 整型数据

C 语言中整型数据有短整型（short）、基本整型（int）、长整型（long）。表 2-2 为各类整型数据在 Visual C++ 6.0 集成开发环境中所分配的内存字节及取值范围。

表 2-2　整型数据分类及特性

类型	说明符	取值范围	分配的内存字节数
基本型	int	−2147483648～2147583647	4
短整型	short	−32768～32767	2
长整型	long	−2147483648～2147583647	4
无符号基本型	unsigned int	0～4294967295	4
无符号短整型	unsigned short	0～65535	2
无符号长整型	unsigned long	0～4294967295	4

> **小贴士**
>
> 不同的编译器分配给整型数据的存储空间大小是不一样的，如 Turbo C 2.0 为每个基本整型（int）数据分配 2 字节（16 位），而 Visual C++为每个基本整型（int）数据分配 4 字节（32 位）。

（1）整型常量

整型常量是指直接使用的整型常数。C 语言中使用的整型常量有二进制、十进制、八进制和十六进制 4 种。

① 二进制整型常量。

由 0、1 组成的序列，例如：00110001（对应的十进制数为 49）或 01010110（对应的十进制数为 86）。

② 十进制整型常量。

没有前缀，其数字为 0～9。例如：237、−568、65535。

③ 八进制整型常量。

以 0 开头，即以 0 作为八进制数的前缀，数字取值为 0～7，例如：015（对应的十进制数为 13）或 0101（对应的十进制数为 65）。

④ 十六进制整型常量。

以 0X 或 0x 开头，后面使用 0~9 和字母 A~F 或 a~f 表示数值。其中，A 代表数值 10，B 代表数值 11，以此类推，F 代表数值 15。例如：0X2A（对应的十进制数为 42）或 0XFFFF（对应的十进制数为 65535）。

（2）整型变量

整型变量是用来存储整数的变量，整型可以分为有符号型和无符号型。有符号整数指数值可以带正负号，所以需要一个符号位；无符号整数指数值只有正数，所以可以去掉符号位。在默认情况下，C 语言中的整型变量都是有符号整数，若要告诉编译器变量是无符号整数，需要把它声明成无符号型（用关键字 unsigned 表示）。

【实例 1】定义一个整型变量 a，并为其赋值 0。

```
1)  #include <stdio.h>
2)  main()
3)  { int  a;       /*定义一个整型变量a*/
4)    a=0;         /*为整型变量a赋值0*/
5)    ...
6)  }
```

也可以在定义变量的同时为变量赋值，这种形式称为变量的初始化。例如：

```
int  a=0;      /*定义一个整型变量a并初始化为0*/
```

编写程序时，定义变量的所有语句应放在程序的最前面，即在其他所有语句之前，否则会产生错误，例如：

```
int  a;        /*定义整型变量a*/
a=0;           /*错误！！！因为赋值语句在定义变量语句int b;之前*/
int  b;        /*定义整型变量b*/
b=2;           /*为整型变量b赋值*/
```

小贴士

使用整型常量时，可以在常量的后面加上字符 L（l）或者 U（u），L 表示该常量为长整型，U 表示该常量为无符号整型，例如：

```
a=1256L;       /*L表示长整型*/
b=500U;        /*U表示无符号整型*/
```

2. 实型数据

C 语言中的实型数据分为单精度、双精度和长双精度三类。C 语言中的实型数据与数学中的实数是不一样的。数学中的实数值是无限的，而实数在计算机中使用有限的存储单元存储，所以值是有限的。数学中的精度可以是任意的，甚至是无限的，而计算机只能以有限个有效位表示精度。程序员可以根据值域和精度的实际需要，选用适当的实数类型。表 2-3 为实型数据所分配的内存字节数及数值范围。

表 2-3　实型数据所分配的内存字节数及数值表示范围

类型	类型说明符	内存字节数	有效数字	数值表示范围
单精度	float	4	6~7	$10^{-37} \sim 10^{38}$
双精度	double	8	15~16	$10^{-307} \sim 10^{308}$
长双精度	long double	16	18~19	$10^{-4931} \sim 10^{4932}$

(1) 实型常量

实型常量又称浮点型常量，就是指在数学中用到的小数。在 C 语言中，实型常量只能采用十进制表示，分小数形式和指数形式两种。

① 小数形式。

小数形式，即数学中的小数。例如，0.15、5.0、-12.34、.25（整数部分为 0 时，可以省略整数的 0）等，均为合法的实型常量。

② 指数形式。

指数形式可书写为 aEn 或 aen，其值为十进制科学计数法值，即 $a \times 10^n$。a 被称为尾数，为十进制整数或小数；n 被称为阶码，为-308～308 的十进制整数。

合法的指数形式实型常量，如 2.1E5（值为 2.1×10^5）、3.7e-2（值为 3.7×10^{-2}）、.5E7（值为 0.5×10^7）。

不合法的指数形式实型常量：如 E7，-5，2.7E，3.5e1.3。

使用实型常量需要注意以下几点：

- 字母 e 或 E 之前必须有数字，e 后面的阶码必须为整数。例如，e3、2.1e3.5 都不是合法的指数形式。
- 规范化的指数形式。这种形式要求在字母 e 或 E 之前的小数部分中的小数点左边应当有且只有一位非 0 数字。例如，2.3478e2、3.0999E5、6.46832e12，都是规范化的指数形式。用指数形式输出实数时，都是按规范化的指数形式输出的。
- 许多 C 语言编译系统将实型常量作为双精度实数来处理，这样可以保证较高的精度，缺点是会降低运算速度。在实数的后面加字符 f 或 F，如 1.65f，可使编译系统按单精度处理实数。

(2) 实型变量

整数类型并不适用于所有应用，有时需要变量可以存储带小数点的数，这类数可以用实型变量进行存储，实型变量也称为浮点型变量。

① 单精度实型变量。

单精度类型变量使用关键字 float 进行定义，它在内存中占 4 字节，提供 6 位有效数字，数值范围为 10^{-37}～10^{38}。

由于实型变量的存储单元是有限的，能显示出的有效数字也是有限的，有效位以外的数字将无法被正确处理，由此可能会产生一些误差，这被称为实型数据的舍入误差。上面提到的单精度提供的有效数字为 6 位，当一个数值的有效数字的位数超过 6 位时将无法被正确显示。

【实例 2】单精度数据的有效位。

```
1)  #include <stdio.h>
2)  main()
3)  { float f;              /*定义单精度变量f*/
4)    f=1234567.95789;      /*将值1234567.95789赋给变量f*/
5)    printf("f=%f\n",f);   /*输出变量f的值*/
6)  }
```

运行结果如下。

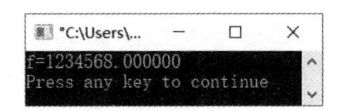

```
f=1234568.000000
Press any key to continue
```

想一想

由于 float 型只接收 6 位有效数字，因此显示的数据中只有前 6 位是保证正确的，后面的数据将无法被正确处理，显示的则是编译器随机给出的数，那么应该如何修正呢？（建议考虑扩充有效数字位数）

_____

_____

② 双精度实型变量。

双精度类型使用关键字 double 来定义变量，它在内存中占 8 字节，提供 15 位有效数字，数值范围为 $10^{-307} \sim 10^{308}$。

【实例 3】将实例 2 中的变量定义为 double 类型。

```
1)  #include <stdio.h>
2)  main()
3)  { double f;              /*定义双精度变量f*/
4)    f=1234567.95789;       /*将值1234567.95789赋给变量f*/
5)    printf("f=%lf\n",f);   /*输出变量f的值*/
6)  }
```

运行结果如下：

```
f=1234567.957890
Press any key to continue
```

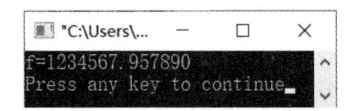

由于 double 型提供了 15 位有效数字，所以输出的数据的数值是正确的。

小贴士

用格式输出函数 printf 输出实型数据时，输出格式为%f，默认输出 6 位小数，不足 6 位用 0 补，多于 6 位时只保留 6 位，多余位数四舍五入。

③ 长双精度实型变量。

长双精度类型使用的关键字是 long double。不同的编译系统对 long double 型的处理方法是不同的。ANSI C 标准规定了 double 变量存储为 IEEE 64 位（8 字节）浮点数值，但并未规定 long double 的确切精度，所以对于不同平台可能有不同的实现结果。有的是 8 字节，有的是 10 字节，有的是 12 字节或 16 字节。规定 long double 的精度不少于 double 的精度，就像 long 和 int 一样。关于编译器的具体情况，可以执行 sizeof(long double)查看。

【实例 4】定义一个长双精度实型变量 fl，并赋值为 2.34。

```
1)  #include <stdio.h>
2)  main()
```

```
3)    { long double  fl;
4)      fl=2.34L;
5)      ...
6)    }
```

> **小贴士**
>
> 给长双精度类型变量进行赋值，可在常量后面加上符号 L 或者 l。

3. 字符型数据

（1）字符型常量

① 字符常量。

C 语言中字符常量必须用单引号括起来，且一对单引号中只能是单个字符，如'A' 'a' '6' '&'都是正确的，'ab'则是错误的。字符型数据在 C 语言中是以 ASCII 码形式存放的，字符常量的值就是其对应的 ASCII 码的值，如字符 a 的 ASCII 码值为 97，字符 A 的 ASCII 码值为 65。因为 ASCII 码值为整型，所以 C 语言中字符型数据与整型数据可以互用，例如：

"'a'-32"等价于"97-32"，

"'a'-32 的值等于 65"等价于"'a'-32 的值等于'A'"。

> **小贴士**
>
> 字符'0'和整数 0 是不同的概念，字符'0'只是代表一个字符，在内存中以 ASCII 码形式存储，对应的 ASCII 码值为 48，而整数 0 在内存中存储的就是数值 0。

② 字符串常量。

除单个字符外，C 语言还可以处理多个字符组成的常量，称为字符串常量。字符串常量是一对双引号括起来的一个或多个字符，例如："A"、"China"、"How are you"。

C 语言中存储字符串常量时，系统会在字符串的末尾自动加一个'\0'作为字符串的结束标志。例如，字符串常量"China"在内存中的存储形式如图 2-3 所示。

C	h	i	n	a	\0

图 2-3 字符串"China"在内存中的存储形式

> **小贴士**
>
> 字符'A'和字符串"A"是不同的，C 语言中规定字符串必须有结束标志，结束标志为字符'\0'（其 ASCII 码值为 0）。因此，字符串"A"实际上包含两个字符：'A'和'\0'，占 2 字节，而字符'A'只占 1 字节。

③ 转义字符常量。

C 语言中还有一类特殊字符常量，称为转义字符常量，以反斜线"\"开头，后跟一个字符或一组数字。转义字符通常用来表示控制代码和功能定义，例如，'\n'表示换行。

C 语言中常用的转义字符见表 2-4。

表 2-4　常用的转义字符

转义字符	说明	转义字符	说明
\n	回车换行，将当前位置移到下一行开头	\a	播放提示音
\b	退格，将当前位置移到前一列	\'	单引号符
\r	回车，将当前位置移到本行开头	\"	双引号符
\t	水平制表，跳到下一个 Tab 位置	\\	反斜线符\
\v	垂直制表	\ddd	3 位八进制数所代表的字符
\f	换页，将当前位置移到下页开头	\xhh	2 位十六进制数所代表的字符

实际上，任何一个字符都可以用转义字符'\ddd'或'\xhh'来表示，ddd 和 hh 分别为八进制和十六进制的 ASCII 码，例如：'\101'表示字母'A'。

使用转义字符需要注意以下几点。
- 转义字符常量，如'\101'只代表一个字符。
- 反斜线后的八进制数可以不用以 0 开头，如'\101'代表的就是字符常量'A'。
- 反斜线后的十六进制数只能以小写字母 x 开头，不允许以 0x 开头，如'\x41'代表字符常量'A'。

（2）字符型变量

字符型变量定义的关键字为 char，在内存中占 1 字节。字符型数据和整型数据可以互用，但是整型变量与字符型变量所占存储单元字节数不同，故当整型变量按字符型变量处理时，只有低 8 位参与。

> **小贴士**
>
> 字符型变量只能存放一个字符，不可以存放字符串。

【实例5】字符型变量的定义和使用

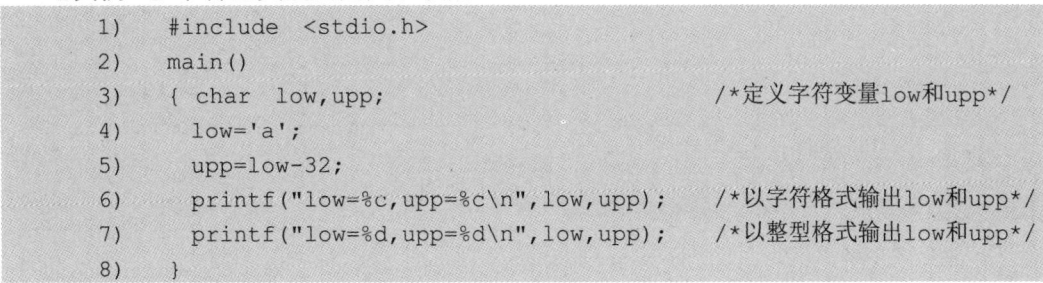

```
1)   #include <stdio.h>
2)   main()
3)   { char  low,upp;                          /*定义字符变量low和upp*/
4)     low='a';
5)     upp=low-32;
6)     printf("low=%c,upp=%c\n",low,upp);      /*以字符格式输出low和upp*/
7)     printf("low=%d,upp=%d\n",low,upp);      /*以整型格式输出low和upp*/
8)   }
```

该实例运行结果如下：

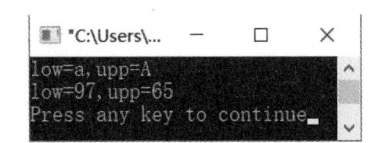

```
low=a,upp=A
low=97,upp=65
Press any key to continue
```

用格式输出函数 printf 输出字符型数据时，当输出格式为%c 时，将输出该字符；当输出格式为%d 时，将输出字符对应的 ASCII 码值。

小贴士

可以将整型数据赋值给字符型变量，也可以将字符型数据赋值给整型变量；对字符型数据进行算术运算时，相当于对它们的 ASCII 码进行算术运算；一个字符型数据既可以以字符形式输出，也可以以整数形式输出。

所有编译系统都规定以 1 字节来存放一个字符，即一个字符型变量在内存中占 1 字节。当把字符赋值给字符型变量时，字符型变量中的值就是该字符的 ASCII 码值，这使得字符型数据和整型数据之间可以通用。

任务实现

训练 1：调试以下程序，观察有符号短整型数据的溢出情况，然后修改错误并调试。

```
1)  #include <stdio.h>
2)  main()
3)  { short a,b;
4)    a=32767;
5)    b=a+1;
6)    printf("a=%d,b=%d\n",a,b);
7)  }
```

（1）训练分析

程序中定义了两个短整型变量，应注意短整型变量所占的字节数和取值范围。32767 是一个关键数据，它恰好是取值范围的边界值，调试程序查看运行结果出现了哪些错误，修改程序的关键在于对数据类型的正确使用。

（2）操作步骤

① 调试程序，写出运行结果。

② 发现的错误是什么？

③ 判断程序中的出错位置。

例：第____行代码有错。

④ 请写出修改后的正确程序。

⑤ 请写出调试后的运行结果。

训练 2：新生入学需要保存学生数据，定义整型变量以存放年龄、学号，定义字符型变量以存放性别，定义浮点型变量以存放入学成绩，要求输出以下信息，编程实现。

****
学号：1001
年龄：18
性别：男
成绩：95.5
****

（1）训练分析

根据数据处理需求描述各数据类型，整型变量有年龄、学号，字符型变量有性别，浮点型变量有入学分数，根据要求定义变量。完成编程的关键是通过分析使用正确的数据类型定义变量。

（2）操作步骤

① 设定两个整型变量 age、num，分别代表新生的年龄、学号。
② 设定一个字符型变量 gender，记录新生的性别。
③ 设定一个浮点型变量 score，记录新生的入学成绩。
④ 按要求将定义变量语句、输出语句补充完整。

```
1)    #include <stdio.h>
2)    main()
3)    { int  age=18,_____    /*定义年龄、学号并初始化*/
4)    _____  /*定义性别并初始化，女（f）、男（m）*/
5)    _____  /*定义入学成绩并初始化*/
6)    printf("*************\n");
7)    printf("学号：%d\n",num);          /*输出学号*/
8)    _____  /*输出年龄*/
9)    _____  /*输出性别*/
10)   _____  /*输出成绩*/
11)   printf("*************\n");
12)   }
```

任务测试

根据任务 2 所学内容，完成下列测试

1. C 语言中的基本数据类型包括（　　）。
   A．整型、实型、逻辑型　　　　　　B．整型、字符型、逻辑型
   C．整型、实型、逻辑型、字符型　　D．整型、实型、字符型

2. 下面选项中，合法的字符常量是（　　）。
   A．"A"　　　　　　　　　　　　　B．'A'
   C．A　　　　　　　　　　　　　　D．b

3. 下列常量中不能作为 C 语言常量的是（　　）。
   A．3e2.5　　　　　　　　　　　　B．2.5e-2
   C．3e2　　　　　　　　　　　　　D．0xa5

4. 将字符 g 赋给字符型变量 c，正确的表达式是（　　）。
   A．c="g"　　　　　　　　　　　　B．c=101
   C．c='\147'　　　　　　　　　　　D．c='\0147'

5. 设有语句 "char a='\72';" 则变量 a（　　）。
   A．包含 1 字符　　　　　　　　　B．包含 2 字符
   C．包含 3 字符　　　　　　　　　D．说明不合法

6. 字符串 "ABC" 在内存占用的字节数是（　　）。
   A．3　　　　　　　　　　　　　　B．4
   C．6　　　　　　　　　　　　　　D．8

7. 要为字符型变量 a 赋初值，下列语句中哪一个是正确的？（　　）
   A．char a="3";　　　　　　　　　B．char a='3';
   C．char a=%;　　　　　　　　　　D．char a;

任务评价

项目 2：数据类型及运算			任务 2：基本数据类型的使用		
班级		姓名		综合得分	
知识学习情况评价（30%）					
评价内容		分值	自评（30%）	师评（70%）	得分
整型常量的进制表示		5			
整型数据类型的分类及特点		5			
实型数据的类型及特点		5			
实型常量的指数形式表示法		5			
字符型数据类型的特点		5			
字符串的特点		5			

续表

能力训练情况评价（60%）					
评价内容	分值	自评（30%）	师评（70%）	得分	
掌握定义整型变量的方法	10			
掌握定义实型变量的方法	10			
掌握定义字符型变量的方法	10			
能正确判断各类型变量的存储单元的数量及取值范围	10			
具备综合改错能力	20			
素质养成情况评价（10%）					
评价内容	分值	自评（30%）	师评（70%）	得分	
出勤及课堂秩序	2			
严格遵守实训操作规程	4			
团队协作及创新能力养成	4			

任务 3　复杂表达式运算

任务描述

运算符是用来完成各种不同运算的一些特定符号，参加运算的数据称为运算对象或操作数，运算符将运算对象或操作数连接起来构成表达式，C 语言提供了丰富的运算符。本任务将通过对各种类型的运算符及表达式的语法分析，使学习者掌握复杂表达式的运算方法。

任务准备

1. 算术运算符和算术表达式

算术运算符包括两大类：一类是基本算术运算符，包括加法（+）、减法（-）、乘法（*）、除法（或取整）（/）、求余（或称模）（%）；另一类是自增和自减运算符，包括自增（++）、自减（--）。常用的算术运算符见表 2-5。

表 2-5　常用的算术运算符

运算符	名称	举例	结果	常用运算对象类型	结果类型
+	加法运算符	a+b	a 与 b 的和	整型或实型	整型或实型
-	减法运算符	a-b	a 与 b 的差		
*	乘法运算符	a*b	a 与 b 的乘积		
/	除法运算符	a/b	a 除以 b 的商		
	取整运算符	a/b	a 和 b 取整		
%	求余运算符	a%b	a 除以 b 的余数	整型	整型
++	自增运算符	a++或++a	a 的值自加 1		
--	自减运算符	a--或--a	a 的值自减 1		

运算规则如下：

① 加法（+）、减法（-）、乘法（*）、除法（取整）（/）、求余（%）这几个运算符，都是双目运算符，结合方向都是自左向右，与数学运算基本一致；自增、自减运算符是单目运算符，结合方向是自右向左，表示自身的值加或减 1。

② 除法运算时，当运算对象是两个整数时，运算过程为取整，结果为整数，小数部分被舍去，例如：

```
9/5等于1        /*无四舍五入*/
```

只有两个数中有一个是实数，运算过程才为除，结果才为实数。

③ 求余运算的运算对象只能是整型数据，运算符号由%左边的数决定。

④ 自增、自减运算只能作用于变量，不能作用于常量或表达式。

【实例 1】分析程序运行结果。

```
1)    #include <stdio.h>
2)    main()
```

```
3)    { int  a=5,b=6;
4)      printf("a=%d,b=%d\n",a,b);
5)      printf("相加=%d\n",a+b);
6)      printf("相减=%d\n",a-b);
7)      printf("相乘=%d\n",a*b);
8)      printf("相除（取整）=%d\n",a/b);
9)      printf("求余=%d\n",a%b);
10)   }
```

该实例运行结果如下：

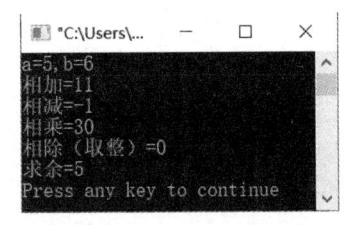

```
a=5,b=6
相加=11
相减=-1
相乘=30
相除（取整）=0
求余=5
Press any key to continue
```

【实例2】分析程序运行结果。

```
1)    #include <stdio.h>
2)    main()
3)    { int  a=5;
4)      printf("a++=%d\n",a++);
5)    }
```

该实例运行结果如下：

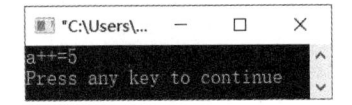

```
a++=5
Press any key to continue
```

想一想

上例中 printf 函数的输出项是 a++，该输出项是一个表达式，所以应准确计算 a++ 表达式的值。如果把输出项改为++a 呢？请比较如下两个表达式：

$$\begin{cases} a++ \\ ++a \end{cases}$$

● 将实例2中的输出项改为++a，观察并写出运行结果。

_____

_____

● 总结两个表达式的区别。

_____

_____

2. 赋值运算符和赋值表达式

赋值运算符用于赋值运算，是将一个数据赋给一个变量。赋值运算符分为简单赋值运算符、复合赋值运算符，其中与算术运算相关的复合赋值运算符有+=、-=、*=、/=、%=。

（1）简单赋值运算

赋值表达式用于计算右边表达式的值，把右边表达式的值赋给左边变量，格式为：

```
变量=表达式
```

例如：

```
x=5              /*将常量5赋给变量x*/
```

为变量赋值时，可以按照如下格式对几个变量赋同一个值：

```
int a,b,c;
a=b=c=0;
```

或

```
int a=0,b=0,c=0;
```

但是不能写为：

```
int a=b=c=0;
```

进行赋值运算时应注意以下几点。

① 赋值运算符左边必须是变量，右边可以是常量、变量或表达式。

② 在 C 语言中，"="不是相等的意思，而是赋值，要与数学中的等号的意义区别开。

③ 当"="两边的数据类型不相同时，系统将自动进行类型转换，转换的原则为先将赋值号右边表达式的数据类型转换为左边变量的数据类型，然后再赋值。

小贴士

将实型数据赋给整型变量时，将舍弃实型数据的小数部分。

④ 赋值运算符完成赋值操作后，整个赋值表达式的值就等于右边被赋的值。例如：

```
a=b=4+2
```

先计算最右边的 4+2，将结果 6 赋值给 b；此时 b 的值为 6，b=4+2 这个表达式的值为 6，然后再将该表达式的值赋值给 a，a=b=4+2，整个表达式的值为 6。

⑤ 赋值运算符的优先级比较低，仅高于逗号运算符。

（2）复合赋值运算

【实例3】列出与表达式 n+=1、n*=2 等价的表达式。

```
n+=1与n=n+1等价。
n*=2与n=n*2等价。
```

采用复合赋值运算符既简化了程序，也提高了编译效率。

想一想

试写出与如下表达式等价的表达式。

● n%=5

- n+=n-=n+n

> **小贴士**
>
> 赋值运算符、复合赋值运算符的优先级比算术运算符的低。

3. 逗号运算符和逗号表达式

C 语言中，逗号也是一种运算符。用逗号运算符可以将两个或多个表达式连接起来，形成一个完整的表达式，其格式为：

    表达式1,表达式2,表达式3…表达式n

逗号表达式的求解过程是自左向右的，求解表达式 1，求解表达式 2，求解表达式 3……求解表达式 n。整个逗号表达式的值是表达式 n 的值。

【实例 4】 求表达式 n=4+2,n++,n*3 的值。

该表达式的求解过程如下：

① 先计算表达式 n=4+2，表达式值为 6，n 的值为 6。
② 再计算表达式 n++，表达式值为 6，n 的值为 7。
③ 最后计算表达式 n*3，表达式值为 21，所以整个逗号表达式的值为 21。

想一想

将实例 4 中的 n++，改为 n+1，即

$$n=4+2,n+1,n*3$$

- 请写出计算过程及结果。

- 找出计算结果发生改变的原因。

---

4. 位运算符和位运算

位运算的运算对象是二进制数，因此，也可以将位运算理解为是面向二进制位的运算。位运算符有 6 种，分别是按位与（&）、按位或（|）、按位异或（∧）、按位取反（~）、左移（<<）和右移（>>）。这些运算符中除按位取反（~）外，都是双目运算符，并且运算对象只能是整型或字符型，不能是其他数据类型。

（1）按位与（&）

参加按位与运算的两个操作数，按照二进制位进行"与"运算。如果两个相应的二

进制位都是 1，则该位的运算结果为 1，否则为 0。按位与运算规则见表 2-6。

表 2-6　按位与运算规则

操作数 1	0	1	0	1
操作数 2	0	0	1	1
结果	0	0	0	1

例如：2&3 的结果是 2，计算过程如下（以八位二进制数为例）。

```
  00000010
& 00000011
  00000010
```

按位与运算的主要用途为取一个数中的某些位，其余位清零。如果要取一个短整型数据的低字节，只要将它与 255（其对应的二进制数为 0000000011111111）按位与运算即可。例如：

```
  00101110 10101111
& 00000000 11111111
  00000000 10101111
```

如果要取其中的高字节，则可将其与 65280（其对应的二进制数为 1111111100000000）按位与运算即可。例如：

```
  00101110 10101111
& 11111111 00000000
  00101110 00000000
```

（2）按位或（|）

参加按位或运算的两个操作数，按照二进制位进行"或"运算。如果两个相应的二进制位中只要有一个是 1，则该位的运算结果为 1，否则为 0。按位或运算规则见表 2-7。

表 2-7　按位或运算规则

操作数 1	0	1	0	1
操作数 2	0	0	1	1
结果	0	1	1	1

例如：2|3 的结果是 3，计算过程如下（以八位二进制为例）：

```
  00000010
| 00000011
  00000011
```

按位或运算的主要用途是使一个数的某些位为 1。如果要使一个短整型数据的高字节不变，低字节全部置 1，即低字节为 11111111，可将该数与 255（其对应的二进制数为 00000000 11111111）按位或运算即可。例如：

```
  00101110 10101111
| 00000000 11111111
  00101110 11111111
```

（3）按位异或（∧）

参加按位异或运算的两个操作数，当对应位的二进制数相同时，则该位的运算结果为 0；对应位的二进制数不同时，则该位的运算结果为 1。按位异或运算规则见表 2-8。

表2-8 按位异或运算规则

操作数1	0	1	0	1
操作数2	0	0	1	1
结果	0	1	1	0

例如：

```
  00101110 10101111
∧ 11111111 00000000
  11010001 10101111
```

按位异或运算的主要用途是让指定位的二进制数翻转，即1变为0、0变为1。上例结果中的高八位的二进制数翻转，因为原数与1111111100000000异或，即翻转位均与1异或。

（4）按位取反（～）

该运算符是一个单目运算符，用来对运算对象的二进制数按位求反，即将0变成1，将1变成0。按位取反运算规则见表2-9。

表2-9 按位取反运算规则

操作数	0	1
结果	1	0

例如：

```
～ 00101110 10101111
   11010001 01010000
```

（5）左移（<<）

左移运算是将运算对象的各二进制位全部左移若干位。左移后，右边的空位用0填补。左边移出的位舍弃不用。

例如：

```
a<<2
若a=10，假设a为八位二进制数，即数为00001010，左移两位后变为00101000
```

（6）右移（>>）

右移运算是将运算对象的各二进制位全部右移若干位。右移后，右边移出的位舍弃不用，而左边的空位需填补的数字根据操作数的性质分为以下两种情况。

① 该数为无符号数时，则高位补0。

例如：

```
a>>2
若a=10，假设a为八位二进制数，即数为00001010，右移两位后变为00000010
```

② 该数为有符号数时，若原来的符号位为0（最高位为0，表示该数为正数），则高位补0，如上例所示。若原来的符号位为1（最高位为1，表示该数为负数），则高位补0或1取决于所使用的计算机系统：有的系统补0，称为逻辑右移；有的系统补1，称为算术右移。

例如：

```
a为1001011001001011
a>>1 为 0100101100100101（逻辑右移）
```

a>>1 为 1100101100100101（算术右移）

5. 不同数据类型的转换

C 语言在进行不同数据类型的混合运算时，需要按照一定规则进行数据类型转换。类型转换分为自动类型转换和强制类型转换。

（1）自动类型转换

自动类型转换是由编译系统自动完成的，不需要用户参与。不同类型的数据共存于同一个表达式时，根据 C 语言的规则要转换成同一类型，然后再计算；不同数据类型之间依据"低级向高级转换"的原则，如图 2-4 所示。

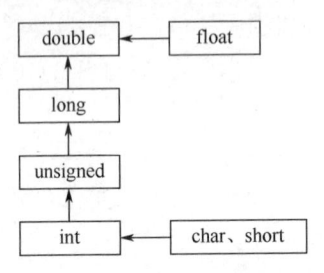

图 2-4　不同数据类型的转换规则

【实例 5】有以下程序片段，分析 a+b+c 的计算结果的数据类型。

```
1)   int   a;
2)   float  b;
3)   double c;
4)   a=1;
5)   b=2.1;
6)   c=6.5;
```

分析：计算 a+b+c 时，因为 a，b，c 的类型不同，所以需要先转换为同一类型，根据不同数据类型的转换规则，先将 a，b，c 都转换成 double 类型，然后再计算，所得结果为 double 类型。

> **小贴士**
>
> float 类型数据在运算时需统一转换成双精度类型再进行计算，从而提高运算精度。所以，整型变量向浮点型转换时不是转换为 float 类型，而是直接转换为 double 类型。

> **想一想**
>
> 如果是赋值运算，需要将赋值号右边的数据类型转换为左边的数据类型，试分析第 3 行赋值表达式的数据类型。
>
> ```
> 1)   int   a;
> 2)   float  b=2.1,c=3.2,d=2.3;
> 3)   a=b+c+d;
> ```

(2) 强制类型转换

强制类型转换是通过类型转换运算来实现的,用于把表达式的结果强制转换成类型说明符所表示的类型,其一般形式为:

(类型说明符) 表达式

功能是把表达式的运算结果强制转换成类型说明符所表示的数据类型。例如:

```
(int)a              /*将a强制转换为整型*/
(float)a+b          /*将a强制转换为实型后再与b相加*/
(int)(a+b)          /*将a+b的结果强制转换为整型*/
```

> **小贴士**
>
> 类型说明符和表达式都需要添加括号,对于单独变量可以不加括号;无论是自动类型转换还是强制类型转换都不改变数据本身的类型和值,而只是为了本次运算的需要针对变量的数据长度所做的临时转换。

【实例6】 强制类型转换。

```
1)  #include <stdio.h>
2)  main()
3)  { int   a=3;
4)    float  b=3.64,c=1.7654;
5)    a=(int)c+5;
6)    b=(int)(1.2+a);
7)    printf("a=%d,b=%f,c=%f\n",a,b,c);
8)  }
```

该实例运行结果如下:

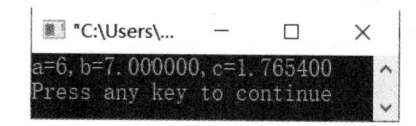

```
a=6,b=7.000000,c=1.765400
Press any key to continue
```

变量c为单精度浮点型,通过强制转换把c转换为整型,即1,加上5以后得6并赋给变量a,所以a为6,但是c仍然为单精度浮点型;1.2+a结果为7.2,将其强制转换为整型,结果为7,但是b仍然为浮点型,所以输出的b的值为7.000000。

任务实现

训练1:某商场举行店庆活动,所有商品均9折销售,请根据商品的单价,计算商品的实际付款金额。编程实现,要求输出以下信息。

```
******************************
*** 特价销售!所有商品9折!***
*** 折扣自助计算,简单方便!***
******************************
输入商品原价(单位:元):399元
******************************
```

折后价：359.1 元

****

（1）训练分析

根据数据处理需求描述数据类型，商品价格建议使用实型数据。按照训练要求设计好显示界面，要注意输出时%f的格式控制。

（2）操作步骤

① 设定一个实型变量 a，代表所购商品的价格。

② 将定义变量语句、输出语句按要求补充完整。

```
1)   #include <stdio.h>
2)   main()
3)   { float  a;                                      /*定义价格变量*/
4)     printf("*****************************\n");    /*设计显示界面*/
5)     _____               /*设计显示界面*/
6)     _____               /*设计显示界面*/
7)     printf("*****************************\n");    /*设计显示界面*/
8)     printf("输入所购商品原价：（单位：元)");
9)     scanf("%f",&a);                                /*输入原价*/
10)    printf("*****************************\n");
11)    _____               /*输出折后价*/
12)    printf("*****************************\n");
13)  }
```

训练 2：某商场举行店庆活动，所有商品均 9 折销售，请根据选购商品的单价，先计算所选购商品的实际付款总金额，再输入顾客付款金额，显示找零。编程实现，要求输出以下信息。

****

** 特价销售！所有商品 9 折！**

****

输入所购商品 1 的原价：399 元

折后价：359.1 元

输入所购商品 2 的原价：200 元

折后价：180 元

输入所购商品 3 的原价：50 元

折后价：45 元

****

所购商品总价：584.1 元

****

顾客付款：600 元

****

找零：15.9 元

****

（1）训练分析

在训练1的基础上，综合使用算术运算符。

（2）操作步骤

① 设定三个实型变量a，b，c，代表所购的三种商品的原价。

② 设定一个实型变量w，代表顾客付款金额。

③ 在下面模板中写出完整程序。

```
#include <stdio.h>
main()
{ float  a,b,c,w;                               /*定义三种商品的原价和顾客付款金额变量*/
    printf("******************************\n");       /*设计显示界面*/
    printf("** 特价销售！所有商品9折！**\n");      /*设计显示界面*/
    printf("******************************\n");       /*设计显示界面*/




}
```

任务测试

根据任务3所学内容，完成下列测试

1. 设 int a=12，则执行完语句 a+=a-=a*a 后，a 的值是（   ）。
   A. 552   B. 264   C. 144   D. -264

2. 若有定义语句"int x=10;"，则表达式 x-=x+x 的值为（   ）。
   A. -20   B. -10   C. 0   D. 10

3. 在C语言中，运算对象必须是整型的运算符是（   ）。
   A. +   B. /   C. %   D. *

4. 若已定义 x 和 y 为 double 类型，则表达式 x=1,y=x+3/2 的值是（   ）。
   A. 1   B. 2   C. 2.0   D. 2.5

5. 若有以下定义：
    char a; int b; float c; double d;
则表达式 a*b+d-c 的值的类型为（ ）。
    A. float   B. int   C. char   D. double

任务评价

项目2：数据类型及运算		任务3：复杂表达式运算		
班级		姓名	综合得分	
知识学习情况评价（30%）				
评价内容	分值	自评（30%）	师评（70%）	得分
算术运算符的优先级、结合性	10			
赋值运算符的优先级、结合性	5			
逗号运算符的优先级、结合性	10			
位运算符的优先级、结合性	5			
能力训练情况评价（60%）				
评价内容	分值	自评（30%）	师评（70%）	得分
掌握自增、自减表达式的运算方法	10			
掌握复杂表达式的运算方法	20			
掌握不同数据类型转换的方法	10			
具备运用复杂表达式解决实际问题的能力	20			
素质养成情况评价（10%）				
评价内容	分值	自评（30%）	师评（70%）	得分
出勤及课堂秩序	2			
严格遵守实训操作规程	4			
团队协作及创新能力养成	4			

项目小结及测试 2

分析小结

通过学习与训练，学习者掌握了常量和变量的表示方法，掌握了各种数据类型的描述方法，掌握了 C 语言中丰富多样的运算符和表达式的应用方法，具备了在程序编制过程中综合运用所学知识点解决实际问题的能力。

学习笔记

·重点知识·

·易错点·

思考实践

如何运用顺序结构进行程序编制是接下来要思考的问题。
- 顺序结构的基本思路是什么？
- 顺序结构的流程图是什么样子的？
- 如何输入数据？
- 如何输出数据？

这一系列的问题会在后续的任务中详细介绍，请在学习中寻找答案。

项目测试

根据项目所学内容，完成下列测试

1. 请完成以下单项选择题

（1）以下所列的用户标识符中，合法的是（   ）。
  A. int   B. Char   C. 123   D. a+b

（2）设 int i,j=5;，执行下列语句后，i 的值是（   ）。
```
i=(++j)+(j++);
```
  A. 10   B. 12   C. 13   D. 14

（3）下列程序段的输出结果是（   ）。
```
int  a=7,b=5;
printf("%d\n",b=b%a);
```
  A. 0   B. 1   C. 5   D. 不确定值

（4）若有定义：int a=8,b=5,c;，执行下列语句后，c 的值为（   ）。
```
c=a/b+0.4;
```
  A. 1.4   B. 1   C. 2.0   D. 2

（5）下列关于 C 语言标识符的叙述中正确的是（　　）。
　　　　A．标识符中可以出现下画线和连接线
　　　　B．标识符中不可以出现连接线，但可以出现下画线
　　　　C．标识符中可以出现下画线，但不可以放在标识符的开头
　　　　D．标识符中可以出现下画线和数字，它们都可以放在标识符的开头
（6）设变量均已正确定义并且赋值，下列语句中与其他三组语句的输出结果不同的一组语句是（　　）。
　　　　A．x++; printf("%d\n",x);　　　　B．n=++x; printf("%d\n",n);
　　　　C．++x; printf("%d\n",x);　　　　D．n=x++; printf("%d\n",n);
（7）C 语言中 char 类型数据占（　　）字节。
　　　　A．3　　　　B．4　　　　C．1　　　　D．2
（8）以下选项中关于常量的叙述错误的是（　　）。
　　　　A．所谓常量，是指在程序运行过程中，其值不能被改变的量
　　　　B．常量分为整型常量、实型常量、字符常量和字符串常量
　　　　C．常量可分为数值型常量和非数值型常量
　　　　D．经常被使用的变量可以定义成常量
（9）以下定义语句中正确的是（　　）。
　　　　A．int a=b=0;　　　　　　　　　B．char A=65+1,b='b';
　　　　C．float a=1,"b=&a,"c=&b;　　　D．double a=0.0;b=1.1;
（10）若有定义语句如下，则下列选项中错误的赋值表达式是（　　）。
```
    int  a=3,b=2,c=1;
```
　　　　A．a=(b=4)=3;　　B．a=b=c+1;　　C．a=(b=4)+c;　　D．a=1+(b=c=4);
2．请完成以下填空题
（1）C 语言中的基本数据类型分为_____、_____、_____。
（2）求解赋值表达式 a=(b=10)%(c=6)，a、b、c 的值依次为_____、_____、_____。
（3）变量 a 和 b 已正确定义并赋初值，请写出与 a-=a+b 等价的赋值表达式_____。
（4）以下程序的输出结果是_____。
```
1)    #include <stdio.h>
2)    main()
3)    { int a=37;
4)        a+=a%=9;
5)        printf("%d\n",a);
6)    }
```
（5）C 语言中存储字符串常量时，系统会在字符串的末尾自动加一个_____作为字符串的结束标志。
3．课后实战，完成下列演练
【实战 1】设 a=12，计算表达式：a+=a-=a*=a 的值。
【实战 2】设 x=2.5，a=7，y=4.7，计算表达式 x+a%3*(int)(x+y)%2/4 的值。

项目 3
顺序结构程序设计

　　C 语言是结构化程序设计语言,结构化程序设计的基本思想是:用顺序结构、选择结构、循环结构来构造程序,由这三种基本结构组成的程序能处理任何复杂的问题。本项目将从程序的顺序结构入手,从结构特点、流程图等方面向学习者介绍有关 C 语言程序设计的必备知识。通过对数据输出、数据输入两方面内容的讲解,使学习者掌握相关函数的使用方法,为 C 语言程序设计做好准备。通过训练使学习者快速掌握顺序结构程序设计的流程、方法及注意事项,实现 C 语言程序设计的快速入门,为选择结构、循环结构的学习打下基础。

学习目标

- 掌握顺序结构特点及流程图画法
- 了解语句的分类
- 掌握五种类型语句的结构特点
- 掌握复合语句的使用方法
- 了解控制语句的种类
- 掌握四个输入/输出函数的基本使用方法

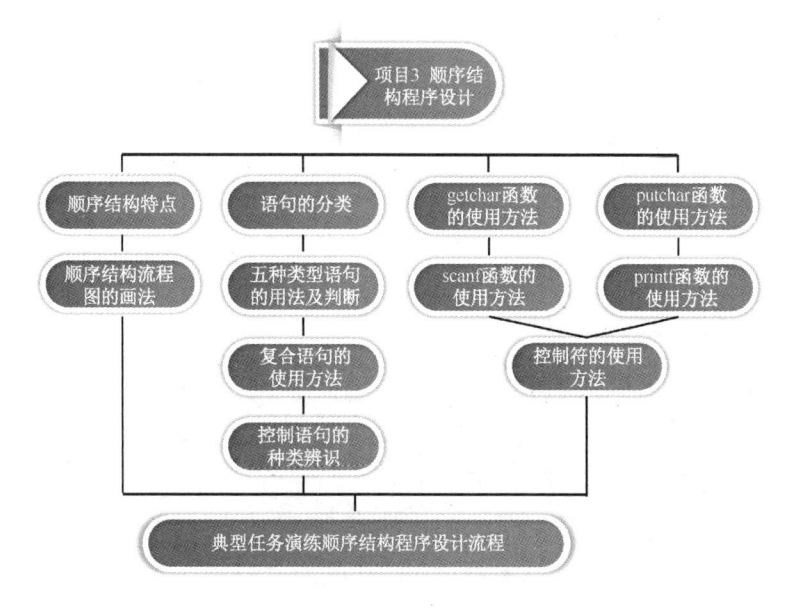

知识导图

项目3 顺序结构程序设计
- 顺序结构特点
- 顺序结构流程图的画法
- 语句的分类
- 五种类型语句的用法及判断
- 复合语句的使用方法
- 控制语句的种类辨识
- getchar函数的使用方法
- scanf函数的使用方法
- putchar函数的使用方法
- printf函数的使用方法
- 控制符的使用方法
- 典型任务演练顺序结构程序设计流程

项目导入　大小写字母转换 >>>

在实际生活中，不管是使用智能家电，还是在银行 ATM 机上存款、取款，凡是涉及由计算机程序完成的工作，总体上说都需要以下 3 个步骤。

第 1 步：数据的输入。
第 2 步：数据的处理。
第 3 步：数据的输出。

这里所提到的数据的输入、处理和输出就构成了顺序结构程序处理的过程。顺序结构就是按照顺序由上到下依次执行程序中的各条语句，直至结束的。在实际编程过程中，通过分析题目正确提取输入和输出数据，是掌握程序设计的首要环节。下面就通过一个实例，练习一下从题目中提取输入和输出数据的方法。

【实例】有一个大写字母，通过计算，将其转换为小写字母。

1. 目标分析

按照题目描述，还原一下程序调试过程及场景。程序员先通过输入设备（例：键盘）输入一个大写字母，然后运行程序，输出设备（例：显示器）应显示出该大写字母对应的小写字母。

2. 问题思考

● 根据分析，请梳理出该实例的工作顺序。

_____

● 能确定变量及数据类型吗？

_____

● 设计大小写字母转换的方法。

_____

● 完成程序步骤的文字描述。

_____

3. 学习小测

尝试完成实例程序的初步编写。

```
#include <stdio.h>
main()
{



}
```

任务 1 顺序结构的特征分析及语句的使用

任务描述

本任务将从程序的顺序结构入手，从结构特点、流程图等方面介绍有关 C 语言程序设计的必备知识。在此基础上，通过对语句的分析，使学习者掌握简单 C 语言程序的结构及实现方法。

任务准备

1．顺序结构概述

（1）顺序结构的特点

顺序结构是结构化程序设计中最简单、最常见的一种程序结构，在顺序结构程序中，程序的执行是按照各语句出现的先后次序的顺序执行的，并且每条语句都会被执行。

（2）流程图

顺序结构的流程图如图 3-1 所示，其特点是先执行 A，再执行 B，两者之间是顺序执行的。

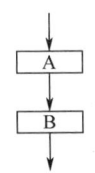

图 3-1 顺序结构的流程图

在 C 语言程序中用来实现顺序结构的语句包括表达式语句、输入函数、输出函数等。

2．语句概述

C 语言程序中的语句可分为五大类，见表 3-1。

表 3-1 语句的分类

分类	特点	举例
函数调用语句	由函数调用部分加一个分号组成	printf("%d",a);
表达式语句	由表达式加一个分号组成	i++;
空语句	只有一个分号	;
复合语句	由一对大括号组成	{ }
控制语句	常用的有 8 种	参见控制语句讲解部分

语句是 C 语言程序的基本组成单位，下面具体讲解一下每种语句的语法知识点。

（1）函数调用语句

函数调用语句是由函数调用部分加一个分号组成的，可分为库函数调用语句和用户自定义函数调用语句两类。

【实例1】函数调用语句示例。
```
1)   #include <stdio.h>
2)   void fun()
3)   { printf("***\n");
4)   }
5)   main()
6)   { fun();                                /*用户自定义函数调用语句*/
7)     printf("###\n");                     /*库函数调用语句*/
8)   }
```

> **小贴士**
> 关于函数的知识将在后续项目中讲解，可自行查阅。

（2）表达式语句

表达式语句是由表达式加一个分号组成的，其中以赋值表达式语句（简称为赋值语句）最为常见，如"a=b+c;"就是典型的赋值语句。

根据不同的运算符，赋值语句可分为以下3种。

① 简单赋值语句，例如：
```
a=b+c;
```
② 复合赋值语句，例如：
```
k+=9;
```
③ 自增、自减赋值语句，例如：
```
k++;
```

（3）空语句

空语句是只有一个分号的语句，它表示任何工作都不执行。空语句的使用只是表示该位置存在一条语句而已。

【实例2】空语句示例。
```
{ …
   if(i<=9)
      { ; }                                  /*空语句*/
   …
}
```
该实例表示当if语句的条件判断为真时，不执行任何工作。

> **小贴士**
> 对于初学者来说，不建议频繁使用空语句，否则容易造成语法错误。

（4）复合语句

复合语句用一对大括号{ }把一些语句括起来形成语句块，表示可以完成一系列工作。

【实例3】复合语句示例。
```
{ …
   if(i<=9)
```

```
        { a=3;  b=4;  c=5; }                              /*复合语句*/
        ...
    }
```

该实例表示当 if 语句的条件判断为真时，执行三项赋值工作。

想一想

如果将"{a=3; b=4; c=5;}"两侧的大括号删除，对程序的逻辑结构会有什么影响呢？（建议参考"项目 4 选择结构"中的 if 语句功能介绍）

_____

_____

小贴士

从语句数量上分析，复合语句可以将多条语句用一对大括号{ }括起组成语句块，语句块在 C 语言程序中被看成一条语句，这在程序中用处很大。后续章节在讲授条件语句、循环语句时能体现复合语句的优势。

（5）控制语句

常用的控制语句有 8 种，见表 3-2，具体知识点将在后续项目中讲解。

表 3-2　常用的 8 种控制语句

控制语句	注解	控制语句	注解
if 语句	选择语句	for 语句	循环语句
switch 语句	多分支选择语句	continue 语句	中断语句
while 语句	循环语句	break 语句	中断语句
do-while 语句	循环语句	return 语句	返回语句

任务实现

训练 1：通过计算将一个大写字母转换为小写字母。编程实现，要求输出如下信息。

```
***************************
大写字母 A 对应的小写字母为 a
***************************
```

（1）训练分析

该训练给定了一个大写字母 A，要求将其转换为小写字母 a。可参照 ASCII 码特性，采用在大写字母码值上加 32 的方法得到对应的小写字母。

（2）操作步骤

① 设定一个字符型变量 a，代表大写字母，赋初值 A。

② 查看 ASCII 码，找到 A 和 a 的码值，分析大、小写字母码值的特点。
③ 画出如图 3-2 所示流程图。

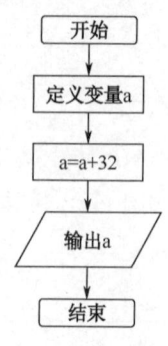

图 3-2　流程图

④ 在程序中将定义变量语句、运算及输出语句，按要求补充完整。

```
1)   #include <stdio.h>
2)   main()
3)   { char  a='A';
4)   _____          /*大、小写字母码值转换运算*/
5)     printf("*****************************\n");
6)     printf("大写字母A对应的小写字母为%c \n",a);
7)     printf("*****************************\n");
8)   }
```

训练 2：任意输入一个字母，判断它是大写还是小写，如果是大写字母，将其转换为小写字母；反之，如果是小写字母，将其转换为大写字母。编程实现，要求输出如下信息。

****

请输入字母：A

转换后的值为：a

****

或者

****

请输入字母：d

转换后的值为：D

****

（1）训练分析

该训练要求输入任意一个字母，先判断字母的大小写，此时需要使用 if 语句，可参照"项目 4 选择结构"中 if 语句的功能介绍，再参照 ASCII 码特性，完成转换。（因尚未学习选择结构，所以程序中的 if 语句判断条件先采用自然语言描述）

（2）操作步骤

① 设定一个字符型变量 a，代表字母。

② 输入一个字母。

③ 将如图 3-3 所示的流程图补充完整。

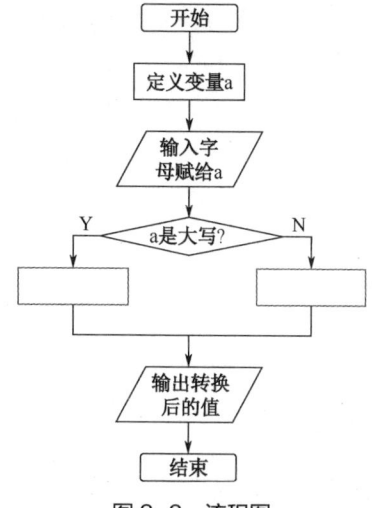

图 3-3　流程图

④ 在程序中将语句补充完整。

```
1)   #include <stdio.h>
2)   main()
3)   { char a;
4)     printf("请输入字母：");
5)     scanf("%c",&a);                              /*任意输入一个字母*/
6)     printf("********************************\n");
7)     if(a是大写字母) _____              /*大写字母转换为小写字母*/
8)     else _____                          /*小写字母转换为大写字母*/
9)     printf("转换后的值为：%c \n",a);
10)    printf("********************************\n");
11)  }
```

任务测试

根据任务 1 所学内容，完成下列测试

1. C 语言程序的 3 种基本结构是（　　）。
   A．顺序结构、选择结构、循环结构
   B．循环结构、递归结构、分支结构
   C．顺序结构、嵌套结构、循环结构
   D．顺序结构、转移结构、循环结构

2. 以下选项中不是 C 语言语句的是（　　）。
   A．;　　　　　　　　　　　　B．{int i;i++;}
   C．x=2,y=10　　　　　　　　 D．{ ; }

3. 在下列选项中，合法的赋值语句选项是（　　）。
   A．k=int(x-y);　　　　　　　B．i++;
   C．x=y=10　　　　　　　　　 D．x=5=10;

4. 复合语句是指用一对（　　）把一些语句括起来形成的语句块，表示可以完成一系列工作。

  A．单引号　　　　　　　　　　　B．大括号
  C．双引号　　　　　　　　　　　D．小括号

任务评价

项目3：顺序结构程序设计			任务1：顺序结构的特点分析及语句的使用		
班级		姓名		综合得分	
知识学习情况评价（30%）					
评价内容		分值	自评（30%）	师评（70%）	得分
顺序结构的特点		15			
语句的分类及特点		15			
能力训练情况评价（60%）					
评价内容		分值	自评（30%）	师评（70%）	得分
掌握顺序结构流程图的绘制方法		5			
掌握复合语句的使用方法		20			
掌握表达式语句的使用方法		20			
具备使用ASCII码特性解决实际问题的能力		15			
素质养成情况评价（10%）					
评价内容		分值	自评（30%）	师评（70%）	得分
出勤及课堂秩序		2			
严格遵守实训操作规程		4			
团队协作及创新能力养成		4			

任务 2　使用 printf 函数与 scanf 函数输入与输出数据

任务描述

数据的输入与输出是计算机程序设计的常规环节。数据的输出就是从计算机向外部输出设备（如显示器、打印机等）输出数据。数据的输入就是从输入设备（如键盘、扫描仪等）向计算机输入数据。本任务将通过对输入和输出函数的分析，掌握正确输入数据的方法及输出数据格式的控制方法。

任务准备

C 语言的输入和输出操作是由函数来实现的。C 语言提供了许多用于实现输入和输出操作的库函数，使用这些库函数时，只要在程序开始的位置上加上编译预处理命令即可，例如：

```
#include <stdio.h>
```

或

```
#include "stdio.h"
```

> **小贴士**
>
> 关于编译预处理命令的知识将在后续章节讲授，请自行查阅。

1. 字符输出函数

（1）语法格式

```
putchar(ch);
```

（2）功能描述

字符输出函数用于向输出设备（显示器）输出一个字符。

【实例 1】字符输出函数示例。

```
1)  #include <stdio.h>
2)  main()
3)  { char a='A';
4)    putchar(a);             /*输出字符型变量a的值*/
5)    putchar('\n');          /*输出换行符*/
6)    putchar('W');           /*输出字符常量*/
7)  }
```

该实例的运行结果为：

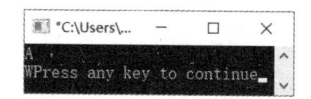

```
A
WPress any key to continue_
```

> **想一想**
>
> 尝试输出'\101'和表达式，看看结果是什么？

```
1)  #include <stdio.h>
2)  main()
3)  { putchar('\101');                  /*输出转义字符常量*/
4)    putchar('W'+32);                  /*输出表达式的值*/
5)  }
```

- 调试并写出输出结果。

_____

_____

小贴士

　　函数"putchar(ch)"中的参数 ch 可以是常量、变量或表达式，只要保证 ch 是一个字符就可以了。

2. 字符输入函数
（1）语法格式
```
    getchar();
```
（2）功能描述
字符输入函数用于从输入设备（键盘）输入一个字符，按<回车>键输入结束。

【实例2】字符输入函数示例。
```
1)  #include <stdio.h>
2)  main()
3)  { char a;
4)    a=getchar();                      /*输入一个字符,赋给字符型变量a*/
5)    putchar(a);                       /*输出字符型变量a的值*/
6)    putchar('\n');                    /*输出换行符*/
7)  }
```
若输入字符为 A，该实例的运行结果为：

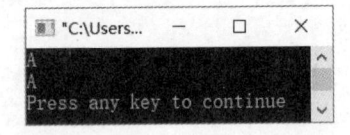

```
A
A
Press any key to continue
```

小贴士

　　函数"getchar()"中没有参数，从输入设备只能获取一个字符，可以将该字符赋给变量，也可以不赋值给任何变量。

3. 格式化输出函数基本形式
（1）直接输出字符串的形式
① 语法格式。
```
    printf("字符串");
```

② 功能描述。

将字符串照原样输出至输出设备（显示器）。

【实例3】格式化输出函数示例。

```
1)    #include <stdio.h>
2)    main()
3)    { char a;
4)      printf("请输入一个字符：\n");        /*照原样输出字符串*/
5)      a=getchar();
6)      putchar(a);
7)    }
```

该实例的运行结果为：

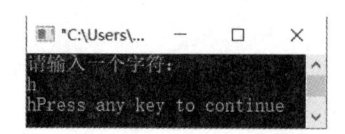

③ 说明。

直接输出字符串的 printf 函数一般用于 C 语言程序运行过程中的提示说明部分，以提高程序运行过程的可读性，增加人机交互的舒适度。

（2）格式控制输出的形式

① 语法格式。

```
printf("格式控制字符串",输出项列表);
```

② 功能描述。

按照格式控制字符串的要求，将输出项列表中各项的值输出至显示器。

【实例4】格式化输出函数示例。

```
1)    #include <stdio.h>
2)    main()
3)    { int  a=5,b=6;
4)      printf("a=%d,b=%d\n",a,b);   /*按照格式控制符要求，输出变量a和b的值*/
5)    }
```

该实例的运行结果为：

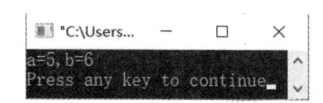

③ 说明。

格式控制字符串是由"格式控制符"和"普通字符"组成的。"格式控制符"由%开头，它决定了输出项列表中各项值的输出形式，例如：%d 代表以带符号的十进制整数形式输出数值；"普通字符"按照原样输出。

输出项列表中各项以逗号分隔，可以是常量、变量、表达式或函数的调用部分。输出项列表中项目的个数必须与格式控制符的个数一致，一一对应，如图3-4所示。

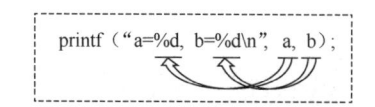

图3-4　格式控制符与输出项的对应关系

想一想

观察下面程序,找出错误并改正。
1) #include <stdio.h>
2) main()
3) { int a=1;
4)   printf("%d=%d\n"a);
5) }

- 观察发现,第_____行出错了。
- 改正错误,写出正确程序。

4．printf 函数的格式控制符

常用的格式控制符见表 3-3。

表 3-3　常用的格式控制符

格式控制符	功能说明	格式控制符	功能说明
%d	输出带符号的十进制整数	%c	输出一个字符
%o	输出不带符号的八进制整数	%s	输出一个字符串
%x	输出不带符号的十六进制整数	%f	输出小数形式的实数
%u	输出不带符号的十进制整数	%e	输出指数形式的实数

在日常的编程实践中,最常输出的数据是整数、实数和字符,所以重点要掌握%d、%f、%c 三种格式控制符的使用,见表 3-4。

表 3-4　三种格式控制符的使用

数据类型	格式控制符	初始化定义	输出语句	输出结果
整数	%d	int a=3;	printf("%d\n",a);	3
实数	%f	float a=3.5;	printf("%3.1f\n",a);	3.5
字符	%c	char a='A';	printf("%c\n",a);	A

下面对 8 种常用的格式控制符逐一进行说明。

(1) %d——输出带符号的十进制整数

① %d:输出整型数据,要求按照数据的实际长度输出。

② %md:其中 m 为指定的输出长度,如果数据的实际长度小于 m 的值,则数据靠右输出,左补空格。如果数据的实际长度大于 m 的值,则 m 不起作用,按照数据的实际长度输出。

③ %-md:其中 m 为指定的输出长度,如果数据的实际长度小于 m 的值,则数据靠左输出,右补空格。如果数据的实际长度大于 m 的值,则 m 不起作用,按照数据的实际

长度输出。

④ %ld：输出长整型数据。与%d 类似，也存在%mld、%-mld 两种形式。

小贴士

注意小写字母 l 与数字 1 的写法区别。

【实例 5】格式控制符%d 示例。

```
1)  #include <stdio.h>
2)  main()
3)  { int  a=12;
4)    printf("a=%4d,a=%-4d\n",a,a);
5)  }
```

该实例的运行结果为：

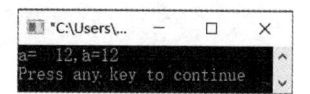

```
a=  12,a=12
Press any key to continue
```

想一想

如果 a=12345，结果会是什么样的呢？

```
1)  #include <stdio.h>
2)  main()
3)  { int  a=12345;
4)    printf("a=%4d,a=%-4d\n",a,a);
5)  }
```

● 调试并写出运行结果。

● 归纳知识点。

（2）%o——输出不带符号的八进制整数

与%d 类似，%o 也存在%mo、%-mo、%lo、%mlo、%-mlo 等形式，其中 m、-、l 的含义与%d 中 m、-、l 的含义相同，这里就不再重复讲解了。

小贴士

注意小写字母 o 与数字 0 的写法区别。

（3）%x——输出不带符号的十六进制整数

与前两种格式控制符类似，%x 也可以应用 m、-、l 这些参数，这里就不再重复讲解了。

> **小贴士**
>
> 注意%x也可以根据实际需要写成%X，对应的十六进制数中的字母数字也要用大写。

（4）%u——输出不带符号的十进制整数

【实例6】格式控制符%o、%x、%u用法示例。

```
1)  #include <stdio.h>
2)  main()
3)  { int  a=-1;
4)    printf("a=%d,a=%o,a=%x,a=%u\n",a,a,a,a);
5)  }
```

该实例的运行结果为：

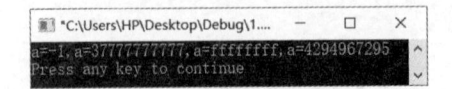

```
"C:\Users\HP\Desktop\Debug\1....    —    □    ×
a=-1,a=37777777777,a=ffffffff,a=4294967295
Press any key to continue
```

> **想一想**
>
> 观察实例6的运行结果，以%x输出结果为例，a=ffffffff，为什么会出现这个结果呢？能推断出变量a存储单元中存放的数据形式吗？（变量a占用4字节存储单元共32位，这里要用到原码和补码的知识）
>
> ● 变量的内容是以什么形式存放在存储单元中的呢？
> 答案为补码。
> ● 补码如何计算？
> 真值—原码—补码。
> ● 还原一下实例6中%x输出结果的过程。
> ① a的原码是什么？
> ➢ 将a的初值的绝对值转换为二进制数。
> |-1|的二进制数为 0000 0000 0000 0000 0000 0000 0000 0001。
> ➢ 将二进制左侧最高位作为符号位，正数为0，负数为1，即原码。
> a的原码等于 1000 0000 0000 0000 0000 0000 0000 0001。
> ② a的补码是什么？
> ➢ 将a的原码"符号位不变、各位取反、末位加1"，即补码。
> a的补码等于 1111 1111 1111 1111 1111 1111 1111 1111。
> ③ 已知a的补码，将a按照%x的格式输出，系统会将32位二进制数按照无符号数输出，此时只需将32位二进制数转换为十六进制数即可得出"ffffffff"。
> ● 尝试将a的值变为-2，计算原码和补码。
> a的原码：_____。
> a的补码：_____。
> ● 调试并写出运行结果。
>
> _____
>
> _____

（5）%c——输出一个字符

一个字符除了可以用字符形式%c 输出，还可以用整数形式%d 输出。另外如果一个整数的值为 0～255，也可以用字符形式%c 来输出，在输出前，系统会将该整数作为 ASCII 码转换为相应的字符。

【实例 7】格式控制符%c、%d 示例。

```
1)    #include <stdio.h>
2)    main()
3)    { int  a=65;
4)      char b='A';
5)      printf("%d,%c\n",a,a);
6)      printf("%d,%c\n",b,b);
7)    }
```

该实例的运行结果为：

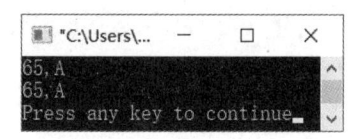

```
65,A
65,A
Press any key to continue
```

（6）%s——输出一个字符串

① %s：输出一个字符串。

② %ms：其中 m 为指定的输出长度，如果字符串的实际长度小于 m 的值，则字符串靠右输出，左补空格。如果字符串的实际长度大于 m 的值，则 m 不起作用，按照字符串的实际长度输出。

③ %-ms：其中 m 为指定的输出长度，如果字符串的实际长度小于 m 的值，则字符串靠左输出，右补空格。如果字符串的实际长度大于 m 的值，则 m 不起作用，按照字符串的实际长度输出。

④ %m.ns：其中 m 为指定的输出长度，但只取字符串从左端开始数的前 n 个字符输出，其余字符不输出。一般情况下，应保证 n≤m，字符串靠右输出，如需要则左补空格。如果出现 n>m 的情况，则 m 不起作用，直接输出字符串从左端开始数的前 n 个字符。

⑤ %-m.ns：与%m.ns 的区别就是当 n≤m 时，字符串靠左输出，如需要则右补空格。

【实例 8】格式控制符%s 示例。

```
1)    #include <stdio.h>
2)    main()
3)    { printf("%3s,%7.2s,%-5.3s\n","Hello","Hello","Hello");
4)    }
```

该实例的运行结果为：

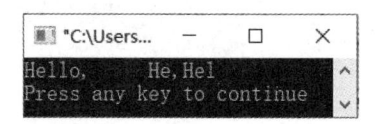

```
Hello,     He,Hel
Press any key to continue
```

（7）%f——输出小数形式的实数

① %f：输出小数形式的实数，整数部分全部输出，小数部分保留六位，不足六位补 0，对应单精度数据类型。

② %lf：输出小数形式的实数，对应双精度数据类型。

③ %m.nf：输出占 m 列，其中 n 位小数。如果数据的实际长度小于 m 的值，则数据靠右输出，左补空格。如果数据的实际长度大于 m 的值，则 m 不起作用，按照数据的实际长度输出。

④ %-m.nf：输出占 m 列，其中 n 位小数。如果数据的实际长度小于 m 的值，则数据靠输左出，右补空格。如果数据的实际长度大于 m 的值，则 m 不起作用，按照数据的实际宽度输出。

（8）%e——输出指数形式的实数

① %e：输出指数形式的实数，一般以科学计数法表示实数，如：132.34 以%e 形式输出为 1.323400e+002。可以看出，e 前面的小数部分默认为 6 位，不足 6 位补 0，e 后面的指数部分代表 10 的 2 次方，即：1.3234 乘 10 的 2 次方。其中%e 也可写为%E，此时输出结果中的 e 即 E。

② %m.ne：其中 m 为指定的输出长度，e 前面保留 n 位小数。如果数据的实际长度小于 m 的值，则数据靠右输出，左补空格。如果数据的实际长度大于 m 的值，则 m 不起作用，按照数据的实际长度输出。

【实例 9】格式控制符%f、%e 示例。

```
1)  #include <stdio.h>
2)  main()
3)  { float a=3.5,b=132.34;
4)    printf("%f,%10.2f,%-10.2f\n",a,a,a);
5)    printf("%e,%10.2e\n",b,b);
6)  }
```

该实例的运行结果为：

```
3.500000,       3.50,3.50
1.323400e+002,  1.32e+002
Press any key to continue
```

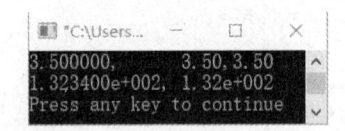

5. 格式化输入函数的基本形式

（1）语法格式

```
scanf("格式控制符",地址列表);
```

（2）功能描述

格式化输入函数可以按照格式从输入设备（键盘）获取数据并存入各变量。

【实例 10】格式化输入函数示例。

```
1)  #include <stdio.h>
2)  main()
3)  { int a;
4)    scanf("%d",&a);          /*按照格式控制符的要求，给变量a输入数据*/
5)    printf("a的值等于%d\n",a);
6)  }
```

该实例的运行结果为：

```
35
a的值等于35
Press any key to continue
```

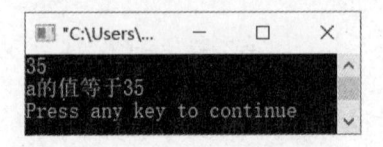

想一想

上例在调试过程中，需要输入数据时运行界面无提示内容，交互性差，如何修改呢？

格式控制字符串可以由"格式控制符"和"普通字符"组成。"格式控制符"由%开头，它决定了数据的输入形式，例如：%d 就代表输入十进制整数。"普通字符"按照原样输入。因此有些学习者将上例中的输入函数修改如下：

```
scanf("请输入：%d",&a);
```

仔细观察，会发现这样修改也是不可取的，因为运行程序时，"请输入"是需要用户自己输入的，这也是不符合要求的，建议使用 printf 函数辅助实现。

● 按要求将程序补充完整。

```
1)   #include <stdio.h>
2)   main()
3)   { int  a;
4)   _____    /*使用printf函数完成提示性文字显示*/
5)     scanf("%d",&a);
6)     printf("a的值等于%d\n",a);
7)   }
```

● 调试并写出运行结果。

_____

_____

小贴士

"普通字符"中绝对不能使用'\n'。

地址列表中的各项都必须是地址，以逗号分隔。地址的写法可以是变量的地址，也可以是指针变量（注：指针变量的相关知识将在后续章节中学习）。变量的地址可以用表达式来实现，写成"&变量名"的形式，其中"&"为取地址运算符。地址列表中项目的个数必须与格式控制符的个数一致，一一对应，如图3-5所示。

scanf（"%d, %d", &a, &b）;

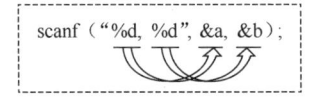

图3-5　格式控制符与地址项的对应关系

6. scanf 函数的格式控制符

常用的格式控制符见表3-5。

表 3-5　常用的格式控制符

格式控制符	功能说明	格式控制符	功能说明
%d	输入十进制整数	%c	输入一个字符
%f	输入小数形式的实数	%s	输入一个字符串
%e	输入指数形式的实数		

在日常的编程实践中，最常输入的数据是整数、实数（小数形式）和字符，所以重点要掌握%d、%f、%c 三种格式控制符的使用方法，见表 3-6。

表 3-6　三种格式控制符的使用方法

数据类型	格式控制符	初始化定义	输入语句	输入形式示例
整数	%d	int　a;	scanf("%d",&a);	3<回车>
	%ld	long　a;	scanf("%ld",&a);	3<回车>
实数	%f	float　a;	scanf("%f",&a);	3.5<回车>
	%lf	double　a;	scanf("%lf",&a);	3.5<回车>
字符	%c	char　a;	scanf("%c",&a);	A<回车>

7. 多数据的输入形式

在程序调试的过程中，单数据的输入容易掌握，但是关于多数据的正确输入形式一直是易错点，下面对几种常用的多数据输入形式做详细说明。

（1）有分隔符的整数或实数的输入方法

分隔符可以使用任意合法的字符来充当，一般常用的有逗号、分号、冒号等，要求在输入整数的同时照原样输入分隔符。例如：

```
scanf("%d,%d,%d",&a,&b,&c);
输入形式：3,4,5<回车>
scanf("%d:%d:%d",&a,&b,&c);
输入形式：3:4:5<回车>
```

除了整数，实数也可以有分隔符，只要在输入实数的同时照原样把分隔符也输入即可。根据实际题目的需要，整数和实数的输入也可同时出现，例如：

```
scanf("%d,%f,%d",&a,&b,&c);
输入形式：3,4.17,5<回车>
```

（2）有分隔符的字符输入方法

分隔符可以使用任意合法的字符来充当，一般常用的有逗号、分号、冒号等，要求在输入字符的同时照原样输入分隔符。例如：

```
scanf("%c,%c,%c",&a,&b,&c);
输入形式：A,B,C<回车>
```

根据实际题目的需要，数字和字符的输入也可同时出现，例如：

```
scanf("%d,%c,%f",&a,&b,&c);
输入形式：3,A,4.17<回车>
```

（3）无分隔符的整数或实数的输入方法

%d 或%f 之间也可无分隔符，这时如果直接输入整数的话，就会产生歧义，所以就需要用<空格>或者<回车>将整数分开，例如：

```
scanf("%d%d%d",&a,&b,&c);
```

输入形式：3<回车>4<回车>5<回车>　　或　　3<空格>4<空格>5<空格>
scanf("%d%f%d",&a,&b,&c);
输入形式：3<回车>4.17<回车>5<回车>　　或　　3<空格>4.17<空格>5<空格>

(4) 无分隔符的字符的输入方法

多个%c之间也可无分隔符，这时输入字符数据时也不需要分隔符。例如：

scanf("%c%c%c",&a,&b,&c);
输入形式：ABC<回车>

想一想

对于语句"scanf("%c%c%c",&a,&b,&c);"，如果输入形式中加入空格，如下列语句所示，那么会得到怎样的结果呢？

scanf("%c%c%c",&a,&b,&c);
printf("%c%c%c",a,b,c);
输入形式：A<空格>B<空格>C<回车>

● 分析语句段，判断上述输入形式是否可以实现 a='A'，b='B'，c='C'的正确赋值。

_____

● 检测一下，调试并写出运行结果。

_____

● 错误原因分析。

_____

(5) 无分隔符的字符和数字的输入方法

根据实际题目的需要，数字和字符的输入也可同时出现，例如：

scanf("%d%c%d",&a,&b,&c);
printf("%d%c%d",a,b,c);
输入形式：3A4<回车>
输出结果：3A4

小贴士

如果遇到数据较多的情况，要注意把握两个原则：一是两个数字之间要有分隔符；二是空格或回车也是字符。例如：

scanf("%d%d%c%d",&a,&b,&c,&d);
printf("%d%d%c%d",a,b,c,d);
输入形式：3<空格>4A5<回车>
输出结果：34A5

任务实现

训练 1：输入圆的半径，计算并输出圆的周长和面积（周长=2πr，面积=πr²）。编程实现，要求输出如下信息。

****
请输入圆的半径（厘米）：1
其周长为 6.28 厘米
其面积为 3.14 平方厘米
****

（1）训练分析

该例中输入数据为圆的半径 r，输出数据为圆的周长和面积，计算公式在题干中已经给出，完成编程的关键问题是如何将数学公式表示成 C 语言语法认可的表达式，其中要考虑 π（圆周率）的表示方法、平方的表示方法及周长和面积的数据类型。

（2）操作步骤

① 设定三个变量，分别代表圆的半径、圆的周长、圆的面积。
② 设定一个符号常量，代表圆周率。
③ 画出如图 3-6 所示流程图。

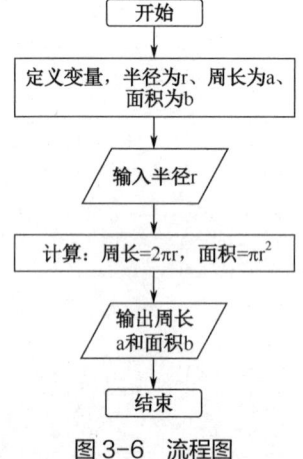

图 3-6　流程图

④ 按要求将程序补充完整。

```
1)   #include <stdio.h>
2)   #define  P  3.1415926                    /*用符号常量P表示圆周率的值*/
3)   main()
4)   { float r,a,b;           /*变量r表示半径，变量a表示周长，变量b表示面积*/
5)     printf("****************************\n");
6)     printf("请输入圆的半径(厘米):");
7)     scanf("%f",&r);
8)     _____                 /*数学公式周长=2πr的实现*/
9)     _____                 /*数学公式面积=πr²的实现*/
10)    printf("_____",a);        /*输出周长，保留2位小数*/
11)    printf("_____",b);        /*输出面积，保留2位小数*/
```

```
12)     printf("******************************\n");
13) }
```

> **小贴士**
>
> 程序中 #define P 3.1415926 是 C 语言程序中的编译预处理命令行，其中符号常量 P 代表圆周率，在程序中凡是出现 P 的地方都表示圆周率，这样做使得程序更加规范简洁，相关知识可查阅项目 8。

训练 2：输入一个华氏温度，将这个华氏温度转换为对应的摄氏温度。公式为：摄氏温度=5/9（华氏温度-32）。编程实现，要求输出如下信息。

****

请输入华氏温度：100

100.0 华氏度 = 37.8 摄氏度

****

（1）训练分析

该例中输入数据为一个华氏温度，输出数据为对应的摄氏温度，计算公式在题干中已经给出，完成编程的关键问题是如何将温度单位转换公式表示成 C 语言语法认可的表达式，尤其是除法的实现，除此之外，还要考虑数据类型的选择、输出结果的小数位数及输入项的正确输入形式。

（2）操作步骤

① 设定两个变量，分别代表华氏温度、摄氏温度。

② 考虑到实际情况，数据类型可选用实型。

③ 将如图 3-7 所示流程图补充完整，画在虚框线内。

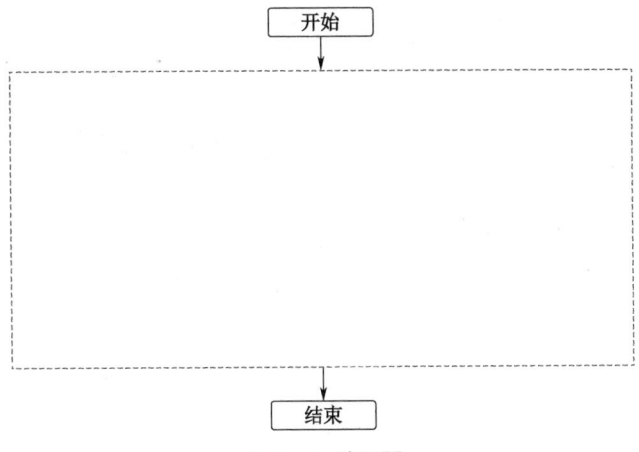

图 3-7 流程图

④ 按要求写出程序。

```
#include <stdio.h>
main()
{
```

小贴士

程序中为实现除法，要考虑"/"的两个功能——除和取整，避免出现取整操作。

任务测试

根据任务 2 所学内容，完成下列测试

1. 用 getchar 函数从键盘读入一个（　　）。
   A．整型变量表达式值　　　　B．实型变量值
   C．字符串　　　　　　　　　D．字符
2. scanf 函数包括在头文件（　　）中。
   A．string.h　　　　　　　　B．stdio.h
   C．float.h　　　　　　　　 D．scanf.h
3. 若有以下定义和语句：
   ```
   int  a=010,b=0x10,c=10;
   printf("%d,%d,%d\n",a,b,c);
   ```
   则输出结果是（　　）。
   A．8,10,10　　　　　　　　B．10,10,10
   C．8,8,10　　　　　　　　 D．8,16,10
4. 若变量已被定义为 x=3.26894，以下语句的输出结果是（　　）。
   ```
   printf("%f\n",(int)(x*1000+0.5)/(float)1000);
   ```
   A．3.270000
   B．3.269000
   C．3.268000
   D．输出格式说明与输出项不匹配，输出无定值
5. 若变量已被说明为 int 类型，要给 a、b、c 输入数据，以下正确的输入语句是（　　）。
   A．scanf（"%d%d%d"，a,b,c）;
   B．read(a,b,c);
   C．scanf（"%D%D%D"，&a,%b,%c）;
   D．scanf（"%d%d%d"，&a,&b,&c）;

任务评价

项目3：顺序结构程序设计			任务2：使用 printf 函数与 scanf 函数输入与输出数据		
班级		姓名		综合得分	
知识学习情况评价（30%）					
评价内容		分值	自评（30%）	师评（70%）	得分
putchar 函数、getchar 函数的格式及语法要求		10			
printf 函数的格式及语法要求		10			
scanf 函数的格式及语法要求		10			
能力训练情况评价（60%）					
评价内容		分值	自评（30%）	师评（70%）	得分
掌握 getchar 函数的使用方法		10			
掌握 putchar 函数的使用方法		10			
掌握 printf 函数格式控制符的使用方法		20			
掌握 scanf 函数多数据的输入方法		20			
素质养成情况评价（10%）					
评价内容		分值	自评（30%）	师评（70%）	得分
出勤及课堂秩序		2			
严格遵守实训操作规程		4			
团队协作及创新能力养成		4			

项目小结及测试 3

分析小结

通过对顺序结构等相关知识的学习，已经对什么是 C 语言程序设计有了一个直观且全面的认识。在此基础上对字符输入/输出函数、格式化输入/输出函数等程序必备语句的学习，又对 C 语言程序设计有了进一步的了解。通过学习可了解顺序结构的结构特点及流程图，掌握了在程序中如何正确使用字符输入/输出函数、格式化输入/输出函数。通过训练，熟悉了简单问题的程序编制流程，具备了在程序编制过程中综合运用所学知识点的能力。

学习笔记

·重点知识·

·易错点·

思考实践

如何运用选择结构解决需要条件判断的程序编制是接下来会思考的问题。
- 选择结构的基本思路是什么？
- 选择结构的流程图是什么样子的？
- 选择结构需要哪些语句作为支撑？
- 在实例中，如何筛选条件判断？
- 文字描述的条件判断怎么写成表达式？

这一系列的问题会在后续的任务中详细介绍，请在学习中寻找答案。

项目测试

根据项目所学内容，完成下列测试

1. 请完成以下单项选择题

（1）下列语句的输出结果是（　　）。
```
int x=12;
double y=3.141593;
printf("%d%8.6f",x,y);
```
  A. 123.141593　　　　　　　　　　B. 12　3.141593
  C. 12,3.141593　　　　　　　　　　D. 123.1415930

（2）若变量已正确定义为 int 型，要通过语句
```
scanf("%d,%d,%d",&a,&b,&c);
```
给 a 赋值 1，给 b 赋值 2，给 c 赋值 3，则以下输入形式中错误的是（　　）。
  A. ＿＿＿1,2,3<回车>　　　　　　　　B. 1_2_3<回车>

C. 1,＿＿2,＿＿3   D. 1,2,3<回车>

注：这里用_表示空格。

(3) 有以下程序段，输出结果是（   ）。

```
1)  main()
2)  { int  k=33;
3)      printf("%d,%o,%x",k,k,k);
4)  }
```

A. 33,033,0x21   B. 33,033,21   C. 33,041,021   D. 33,41,21

(4) 若有以下语句，输出结果是（   ）。

```
int  x=10,y=3,z;
z=(x%y,x/y);
printf("%d",z);
```

A. 1   B. 3   C. 0   D. 4

(5) 有以下程序段：

```
1)  #include <stdio.h>
2)  main()
3)  { char  c1,c2,c3,c4,c5,c6;
4)      scanf("%c%c%c%c",&c1,&c2,&c3,&c4);
5)      c5=getchar();    c6=getchar();
6)      putchar(c1);    putchar(c2);
7)      printf("%c%c\n",c5,c6);
8)  }
```

程序运行后，若从键盘输入

123<CR>

45678<CR>

则输出结果是（   ）。

A. 1267   B. 1256   C. 1278   D. 1245

(6) 设变量已正确定义并赋值，以下合法的 C 语言赋值语句是（   ）。

A. x=y==5;   B. x=n%2.5;   C. x+n=i;   D. x=5=4+1;

(7) scanf 函数被称为（   ）输入函数。

A. 格式   B. 字符   C. 整数   D. 浮点

(8) 已定义 ch 为 char 型变量，下列为其输入字符数据的语句中正确的是（   ）。

A. getchar(ch);   B. scanf("%c",ch);

C. ch=getchar();   D. scanf("%s",&ch);

(9) 以下程序段的输出结果为（   ）。

```
int  x=10,y=10;
printf("%d,%d\n",x- -,- -y);
```

A. 9,10   B. 10,9   C. 9,9   D. 10,10

(10) 以下程序段的输出结果为（   ）。

```
int  a=6789;
printf("%2d\n",a);
```

A. 67   B. 89   C. 6789   D. 678

2．请完成以下填空题

（1）结构化程序由_____、_____、_____3种基本结构组成。

（2）以下语句的输出结果为_____。
```
int  x=1,y=2;
printf("x=%3d,y=%06d\n",x,y);
```

（3）使用 getchar 函数前必须包含头文件_____。

（4）C 语言中输出一个字符的函数调用语句可以写成_____。

3．课后实战，完成下列演练

【实战1】把112分钟用小时和分钟表示，并输出。

【实战2】输入两个整数850和65，求出它们的商和余数，并输出。

【实战3】输入一个三位整数，计算并输出该数的个位、十位、百位。

项目 4 选择结构程序设计

C 语言是结构化程序设计语言，结构化程序设计的基本思想是：用顺序结构、选择结构、循环结构来构造程序，由这三种基本结构组成的程序能处理任何复杂的问题。本项目将从程序的选择结构入手，从结构特点、流程图等方面介绍有关 C 语言程序设计的一些必备知识，在此基础上，通过对关系运算符、逻辑运算符两方面内容的讲解，可使学习者掌握选择结构语句的使用方法，为 C 语言程序设计做好准备。通过训练，可使学习者快速掌握选择结构程序设计的流程、方法及注意事项，实现 C 语言程序设计的进阶，为循环结构的学习打下基础。

学习目标

- 掌握选择结构特点及流程图画法
- 掌握关系运算符和逻辑运算符的运算法则
- 掌握 if 语句、switch 语句的基本结构和使用方法
- 掌握条件运算符的基本使用方法
- 掌握 break 语句在 switch 语句中的使用方法
- 能根据实际问题设计选择结构并编程实现

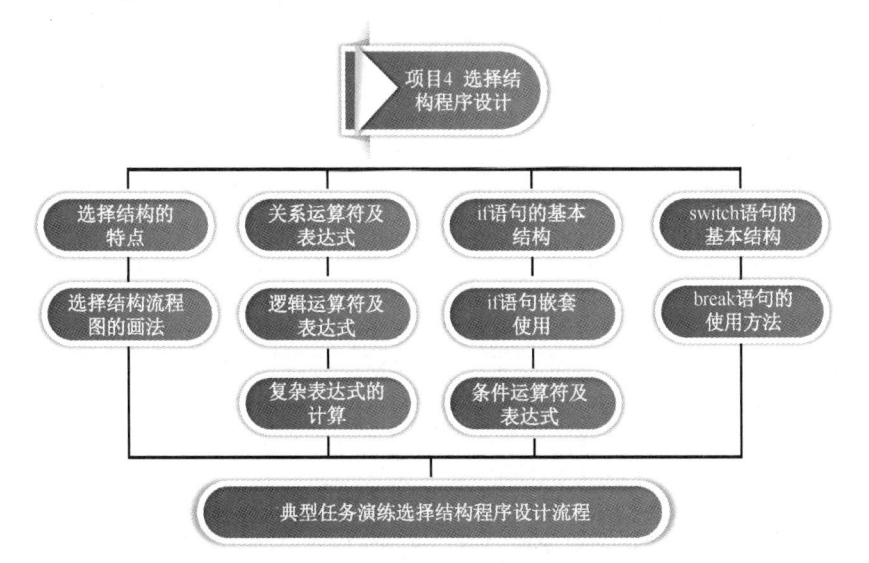

知识导图

项目4 选择结构程序设计
- 选择结构的特点
- 选择结构流程图的画法
- 关系运算符及表达式
- 逻辑运算符及表达式
- 复杂表达式的计算
- if语句的基本结构
- if语句嵌套使用
- 条件运算符及表达式
- switch语句的基本结构
- break语句的使用方法

典型任务演练选择结构程序设计流程

项目导入　找到班级最高成绩

在上一个任务中，了解到了凡是涉及计算机程序完成的事情，总体上说，需要数据的输入、数据的处理、数据的输出3个步骤。但是在实际问题中，程序的基本结构并非完全是顺序结构的，如数学问题中的找偶数、生活中的超市结算系统中满额消费可获得奖券等这些问题，都需要程序在运行过程中基于一定条件进行判断。

这里所提到的基于一定条件进行判断就构成了选择结构程序处理过程。选择结构就是按照给定条件，让计算机判断是否满足该条件，并按不同的判断结果进行不同的处理。在实际编程过程中，通过分析题目，能正确设定判断条件并用C语言语法实现，是掌握选择结构的关键环节。下面就通过一个实例，练习一下分析题目设定判断条件的方法。

【实例】二年级一班同学的期末成绩单见表4-1，班主任要计算表中三位同学的期末总分，并且找出总分的最高分。

表4-1　二年级一班同学的期末成绩单

姓名	语文	数学	总分
王红	90	95	
李明	80	90	
张成	100	75	
……			

1．目标分析

按照题目描述，将班主任设定为程序员，还原程序调试过程及场景。程序员通过键盘输入每位学生的两个科目的成绩，显示器显示出每位学生的总分，随后显示出总分最高的学生的姓名和分数。因此该实例的输入数据为每位学生的各科成绩，输出数据为每位学生的总分和最高分及其学生的姓名。

2．问题思考

● 如果同时输入每位学生的两个科目的成绩，该如何设计输入函数？

● 如何才能比较三个数的大小？

● 完成程序步骤的文字描述。

3．学习小测

根据预习，找到比较数据大小的快捷方法。

任务 1　选择结构特征分析及判断条件设定

任务描述

本任务将从程序的选择结构入手，从结构特点、流程图等方面介绍有关 C 语言程序设计的一些必备知识，在此基础上，通过对判断条件的分析，引入关系与逻辑运算，使学习者掌握 C 语言程序的选择结构及实现方法。

任务准备

1．选择结构概述

（1）选择结构特点

选择结构又称为分支结构，是结构化程序设计中应用较多的一种程序结构，在选择结构程序中，程序的执行顺序是：根据给定的条件，让计算机判断是否满足该条件，并按不同的判断结果进行不同的处理。

（2）流程图

选择结构的流程图如图 4-1 所示，其特点是根据给定的条件 P 来判断。当条件 P 成立（用 Y 表示），执行 A；反之，条件 P 不成立（用 N 表示），则执行 B，两者之间二选一。

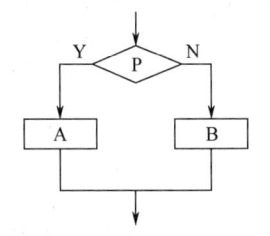

图 4-1　选择结构的流程图

在 C 语言程序中用来实现选择结构的语句包括 if 语句和 switch 语句，其中语句实现的重难点是判断条件的设定。

2．设定判断条件——关系运算符和关系表达式

关系运算是逻辑运算中的一种，关系运算就是比较运算，即将两个值进行比较，判断是否符合或满足给定的条件。如果满足给定的条件，则关系运算的结果为"真"；如果不满足给定条件，则关系运算的结果为"假"。下面具体讲解关系运算符和关系表达式的语法知识。

（1）关系运算符

C 语言提供了 6 种关系运算符，见表 4-2。

表 4-2 关系运算符

运算符	名称	应用	功能	优先级
>	大于	a>b	a 大于 b	相同
>=	大于等于	a>=b	a 大于等于 b	高 ↑
<	小于	a<b	a 小于 b	↓ 低
<=	小于等于	a<=b	a 小于等于 b	
==	等于	a==b	a 等于 b	相同
!=	不等于	a!=b	a 不等于 b	

关系运算符是双目运算符，结合方向是自左向右。这 6 个关系运算符可以分成两组，>（大于）、>=（大于等于）、<（小于）、<=（小于等于）是第 1 组，==（等于）、!=（不等于）是第 2 组，其中每组中的运算符的优先级相同，第 1 组的优先级高于第 2 组的优先级。

在选择结构的判断条件中，经常出现的有算术运算符、赋值运算符和关系运算符。就这三类运算符来说，优先级由高到低排列为算术运算符、关系运算符、赋值运算符，例如：

```
a<=b+c      等价于     a<=(b+c)
a=b>2*c     等价于     a=(b>(2*c))
```

（2）关系表达式

关系表达式就是由关系运算符将两个运算对象连接起来的式子。关系表达式的值是逻辑值，即"真"或"假"。在 C 语言中，用 1 表示"真"，用 0 表示"假"。

关系表达式大体上有两种应用途径。

① 关系表达式直接用于选择语句的条件判断，例如：

```
a%2==0          /*该条件用于判断a是否为偶数*/
```

在语句中，因为算术运算符%比关系运算符==优先级高，所以先计算 a%2 的值，再比较该值是否等于 0，如果确实等于 0，则关系表达式的值为"真"，a 是偶数，否则为"假"，a 不是偶数。

② 关系表达式的值参与算术、赋值或其他运算。例如：

```
a=b>c          /*关系表达式的值参与赋值运算*/
```

在该语句中，因为关系运算符>比赋值运算符=优先级高，所以先计算 b>c，假设 b 等于 1，c 等于 2，那么 1>2 的值为"假"，C 语言中用 0 表示"假"，所以将 0 赋值给 a。

【实例 1】关系表达式示例。

```
1)    #include <stdio.h>
2)    main()
3)    { int  a=2,b=3,c=4;
4)      printf("%d\n",a%2==0);      /*输出表达式a%2==0的值*/
5)      printf("%d\n",a=b>c);       /*输出表达式a=b>c的值*/
6)    }
```

该实例的运行结果为：

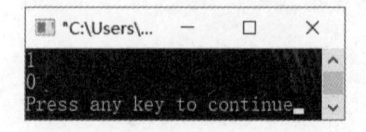

```
1
0
Press any key to continue
```

想一想

从上例中可看到，当 a=2 时，表达式 a%2==0 的值为 1，按照这个逻辑关系思考一下，将如图 4-2 所示的流程图补充完整。

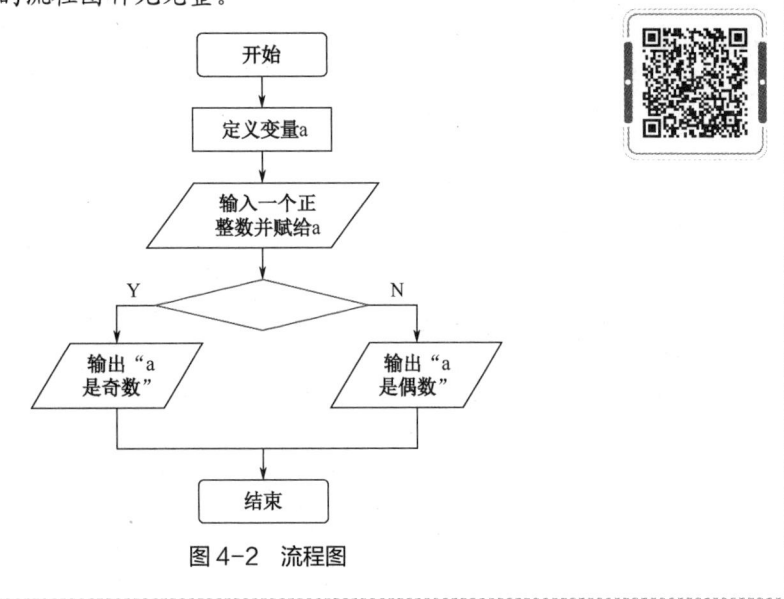

图 4-2 流程图

3. 设定判断条件——逻辑运算符和逻辑表达式

逻辑运算可以表示运算对象的逻辑关系。逻辑运算的运算对象和运算结果都是逻辑值，即"真"或"假"，下面具体讲解逻辑运算符和逻辑表达式的语法知识。

（1）逻辑运算符

C 语言提供了 3 种逻辑运算符，见表 4-3。

表 4-3 逻辑运算符

运算符	名称	应用	功能	优先级
!	逻辑非	!a	非 a	高
&&	逻辑与	a&&b	a 与 b	↑
||	逻辑或	a||b	a 或 b	低

逻辑运算符中逻辑非是单目运算符，结合方向是自右向左，逻辑与和逻辑或是双目运算符，结合方向是自左向右。这 3 个逻辑运算符的优先级由高到低排列为逻辑非、逻辑与、逻辑或。

在选择结构的判断条件中，经常出现的有算术运算符、赋值运算符、关系运算符和逻辑运算符。就这 4 类运算符来说，优先级由高到低排列为逻辑非、算术运算符、关系运算符、逻辑与、逻辑或、赋值运算符，例如：

```
a&&b+c            等价于    a&&(b+c)
a=!b>2*c||d       等价于    a=(((!b)>(2*c))||d)
```

（2）逻辑表达式

逻辑表达式就是由逻辑运算符将运算对象连接起来的式子。逻辑运算的运算对象必须是逻辑值，即"真"或"假"，逻辑表达式的值也必须是逻辑值。在C语言中，用1表示"真"，用0表示"假"。

(3) 逻辑运算的运算法则

① 逻辑非：当运算对象的值为"真"，逻辑表达式的值为"假"；反之，当运算对象的值为"假"，逻辑表达式的值为"真"。例如：

```
!(3>2)          /*先计算3>2，值为"真"，逻辑非表达式的值为"假"*/
```

② 逻辑与：当两个运算对象的值都为"真"，逻辑表达式的值才为"真"；只要有一个运算对象的值为"假"，逻辑表达式的值就为"假"。例如：

```
(1>0)&&(3>2)    /*1>0和3>2的值都为"真"，逻辑与表达式的值为"真"*/
```

③ 逻辑或：当两个运算对象的值至少有一个为"真"，逻辑表达式的值就为"真"；只有两个运算对象的值都为"假"，逻辑表达式的值才为"假"。例如：

```
(1>0)&&(3<2)    /*1>0为"真"，3<2为"假"，逻辑或表达式的值为"真"*/
```

(4) 逻辑值判断的几种情况

在处理实际问题过程中，关于逻辑值（"真"或"假"）的判断有多种情况，需要程序员逐一理解并分析。

① 关系表达式判断。

根据关系运算符运算法则，直接判断得出逻辑值。例如：

```
3>2             /*直接判断表达式的值为"真"*/
```

② 逻辑表达式判断。

根据逻辑运算符运算法则，直接判断得出逻辑值。例如：

```
!(3>2)          /*直接判断表达式的值为"假"*/
```

③ 数值判断。

在实际问题中，有时会出现直接给出一个数值来判断逻辑值。C语言规定，数值如果为0，就是"假"；数值如果为非0，就是"真"。例如：

```
3&&2            /*3和2都是非0，都是"真"，所以表达式的值为"真"*/
(-2)||0         /*(-2)是非0，是"真"，0是"假"，所以表达式的值为"真"*/
```

【实例2】逻辑表达式示例。

```
1)   #include <stdio.h>
2)   main()
3)   { int a=2,b=3,c=4,d=0;
4)     printf("%d\n",!(a>b));    /*输出表达式!(a>b)的值*/
5)     printf("%d\n",c&&d);      /*输出表达式c&&d的值*/
6)   }
```

该实例的运行结果为：

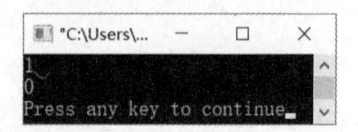

```
1
0
Press any key to continue_
```

> **想一想**
>
> 从上例中可看到当c=4、d=0时，表达式c&&d的值为0，按照这个逻辑关系思考一下，将如图4-3所示的流程图补充完整。

图 4-3 流程图

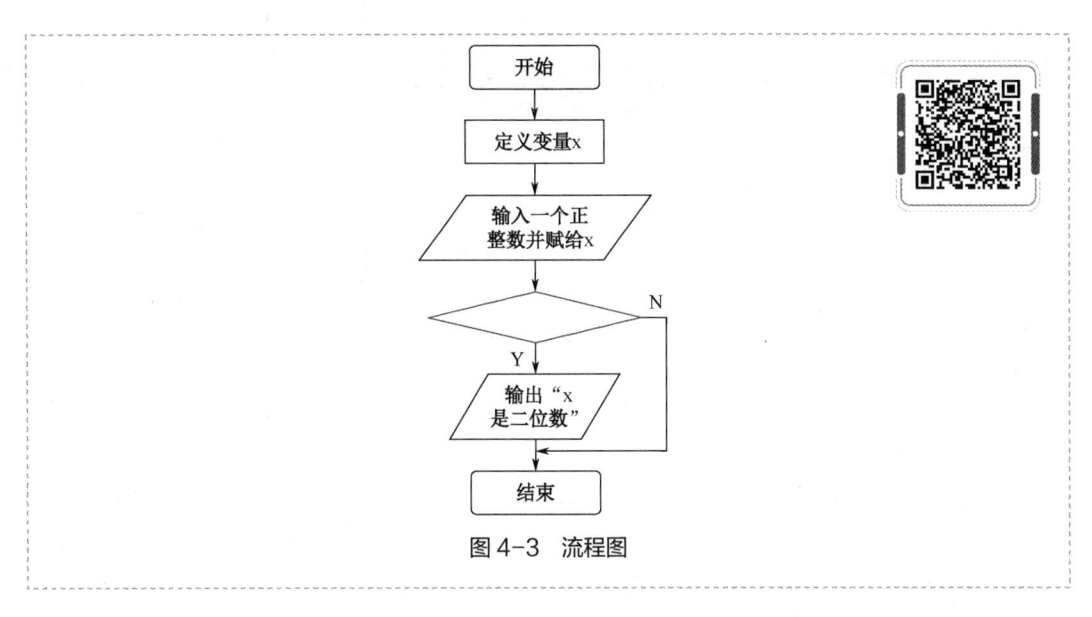

逻辑运算要求运算对象和运算结果都是逻辑值，其中如何判断"真"或"假"是易混的知识，在实际问题中这3种判断方法经常同时出现。表4-4给出了逻辑运算的真值表，帮助程序员清楚辨认并正确分析。

表4-4 逻辑运算的真值表

a	b	!a	!b	a&&b	a||b
真	真	假	假	真	真
真	假	假	真	假	真
假	真	真	假	假	真
假	假	真	真	假	假

（5）逻辑与和逻辑或的"短路"现象

在逻辑表达式的运算过程中，存在一种"短路"现象，该现象利用了逻辑与和逻辑或两个运算符的运算法则，在一定程度上提高了表达式的运算速度。

① 逻辑与的"短路"现象。

逻辑与的结合方向是自左向右，所以当左侧运算对象为"假"时，右侧运算对象不需要判断真假，就可得出逻辑与表达式的值为"假"，此时发生"短路"现象。只有当左侧运算对象为"真"时，右侧运算对象才需要参与运算以判断真假。

【实例3】逻辑与"短路"现象示例。

```
1)    #include <stdio.h>
2)    main()
3)    { int  a=2,b=3,m=0,n=1,k;
4)      k=m&&(n=a>b);                              /*发生"短路"现象*/
5)      printf("k=%d,m=%d,n=%d\n",k,m,n);
6)    }
```

该实例的运行结果为：

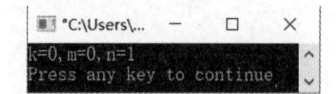

```
k=0,m=0,n=1
Press any key to continue
```

想一想

将上例中的 m 值改为 1，即 m=1，看看运行结果有什么变化？
● 调试并写出输出结果。

_____

_____

② 逻辑或的"短路"现象。

逻辑或的结合方向也是自左向右，所以当左侧运算对象为"真"时，右侧运算对象不需要判断真假，就可得出逻辑或表达式的值为"真"，此时发生"短路"现象。只有当左侧运算对象为"假"时，右侧运算对象才需要参与运算以判断真假。

【实例 4】逻辑或"短路"现象示例。

```
1)    #include <stdio.h>
2)    main()
3)    { int  a=2,b=3,m=1,n=1,k;
4)      k=m||(n=a>b);                      /*发生"短路"现象*/
5)      printf("k=%d,m=%d,n=%d\n",k,m,n);
6)    }
```

该实例的运行结果为：

```
k=1,m=1,n=1
Press any key to continue
```

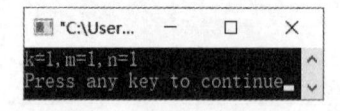

任务实现

训练 1：用 C 语言的表达式解决以下实际问题。

① a 不等于 0。
② 数学表达式 $0 \leqslant x \leqslant 1$。
③ a 为奇数。
④ 三条线段 a，b，c 构成一个三角形。
⑤ 年份 y 是闰年。

（1）训练分析

该训练中所列出的问题均为在实际编程中会遇到的真实问题。要解决这些问题，就要设置好判断条件，换句话说，设置好判断条件是完成好选择结构程序设计的关键，这就要求把关系运算符、逻辑运算符综合起来使用。

（2）操作步骤

① a 不等于 0。

不等于可直接使用!=来表示。

C 语言表达式为＿＿＿＿＿＿＿＿＿＿＿＿＿＿＿。

② 数学表达式 0≤x≤1。

该数学表达式的含义是 x 大于等于 0 并且 x 小于等于 1。

C 语言表达式为＿＿＿＿＿＿＿＿＿＿＿＿＿＿＿。

③ a 为奇数。

a 为奇数，则 a 被 2 除的余数就一定等于 1。

C 语言表达式为＿＿＿＿＿＿＿＿＿＿＿＿＿＿＿。

④ 三条线段 a，b，c 构成一个三角形。

三角形的特性之一是任意两条边之和大于第三条边。

C 语言表达式为＿＿＿＿＿＿＿＿＿＿＿＿＿＿＿。

⑤ 年份 y 是闰年。

判断闰年的条件：①公元年数如能被 4 整除，而不能被 100 整除，则是闰年；②公元年数能被 400 整除也是闰年。

C 语言表达式为＿＿＿＿＿＿＿＿＿＿＿＿＿＿＿＿＿＿＿＿＿＿＿＿＿＿。

训练 2：判断一个字母是大写字母还是小写字母，要求输出以下信息，试画出流程图。（要求准确写出判断大小写字母的表达式）

****

请输入一个字母：H

H 是大写字母

****

或者

****

请输入一个字母：h

h 是小写字母

****

（1）训练分析

判断大小写字母，其实就是判断该字母是否在 "A" 和 "Z" 之间或 "a" 和 "z" 之间，因此要使用关系运算符、逻辑运算符来实现。

（2）操作步骤

① 写出判断大小写字母的表达式。

＿＿＿

＿＿＿

② 绘制流程图。

任务测试

根据任务 1 所学内容，完成下列测试

1. 设 a,b,c 都是 int 型变量，且 a=3,b=4,c=5，则以下表达式中值为 0 的是（　　）。
   A. a&&b　　　　B. a<=b　　　　C. a||b+c&&b-c　　　　D. !((a<b)&&!c||1)
2. 以下选项中，当 x 为大于 1 的奇数时，值为 0 的表达式是（　　）。
   A. x%2==1　　　B. x/2　　　　 C. x%2!=0　　　　　 D. x%2==0
3. 执行以下语句后，w 的值是（　　）。
   ```
   int  w='A',x=14,y=15;
   w=((x||y)&&(w<'a'));
   ```
   A. -1　　　　　B. NULL　　　　C. 1　　　　　　　　D. 0
4. 能正确表示逻辑关系 a>=10 或 a<=0 的 C 语言表达式是（　　）。
   A. a>=10 or a<=0　　　　　　　B. a>=10 | a<=0
   C. a>=10 || a<=0　　　　　　　D. a>=10 && a<=0
5. 判断字符型变量 c1 是否为小写字母的正确表达式是（　　）。
   A. 'a'<=c1<='z'　　　　　　　　B. (c1>='A')&&(c1<='z')
   C. ('a'>=c1)||('z'<=c1)　　　　D. (c1>='a')&&(c1<='z')

任务评价

项目 4：选择结构程序设计		任务 1：选择结构特点分析及判断条件设定		
班级		姓名	综合得分	
知识学习情况评价（30%）				
评价内容	分值	自评（30%）	师评（70%）	得分
选择结构的特点	10			
关系运算符优先级、结合性	10			
逻辑运算符优先级、结合性	10			
能力训练情况评价（60%）				
评价内容	分值	自评（30%）	师评（70%）	得分
掌握关系表达式的运算方法	10			
掌握逻辑表达式的运算方法	10			
掌握逻辑值的判断方法	20			
具备运用复杂表达式解决选择结构条件判定的能力	20			
素质养成情况评价（10%）				
评价内容	分值	自评（30%）	师评（70%）	得分
出勤及课堂秩序	2			
严格遵守实训操作规程	4			
团队协作及创新能力养成	4			

任务 2　使用 if 语句完成条件判断

任务描述

条件判断是计算机程序设计的重要环节。本任务将通过对 if 语句的分析，使学习者掌握一般 if 语句的编写方法，同时能够实现 if 语句的嵌套使用。在此基础上，引入条件运算符，使学习者掌握条件表达式的使用方法，作为对选择结构程序设计的有益补充。

任务准备

1．简单 if 语句

（1）语法格式

```
if(表达式)  {  语句  }
```

（2）功能描述及流程图

如果表达式为"真"，则执行 if 语句；如果表达式为"假"，则 if 语句不执行。可描述为"如果……"，简单 if 语句流程图如图 4-4 所示。

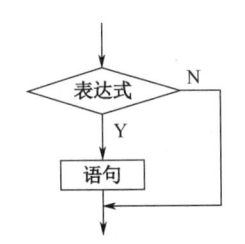

图 4-4　简单 if 语句流程图

（3）说明

① 表达式的值应为逻辑值，按照前面所讲的知识，根据实际问题，程序员可以通过关系运算判断、逻辑运算判断和数值判断 3 种方法设计 if 语句的表达式并使之得出逻辑值。

② 语句部分是以语句块的形式出现的，如果只有一条语句，可省略大括号，如果有多条语句，就由大括号构成一条复合语句。

【实例 1】if 语句示例。

```
1)    #include <stdio.h>
2)    main()
3)    { int a=5,k=0,m=0;
4)      if(a<0) { k++; m++; }
5)      printf("%d,%d\n",k,m);
6)    }
```

该实例的运行结果为：

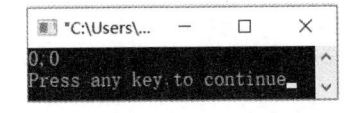

```
0,0
Press any key to continue_
```

> **想一想**
>
> 将 if 语句中的大括号去掉，如下所示，运行结果会发生什么变化？
> ```
> 1)  #include <stdio.h>
> 2)  main()
> 3)  { int  a=5,k=0,m=0;
> 4)    if(a<0)   k++; m++;                /*去掉大括号*/
> 5)    printf("%d,%d\n",k,m);
> 6)  }
> ```
>
> - 调试并写出输出结果。
>
> _____
>
> _____
>
> - 分析原因。
>
> _____
>
> _____

2. if-else 语句

（1）语法格式

```
if(表达式)  {  语句A  }
else       {  语句B  }
```

（2）功能描述及流程图

如果表达式为"真"，则执行语句 A；如果为"假"，则执行语句 B。可描述为"<u>如果</u>……，<u>否则</u>……"，if-else 语句流程图如图 4-5 所示。

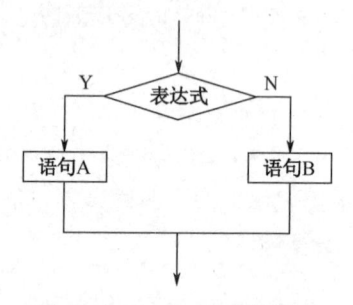

图 4-5 if-else 语句流程图

（3）说明

① 表达式的值应为逻辑值，根据实际问题，程序员可以通过关系运算判断、逻辑运算判断和数值判断 3 种方法设计 if-else 语句的表达式并使之得出逻辑值。

② 语句 A 和语句 B 两部分都是以语句块的形式出现的，如果各自只有一条语句，可省略大括号，如果有多条语句，就各自由大括号构成一条复合语句。

③ else 是 if-else 语句的一部分，else 不能作为语句单独出现。

【实例2】输入一个成绩，若大于等于60分，则显示"合格"，若小于60分，则显示"不合格"。

该实例的流程图如图4-6所示。

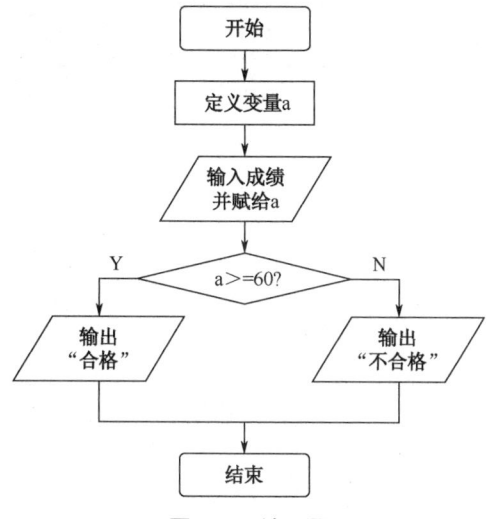

图4-6 流程图

程序如下：

```
#include <stdio.h>
1)    main()
2)    { int  a;
3)        printf("请输入一个成绩：\n");
4)        scanf("%d",&a);
5)        if(a>=60)    printf("合格\n");
6)        else    printf("不合格\n");
7)    }
```

该实例的运行结果为：

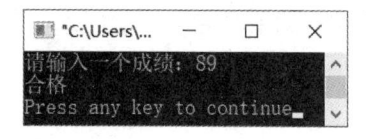

想一想

上例中能否将if-else语句改写为if语句呢？
- 将上例程序中第5、6行的if-else语句改写为if语句。

3. if 语句的嵌套使用

if 语句的嵌套使用就是指在简单 if 语句或者 if-else 语句的语句部分中又包含了一个或多个 if 语句。嵌套的形式是很灵活的，所以 if 语句的嵌套使用能解决很多实际问题，下面以几种典型的嵌套形式来进行语法说明。

（1）简单 if 语句嵌套使用

① 语法格式。

```
if(表达式1)  { if(表达式2)  { 语句A }
              else         { 语句B }
            }
```

② 功能描述及流程图。

如果表达式 1 为"真"，则执行 if-else 语句；如果表达式 2 为"真"，则执行语句 A；如果表达式 2 为"假"，则执行语句 B；如果表达式 1 为"假"，则不执行。简单 if 语句嵌套流程图如图 4-7 所示。

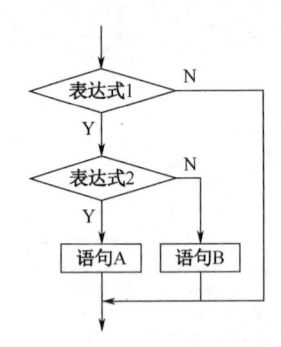

图 4-7　简单 if 语句嵌套流程图

（2）if-else 语句嵌套使用

① if 子句嵌套的语法格式。

```
if(表达式1)  { if(表达式2)  { 语句A }
              else         { 语句B }
            }
else         { 语句C }
```

② if 子句嵌套的功能描述及流程图。

如果表达式 1 为"真"，则判断表达式 2，如果表达式 2 为"真"，则执行语句 A，如果表达式 2 为"假"，则执行语句 B；如果表达式 1 为"假"，则执行语句 C。if-else 语句 if 子句嵌套流程图如图 4-8 所示。

③ else 子句嵌套的语法格式。

```
if(表达式1)  { 语句A }
else         { if(表达式2)  { 语句B }
              else         { 语句C }
            }
```

④ else 子句嵌套的功能描述及流程图。

如果表达式 1 为"真"，执行语句 A；如果表达式 1 为"假"，则判断表达式 2，如果表达式 2 为"真"，则执行语句 B，如果表达式 2 为"假"，则执行语句 C。if-else 语句 else 子句嵌套流程图如图 4-9 所示。

小贴士

在 if 语句的嵌套使用过程中，程序段中可能会出现多个 else，在分析语句结构时，else 总是与距离它最近并且没有配对的 if 是一组，构成 if-else 语句。

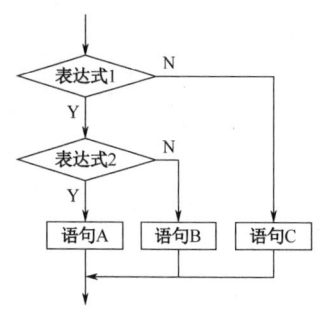

图 4-8　if-else 语句 if 子句嵌套流程图 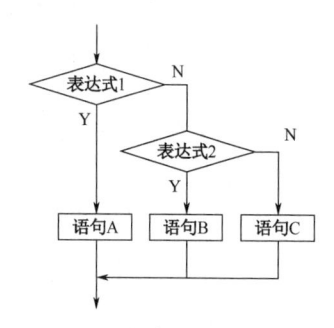　　　　图 4-9　if-else 语句 else 子句嵌套流程图

【实例 3】输入两个正整数，输出这两个数的数据关系。（如：若两者相等，则输出"数 1 等于 数 2"）

该实例的流程图如图 4-10 所示。

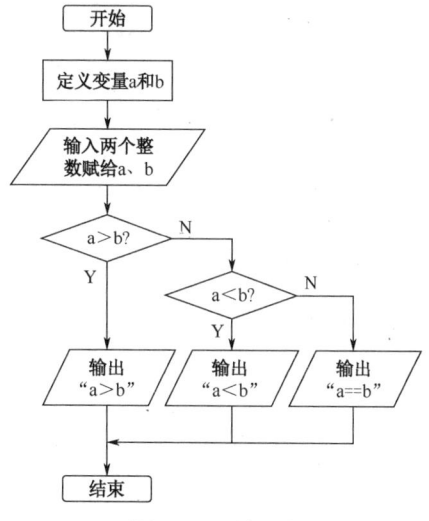

图 4-10　流程图

程序如下：

```
1)    #include <stdio.h>
2)    main()
3)    { int  a,b;
4)      printf("请输入两个正整数：\n");
5)      scanf("%d,%d",&a,&b);
6)      if(a>b)   printf("%d > %d\n",a,b);
7)      else   if(a<b)   printf("%d < %d\n",a,b);
8)      else   printf("%d == %d\n",a,b);
9)    }
```

该实例的运行结果为：

> **想一想**
>
> 上例中能否将 if-else 语句的嵌套结构改写为 if 语句呢?
> ● 将上例程序中第 6~8 行的 if-else 语句嵌套结构改写为 if 语句。

4. 条件运算符和条件表达式

（1）条件运算符

C 语言提供了一种较为特殊的三目运算符 "? :"，它被称为条件运算符。

条件运算符的结合方向是自右向左。相比于在实际应用中经常使用的算术运算符、赋值运算符、关系运算符和逻辑运算符来说，条件运算符比赋值运算符的优先级高，比其他三类运算符的优先级低，这 5 类运算符的优先级由高到低排列为逻辑非、算术运算符、关系运算符、逻辑与、逻辑或、条件运算符、赋值运算符（注：逻辑非、逻辑与、逻辑或属于逻辑运算符）。

（2）条件表达式

条件表达式就是由条件运算符将三个运算对象连接起来的式子。条件表达式用于条件判断，也代表了一种选择关系，语法格式如下：

```
表达式1 ? 表达式2 : 表达式3
```

条件表达式的功能可以描述为：先判断"表达式 1"是否为"真"，如果"表达式 1"为"真"，则条件表达式的值就等于"表达式 2"；如果"表达式 1"为"假"，则条件表达式的值就等于"表达式 3"。

条件表达式中的"表达式 1""表达式 2""表达式 3"的类型既可以相同也可以不同，用法灵活。例如：

```
a>b?4:5      /*a>b若为"真"，则条件表达式值为4，否则为5*/
```

【实例 4】 a>b 若为"真"，则表达式值输出+，否则输出@。

```
1) #include <stdio.h>
2) main()
3) { int a=2,b=3;
4)   if(a>b) printf("+\n");
5)   else printf("@\n");
6) }
```

> **想一想**
>
> 将上例中第 4、5 行的 if-else 语句改写成条件表达式形式。
> ● 改写句子，写出完整程序。

任务实现

训练 1：二年级一班同学的期末成绩单见表 4-1，班主任要计算表中三位同学的期末总分，并找出总分的最高分。编程实现，要求输出如下信息。

****

请输入第 1 位学生两科成绩：90,95

请输入第 2 位学生两科成绩：80,90

请输入第 3 位学生两科成绩：100,75

****

学生各科分数及总分如下：

（1）语文 90，数学 95，总分 185

（2）语文 80，数学 90，总分 170

（3）语文 100，数学 75，总分 175

****

总分最高分 185

****

（1）训练分析

在"项目导入"中，已经对该问题进行了初步分析，输入数据为每位学生的各科成绩，输出数据为每位学生的总分和最高分，可以先比较前两位学生的分数，找出最大值，再用最大值和第 3 位学生的分数进行比较，找出最高分。程序实现要注意变量数据类型的设定，比较数据大小时要注意 if 语句的语法格式，注意程序界面的美观及可读性。

（2）操作步骤

① 为每位学生设定三个变量，分别代表两科成绩和总分。

② 设定一个代表最高分的变量 g。

③ 先比较前两位学生的总分，找出最大值存入 g，再用 g 和第 3 位学生的总分比较，找出最高分。

④ 画出如图 4-11 所示的流程图。

⑤ 按要求将程序补充完整。

```
1)    #include <stdio.h>
2)    main()
3)    { int  a1,a2,z1;           /*定义第1位学生的各科成绩a1、a2，总分z1*/
4)      _____        /*定义第2位学生的各科成绩b1、b2，总分z2*/
5)      _____        /*定义第3位学生的各科成绩c1、c2，总分z3*/
6)      int g;                   /*定义最高分g*/
7)      printf("*****************************\n");
8)      printf("请输入第1位学生两科成绩:");
9)      _____                              /*写出scanf()函数*/
10)     printf("请输入第2位学生两科成绩:");
11)     _____                              /*写出scanf()函数*/
12)     printf("请输入第3位学生两科成绩:");
13)     _____                              /*写出scanf()函数*/
```

14)   _____   /*写出计算总分表达式*/
15)   _____   /*写出计算总分表达式*/
16)   _____   /*写出计算总分表达式*/
17)   printf("*******************************\n");
18)   printf("学生各科分数及总分如下:\n");
19)   _____   /*写出printf()函数*/
20)   _____   /*写出printf()函数*/
21)   _____   /*写出printf()函数*/
22)   if(_____) g=z1;   /*比较数据大小*/
23)   else g=z2;
24)   if(_____) _____
25)   printf("*******************************\n");
26)   printf("总分最高分 %d\n",g);
27)   printf("*******************************\n");
28)   }

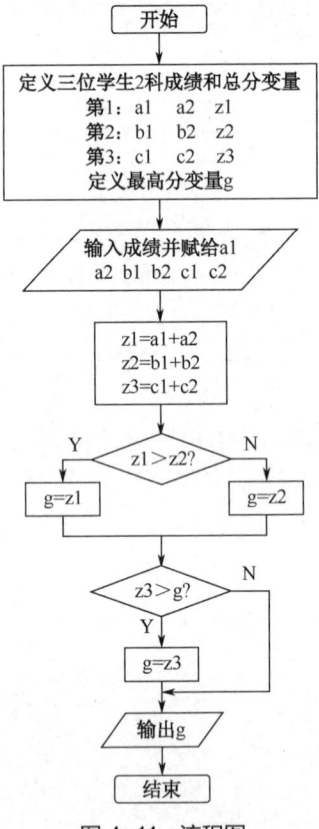

图 4-11 流程图

训练 2：假设 x 为整数，输入一个自变量 x 的值，求分段函数 y=f(x) 的值，f(x) 的数学表达式如下：

$$y = \begin{cases} x+10 & x > 10 \\ 3x & 0 \leq x \leq 10 \\ 4x+5 & x < 0 \end{cases}$$

（1）训练分析

该训练中输入数据为自变量 x，输出数据为 y 的值，函数 f(x)的数学表达式在题干中已经给出，完成编程的关键问题是如何将分段函数表示成多分支选择结构，其中要考虑将 x 的取值范围转换为 C 语言语法认可的表达式、if-else 语句的语法结构和分段函数实现过程中的逻辑关系。

（2）操作步骤

① 设定两个变量 x 和 y。

② 将 x 的取值范围表示为 C 语言表达式。

③ 使用 if-else 语句的嵌套结构，实现分段函数逻辑关系。

④ 将如图 4-12 所示流程图补充完整。

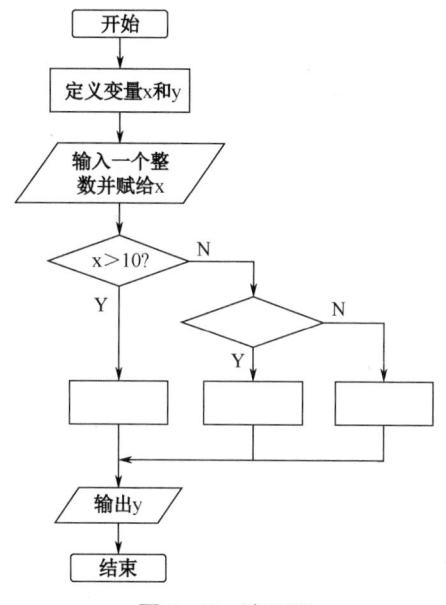

图 4-12 流程图

⑤ 按要求将程序补充完整。

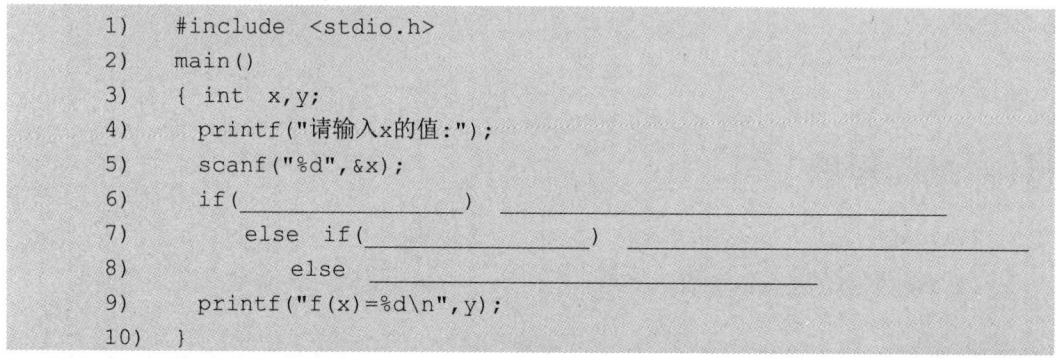

```
1)    #include <stdio.h>
2)    main()
3)    { int  x,y;
4)      printf("请输入x的值:");
5)      scanf("%d",&x);
6)      if(_____) _____
7)         else if(_____) _____
8)            else _____
9)      printf("f(x)=%d\n",y);
10)   }
```

训练 3：输入某人的身高（h，单位为 m）和体重（w，单位为 kg），判断其体质指数（bmi）。体质指数与身高、体重的关系为 bmi=w/h^2。

当 bmi＜18 时，偏瘦

当 18≤bmi＜24 时，正常体重

当 24≤bmi＜28 时，偏重

当 bmi≥28 时，超重

（bmi 信息来源于百度百科）

编程实现，要求输出如下信息。

****

请输入你的身高（单位：m）：1.7

请输入你的体重（单位：kg）：70

****

有些偏重哦！

****

（1）训练分析

该训练中输入数据为身高和体重，输出数据为体质指数（bmi），完成编程的关键问题是如何将体质指数判断标准表示成多分支选择结构，其中要考虑将 bmi 的取值范围转换为 C 语言语法认可的表达式、if-else 语句的语法结构和嵌套使用。

（2）操作步骤

① 设定三个实型变量，分别代表身高、体重、体质指数。

② 将 bmi 的取值范围表示为 C 语言表达式。

③ 使用 if-else 语句的嵌套结构，实现体质指数判断标准。

④ 将如图 4-13 所示流程图补充完整，画在虚线框内。

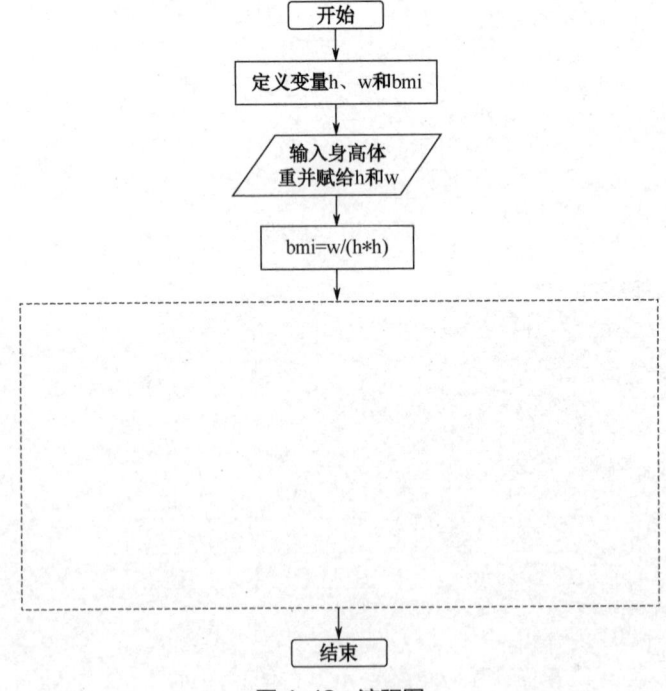

图 4-13 流程图

⑤ 按要求写出程序。

```
#include <stdio.h>
main()
{



















}
```

任务测试

根据任务 2 所学内容，完成下列测试

1. 下列选项中，不能看作一条语句的是（　　）。
   A．{ ; }　　　　　　　　　　　　B．if(b==0)　m=1;n=2;
   C．if(a>0);　　　　　　　　　　　D．a=0,b=0,c=0;
2. 在 C 语言中，if 语句后的圆括号中有一个用来决定分支走向的表达式，该表达式（　　）。
   A．只能是关系表达式　　　　　　　B．只能是逻辑表达式
   C．只能是关系或逻辑表达式　　　　D．可以是任何表达式
3. 下列程序运行后的输出结果是（　　）。
   ```
   1)   #include <stdio.h>
   2)   main()
   3)   { int  a=1,b=2,c=3;
   4)     if(c=a)    printf("%d\n",c);
   5)     else    printf("%d\n",b);
   6)   }
   ```
   A．0　　　　　　B．1　　　　　　C．2　　　　　　D．3
4. 下列程序运行后的输出结果是（　　）。
   ```
   1)   #include <stdio.h>
   2)   main()
   3)   { int  w=4,x=3,y=2,z=1;
   4)     printf("%d\n",(w<x?w:z<y?z:x));
   5)   }
   ```
   A．0　　　　　　B．1　　　　　　C．2　　　　　　D．3
5. 下列程序运行后的输出结果是（　　）。
   ```
   1)   #include <stdio.h>
   2)   main()
   ```

```
3)    { int   a=2,b=-1,c=2;
4)      if(a<b)
5)         if(b<0)   c=0;
6)      else   c+=1;
7)      printf("%d\n",c);
8)    }
```
A. 0   B. 1   C. 2   D. 3

任务评价

项目4：选择结构程序设计		任务2：使用if语句完成条件判断	
班级		姓名	综合得分

知识学习情况评价（30%）				
评价内容	分值	自评（30%）	师评（70%）	得分
if 语句的语法结构	10			
if-else 语句的语法结构	10			
条件运算符的优先级、结合性	10			
评价内容	分值	自评（30%）	师评（70%）	得分
掌握选择结构流程图的绘制方法	10			
掌握 if 语句的使用方法	10			
掌握 if-else 语句的使用方法	10			
掌握条件表达式的运算方法	10			
掌握 if-else 语句的嵌套使用	20			
素质养成情况评价（10%）				
评价内容	分值	自评（30%）	师评（70%）	得分
出勤及课堂秩序	2			
严格遵守实训操作规程	4			
团队协作及创新能力养成	4			

任务 3　使用 switch 语句完成多分支判断

任务描述

多分支选择可以使用 if 语句的嵌套结构来实现，但是 if 语句的嵌套易产生层数较多的简单 if 语句和 if-else 语句，尤其是多条 if-else 语句同时出现时，易造成混乱，从而出现语法错误。此时可引入 switch 语句来解决这个问题。本任务将通过对 switch 语句的分析，以帮助学习者掌握多分支判断选择结构的实现方法。

任务准备

switch 语句又被称为开关语句，专门用来处理多分支选择结构的问题，使用方便、灵活。

1. 语法格式

```
switch(表达式)
{ case　常量1：语句1; break;
  case　常量2：语句2; break;
  case　常量3：语句3; break;
  ...
  case　常量n：语句n; break;
  default：语句n+1;
}
```

2. 功能描述及流程图

switch 语句的功能是：计算表达式的值，将该值与 case 后的所有常量进行比较，如果与某个常量相等，则执行其后面的语句；如果都不相等，则执行 default 后面的语句。switch 语句流程图如图 4-14 所示。

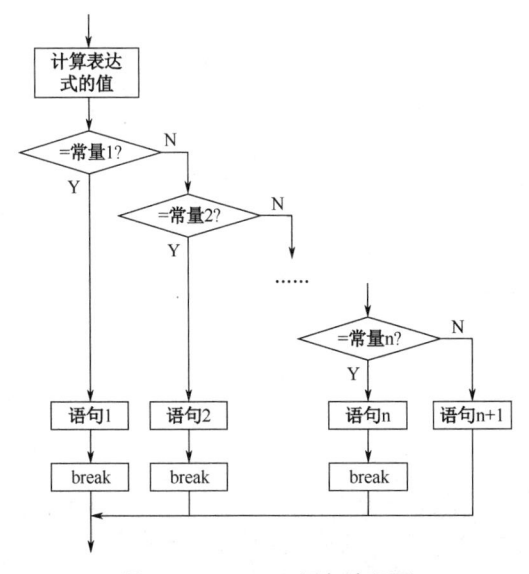

图 4-14　switch 语句流程图

3. 说明

① 表达式类型不限定，但必须能得出一个确定的值，以便和 case 后的常量进行比较。

② case 后所有常量可以是一个数值，也可以是一个常量表达式，它们的值必须互不相等，否则会出现判断失误。

③ case 和常量之间要有空格。

④ case 后的语句可以有多条，并且不用加大括号。

⑤ default 是可选项，程序员可以根据实际需要决定是否使用 default。如果没有 default，当 switch 表达式的值与所有的常量都不相等时，不执行 switch 语句。

⑥ break 语句也是可选项。如果 case 后有 break 语句，程序执行完这个 case 后的语句，switch 语句就结束了；如果 case 后没有 break 语句，程序执行完这个 case 后的语句后，会继续执行下一个 case 后的语句，直到遇到 break 语句或者执行完全部 switch 中的语句，switch 语句才会结束。

【实例 1】输入 1~7 中的任意一个数字，输出对应的星期（如：1 对应星期一，2 对应星期二，以此类推）。

该实例的流程图如图 4-15 所示。

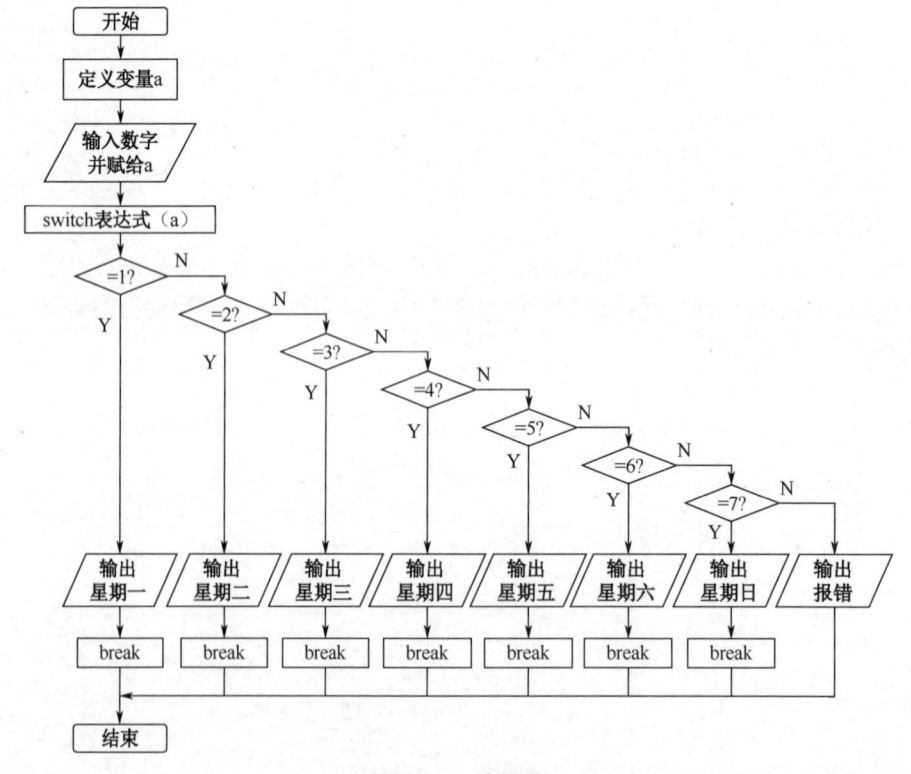

图 4-15 流程图

程序如下：

```
1)    #include <stdio.h>
2)    main()
3)    { int a;
```

```
4)      printf("请输入一个数字：\n");
5)      scanf("%d",&a);
6)      switch(a)
7)      { case 1: printf("星期一\n"); break;
8)        case 2: printf("星期二\n"); break;
9)        case 3: printf("星期三\n"); break;
10)       case 4: printf("星期四\n"); break;
11)       case 5: printf("星期五\n"); break;
12)       case 6: printf("星期六\n"); break;
13)       case 7: printf("星期日\n"); break;
14)       default: printf("输入错误！\n");
15)     }
16)   }
```

该实例的运行结果为：

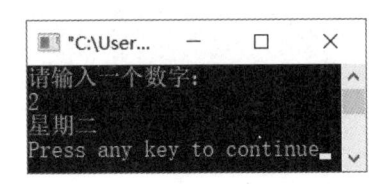

想一想

如果将第 7 行 case 1 后面的 break 语句删除，如下所示，对程序的逻辑结构会有什么影响？

```
#include <stdio.h>
main()
{ ...
  switch(a)
  { case 1: printf("星期一\n");
    case 2: printf("星期二\n"); break;
    ...
  }
}
```

● 调试程序，输入数字 1，写出输出结果。

● 根据运行结果，你发现了什么问题？请找出原因。（可参考如图 4-16 所示的流程图片段。）

图 4-16　流程图片段

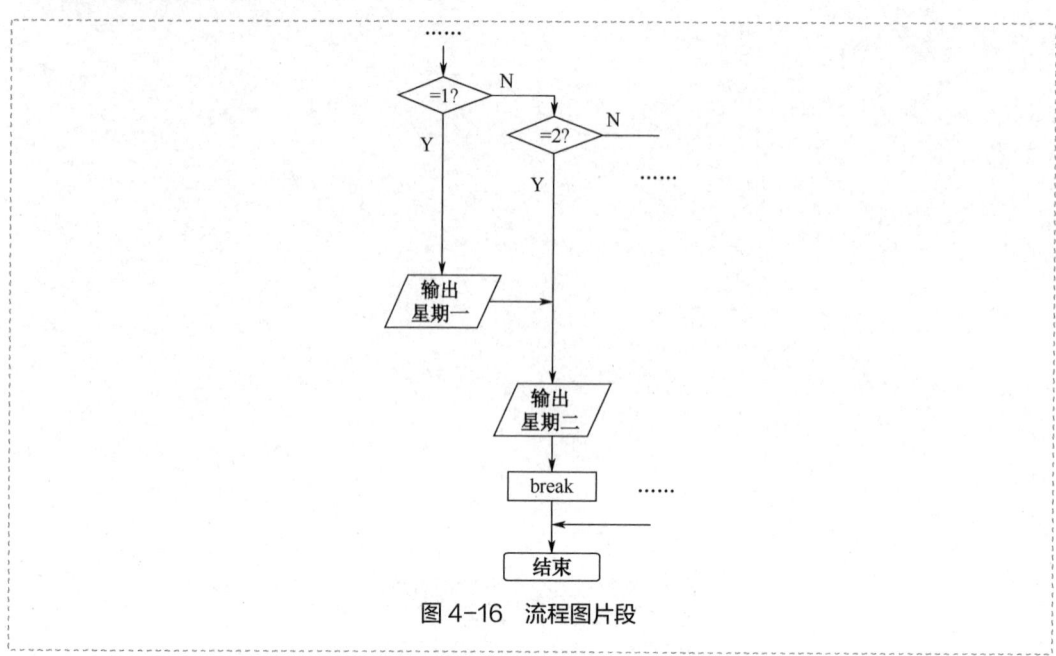

任务实现

训练 1：将百分制成绩转换为等级制。百分制与等级制的对应关系是：90~100 分为优、80~89 分为良、70~79 分为中、60~69 分为及格、不足 60 分为不及格。编程实现，要求输出如下信息。

****
请输入成绩（百分制，整数）：85
对应等级为：良
****

（1）训练分析

该训练中输入的数据为一个百分制成绩，输出数据为对应的成绩等级，对应关系在题干中已经给出，完成编程的关键问题是如何将百分制和等级制的对应关系表示成多分支选择结构，尤其要考虑到对于层数较多的多分支选择结构应优选 switch 语句并巧妙设计表达式使得分数段能转换为 switch 中的常量和 switch 语句的语法结构。

（2）操作步骤

① 设定一个整型变量，代表百分制成绩。

② 设计表达式，将成绩与整数 10 做取整运算，使得一个分数段内的所有成绩经过表达式运算后都等于一个相同的常量。

③ 使用 switch 语句，实现百分制和等级制的对应关系转换。

④ 画出如图 4-17 所示流程图。

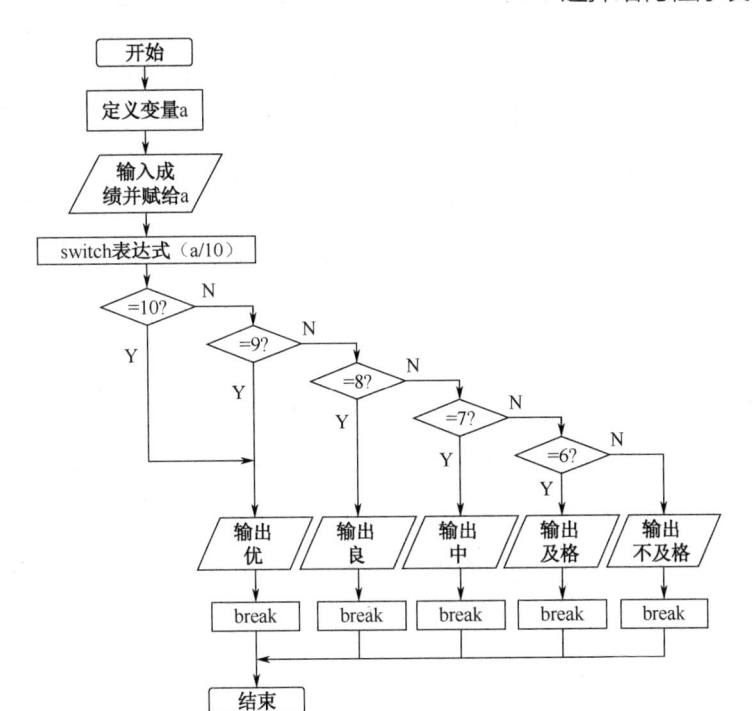

图 4-17 流程图

⑤ 按要求将程序补充完整。

```
1)    #include <stdio.h>
2)    main()
3)    { int  a;                                         /*a代表百分制成绩*/
4)      printf("******************************\n");
5)      printf("请输入成绩（百分制，整数）：");
6)      scanf("%d",&a);
7)      printf("对应等级为：");
8)      switch(_____)                          /*多分支选择*/
9)      { _____                        /*输出"优"*/
10)       _____                        /*输出"良"*/
11)       _____                        /*输出"中"*/
12)       _____                        /*输出"及格"*/
13)       default: printf("不及格\n");
14)     }
15)     printf("******************************\n");
16)   }
```

> **小贴士**
>
> 程序中的关键步骤是对 switch 表达式的设计，如果将 a 的数据类型修改为 float，则表达式要表示成 "(int)a/10"。

训练 2：编程实现模拟计算器，要求输出如下信息。

****

****　　模拟计算器　　****

****

请输入运算表达式：1+2

运算结果=3

****

（1）训练分析

该训练中输入数据为一个表达式，因此输入函数需要一次性获取三个数据，完成编程的关键问题是多分支选择结构条件设定，建议使用运算符作为比较对象。

（2）操作步骤

① 设定两个整型变量，代表运算对象。

② 设定一个字符型变量，代表运算符。

③ 将如图 4-18 所示流程图补充完整，画在虚线框内。

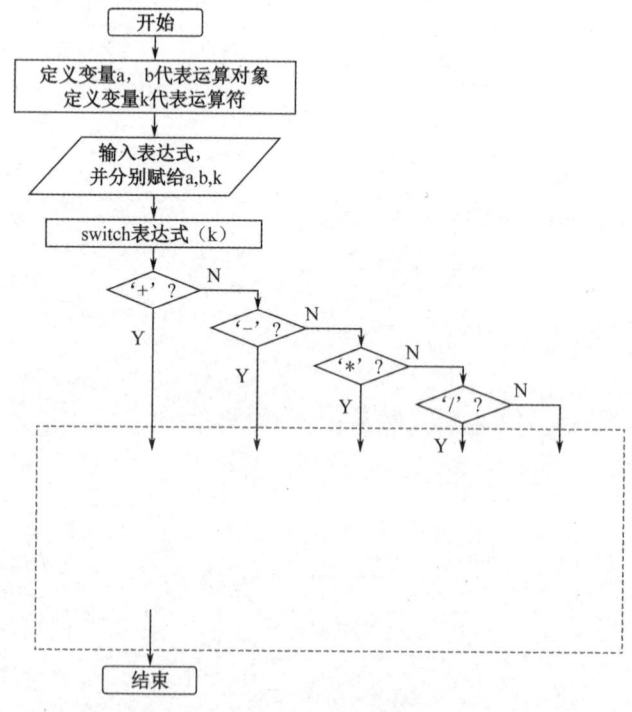

图 4-18　流程图

④ 按要求写出程序。

```
#include <stdio.h>
main()
{
```

}

任务测试

根据任务 3 所学内容，完成下列测试

1. 以下关于 switch 语句和 break 语句的描述中，正确的是（　　）。
   A．在 switch 语句中必须使用 break 语句
   B．在 switch 语句中，可以根据需要使用或不使用 break 语句
   C．break 语句在 switch 语句中没有作用
   D．break 语句是 switch 语句的一部分

2. 下列程序运行后的输出结果是（　　）。
```
1)    #include <stdio.h>
2)    main()
3)    { int  a=0,b=0,c=1;
4)      switch(c)
5)      { case 1:a++;
6)        case 2:a++;b++;
7)      }
8)      printf("a=%d,b=%d\n",a,b);
9)    }
```
   A．a=0,b=1　　　B．a=1,b=1　　　C．a=2,b=1　　　D．a=1,b=2

3. switch 语句中每个 case 后应该是（　　）。
   A．常量　　　　　　　　　　　　B．常量或常量表达式
   C．变量　　　　　　　　　　　　D．常量、变量均可

4. 下列程序运行后的输出结果是（　　）。
```
1)    #include <stdio.h>
2)    main()
3)    { int  a=4,m=0;
4)      switch(a%2==0)
5)      { case 0:m++;
6)        case 1:m++;break;
7)        case 2:m++;
8)      }
9)      printf("%d\n",m);
10)   }
```

113

A. 1 B. 2
C. 3 D. 0

5. 若有定义 float x; int a,b;，则下列四段代码中合法的一段是（　　）。

第一段：
```
switch(x)
{ case 0:printf("**");
  case 1:printf("++");
}
```
第二段：
```
switch(a)
{ case 0:printf("**");
  case 1:printf("++");
}
```
第三段：
```
switch(a)
{ case 1.0:printf("**");
  case 2.0:printf("++");
}
```
第四段：
```
switch(x)
{ case 1:printf("**");
  case 2+3:printf("++");
}
```

A. 第一段 B. 第二段
C. 第三段 D. 第四段

任务评价

项目 4：选择结构程序设计		任务 3：使用 switch 语句完成多分支判断		
班级		姓名		综合得分
知识学习情况评价（30%）				
评价内容	分值	自评（30%）	师评（70%）	得分
switch 语句的语法结构	30			
能力训练情况评价（60%）				
评价内容	分值	自评（30%）	师评（70%）	得分
掌握 switch 语句中表达式的设定方法	20			
掌握 switch 语句中 case 的用法	10			
掌握 switch 语句中 default 的用法	10			
掌握 switch 语句的嵌套使用	20			
素质养成情况评价（10%）				
评价内容	分值	自评（30%）	师评（70%）	得分
出勤及课堂秩序	2			
严格遵守实训操作规程	4			
团队协作及创新能力养成	4			

项目小结及测试 4

分析小结

通过对关系运算符和表达式、逻辑运算符和表达式、if 语句、switch 语句、条件运算符和表达式等必备知识的学习,进一步了解了 C 语言程序设计。通过学习学习者掌握了在程序中正确使用 if 语句、switch 语句的方法,通过训练学习者熟悉了复杂问题的程序编制流程,具备了在程序编制过程中综合运用选择语句嵌套结构解决问题的能力。

学习笔记

· 重点知识 ·

· 易错点 ·

思考实践

如何运用循环结构解决数据量庞大且需要条件判断的复杂问题是接下来要思考的问题。

- 循环结构的基本思路是什么?
- 循环结构的流程图是什么样子的?
- 循环结构需要哪些语句作为支撑?
- 在实例中,如何设置循环条件来控制循环次数?
- 如何综合使用顺序、选择、循环三种结构?

这一系列的问题会在后续的项目中详细介绍,请在学习中寻找答案。

项目测试

根据项目所学内容，完成下列测试

1. 请完成以下单项选择题

（1）已知 a=2.3,b=2,c=3.6，则表达式 a>b&&c>a||a<b 的值是（　　）。
　　A．0　　　　　B．1　　　　　C．2　　　　　D．3

（2）以下程序段的输出结果为（　　）。
```
1)    int  a=3,b=5,c=7;
2)    if(a>b)    a=b;c=a;
3)    if(c!=a)   c=b;
4)    printf("%d,%d,%d\n",a,b,c);
```
　　A．程序段有语法错　　　　　B．3,5,3
　　C．3,5,5　　　　　　　　　　D．3,5,7

（3）以下程序的输出结果为（　　）。
```
1)    main()
2)    { int  a=0,b=4,c=0,d=10,x;
3)      if(a)  d=d-10;
4)      else  if(!b)
5)             if(!c)  x=15;
6)             else  x=25;
7)      printf("%d\n",d);
8)    }
```
　　A．5　　　　　B．3　　　　　C．20　　　　D．10

（4）从键盘输入 3 和 4，下列程序的输出结果是（　　）。
```
1)    main()
2)    { int  a,b,s;
3)      scanf("%d%d",&a,&b);
4)      s=a;
5)      if(a<b)   s=b;
6)      s*=s;
7)      printf("%d\n",s);
8)    }
```
　　A．12　　　　B．14　　　　C．16　　　　D．18

（5）以下程序的输出结果为（　　）。
```
1)    main()
2)    { int  x=1,y=0;
3)      if(x=y)
4)      printf("***");
5)      else
6)      printf("+++");
7)    }
```
　　A．***　　　　　　　　　　　B．程序有语法错误
　　C．0　　　　　　　　　　　　D．+++

（6）以下程序的输出结果为（   ）。
```
1)    main()
2)    { int  x,a=1,b=2,c=3,d=4;
3)      x=(a<b)?a:b;
4)      x=(x<c)?x:c;
5)      x=(d<x)?x:d;
6)      printf("%d\n",x);
7)    }
```
A．4　　　　　B．3　　　　　C．2　　　　　D．1

（7）以下程序的输出结果为（   ）。
```
1)    main()
2)    { int  a=8,b=6,m=1;
3)      switch(a%4)
4)      { case  0:m++;
5)        case  1:m++;
6)          switch(b%3)
7)          { default:m++;
8)            case  1:m++;
9)          }
10)     }
11)     printf("%d\n",m);
12)   }
```
A．5　　　　　B．4　　　　　C．3　　　　　D．2

（8）已知有定义 int a=1,b=2,c=3;，执行以下语句后，变量 a,b,c 的结果与其他 3 个的不同的语句是（   ）。

  A．if(a>b) c=a,a=b,b=c;　　　　B．if(a>b) {c=a,a=b,b=c;}
  C．if(a>b) c=a;a=b;b=c;　　　　D．if(a>b) {c=a;a=b;b=c;}

（9）以下程序段的输出结果为（   ）。
```
1)    char m='b';
2)    if(m++>'b')   printf("%c\n",m);
3)    else  printf("%c\n",m- -);
```
A．a　　　　　B．b　　　　　C．c　　　　　D．d

（10）下列语句中，能正确将小写字母转换为大写字母的是（   ）。

  A．if('z'>=ch>='a') ch=ch-32;
  B．if(ch>='a'&&ch<='z') ch=ch-32;
  C．ch=('z'>=ch>='a')?ch-32:ch;
  D．ch=(ch>='a'&&ch<='z')?ch:ch-32;

2．请完成以下填空题

（1）设 a=3,b=4,c=5，计算下列表达式，将值填入横线。

① a+b>c&&b==c　　值为_____。
② a||b+c&&b-c　　值为_____。
③ !(a>b)&&!c||1　值为_____。

（2）判断一个整数 a 为偶数的表达式为_____。

（3）以下程序的输出结果为_____。

```
1) #include <stdio.h>
2) main()
3) { int a,b,c;
4)   a=10; b=20;
5)   c=(a%b<1)||(a/b>1);
6)   printf("%d %d %d\n",a,b,c);
7) }
```

（4）以下程序段用来判断 a,b,c 能否构成三角形，若能，输出 1，否则输出 0。确定能否构成三角形的条件有 3 个，需同时满足：a+b>c, a+c>b, b+c>a。

```
if(_____) printf("1\n");
else printf("0\n");
```

3．课后实战，完成下列演练

【实战 1】输入一个整数，打印输出它是奇数还是偶数。

【实战 2】有三个整数 a,b,c 由键盘输入，输出其中最大的数。

【实战 3】编写程序，输入某年某月，输出该月份的天数。（注意：考虑是否为闰年。判断闰年的条件：①公元年数如能被 4 整除，而不能被 100 整除，则是闰年；②公元年数能被 400 整除也是闰年。）

项目 5
循环结构程序设计

  C 语言是结构化程序设计语言，结构化程序设计的基本思想是：用顺序结构、选择结构、循环结构来构造程序，由这三种基本结构组成的程序能处理任何复杂的问题。本项目将从程序的循环结构入手，从结构特点、流程图等方面介绍有关 C 语言程序设计的一些必备知识。在此基础上，通过对 while 语句、do-while 语句、for 语句、中断语句的讲解，使学习者掌握循环结构语句的使用方法，为 C 语言程序设计做好准备。通过训练使学习者可快速掌握循环结构程序设计的流程、方法及注意事项，实现 C 语言程序设计的进阶，为模块化程序设计的学习打下基础。

学习目标

- 掌握循环结构特点及流程图的画法
- 掌握 while 语句、do-while 语句、for 语句的基本结构和使用方法
- 了解三种循环语句的相互转换
- 掌握循环语句的嵌套使用
- 掌握中断语句的基本结构和使用方法
- 掌握在循环语句中添加中断语句的技巧

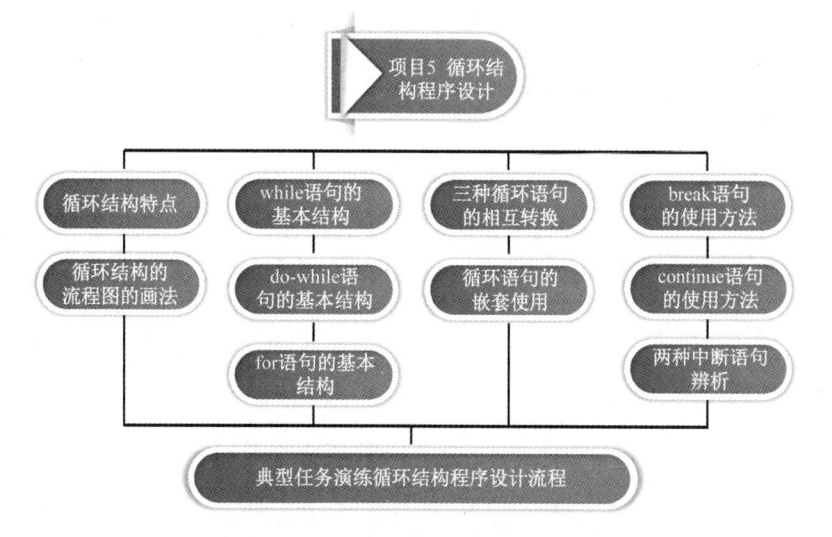

知识导图

项目5 循环结构程序设计
- 循环结构特点
- 循环结构的流程图的画法
- while语句的基本结构
- do-while语句的基本结构
- for语句的基本结构
- 三种循环语句的相互转换
- 循环语句的嵌套使用
- break语句的使用方法
- continue语句的使用方法
- 两种中断语句辨析

典型任务演练循环结构程序设计流程

项目导入　寻找"幸运之星"

在上一个任务中了解到在实际问题中，程序的基本结构并非完全是顺序结构的，如数学问题中的找偶数，需要程序在运行过程中基于一定条件进行判断，也就是要使用选择结构。通过案例发现，之前所讲授的知识只能用于处理数据量很少的问题，当遇到数据量很大的问题时，顺序结构和选择结构就显得有些力不从心了，此时，就必须再加入能驱动计算机处理器高速重复执行某一工作的循环结构。

这里所提到的循环结构就是按照给定条件重复执行某项工作，直到条件不能被满足时，该项工作停止。在实际编程过程中，通过分析题目，能正确设定循环条件并且能让循环按照预定设计停止，是掌握循环结构的关键环节。下面就通过一个实例，练习设定循环条件的方法。

【实例】二年级一班举办新年联欢会，其中有一个幸运抽奖的游戏环节，游戏规则是：全班同学按学号从 1 开始报数，该班共有 42 人，依次报数"1,2,3,…,42"，报数完毕，班主任老师选择一个 1~9 的幸运数字，如果报的数是幸运数字的倍数，那么这些同学就是幸运之星并获得小奖品。例如：幸运数字是 5，那么报数为 5、10、15、20、25、30、35、40 的八位同学就是幸运之星。

1. 目标分析

按照实例描述，将班主任设定为程序员，预想程序调试过程及场景。程序员在计算机程序调试界面输入一个幸运数字，计算机程序界面应显示出幸运之星学生的报数。因此该实例的输入数据为一个数字，输出数据为满足条件的幸运之星学生的报数。

2. 问题思考

- 幸运数字由班主任从 1~9 选择，在程序里该如何实现这一过程？

- 分析"如果报数是幸运数字的倍数"这个条件，写出对应的表达式。

- 从全班同学报数"1,2,3,…,42"这个条件，你想到了什么？

- 在该活动中，判断哪项工作是需要重复执行的。

3. 学习小测

尝试完成程序步骤的文字描述。

任务 1 使用 while 语句和 do-while 语句完成循环

任务描述

许多问题的求解归结为重复执行的操作。例如，输入全校学生的成绩、对象的遍历等。重复执行就是循环，重复工作是计算机特别擅长的工作之一。循环结构是结构化程序设计的 3 种基本结构之一，在程序设计中对于那些需要重复执行的操作，利用循环结构处理既简单又方便。本任务将从程序的循环结构入手，通过对 while 语句和 do-while 语句结构的分析介绍有关 C 语言程序设计循环语句实现的必备知识。

任务准备

1. 循环结构特征分析

（1）循环结构的特点

循环结构是当满足某种循环条件时，将一条或多条语句重复执行若干次，直到不满足循环条件。循环结构有当型循环（条件为"真"时循环）和直到型循环（条件为"假"时循环）两种类型，因为本书所讲授的循环语句皆为当型循环，所以后续所讲内容皆用当型循环为例，直到型循环就不再阐述了。

（2）流程图

循环结构的流程图如图 5-1 所示，其特点是当条件 P 成立（用 Y 表示），反复执行 A，直到条件 P 不成立（用 N 表示），循环停止。

在 C 语言程序中也会出现先执行 A，再进行条件判断的情况，循环结构的流程图如图 5-2 所示，参见后续要讲授的 do-while 语句。

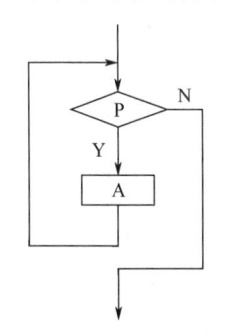

图 5-1 循环结构的流程图 1　　　　图 5-2 循环结构的流程图 2

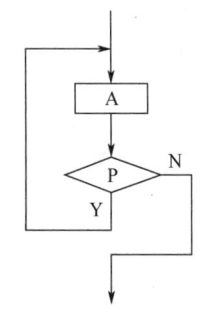

2. while 语句

（1）语法格式

```
while(表达式)　{　语句　}
```

（2）功能描述及流程图

如果表达式为"真"，则重复执行语句；如果为"假"，则循环结束。while 语句的特点是"先判断，后执行"，while 语句流程图如图 5-3 所示。

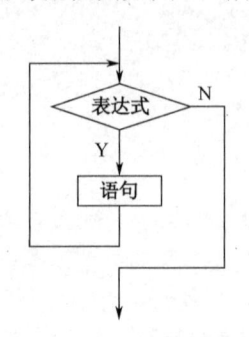

图 5-3 while 语句流程图

（3）说明

① 表达式的值应为逻辑值，按照前面所讲的知识，根据实际问题，程序员可以通过关系运算判断、逻辑运算判断和数值判断三种方法设计 while 语句的表达式，使之得出逻辑值。

② 语句部分是以语句块的形式出现的，如果只有一条语句，可省略大括号，如果有多条语句，可由一对大括号构成一条复合语句。

③ while 语句的循环条件设置要恰当，务必保证循环可结束，避免"死循环"。

【实例 1】使用 while 语句，计算 s 的值，s=1+2+3+4+…+20。

该实例的流程图如图 5-4 所示。

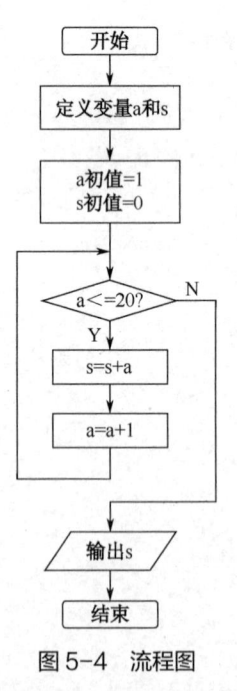

图 5-4 流程图

程序如下：

```
1)    #include <stdio.h>
2)    main()
```

```
3)   { int  a,s;
4)     a=1;  s=0;                              /*赋初值*/
5)     while(a<=20)              /*循环条件，数据范围设定为1~20*/
6)     { s=s+a;                               /*循环体：累加*/
7)       a=a+1;         /*a自增1，准备下一次累加，同时避免"死循环"*/
8)     }
9)     printf("%d\n",s);
10)  }
```

该实例的循环过程见表 5-1。

表 5-1 实例 1 的循环过程

循环次数	条件判断 (a<=20)	s 的值（s=s+a）	a 的值 (a=a+1)
1	1<=20，真	s=0+1	a=1+1=2
2	2<=20，真	s=0+1+2	a=2+1=3
3	3<=20，真	s=0+1+2+3	a=3+1=4
...	...	...	...
19	19<=20，真	s=0+1+2+3+4+5+6+7+8+9+10+11+12+13+14+15+16+17+18+19	a=19+1=20
20	20<=20，真	s=0+1+2+3+4+5+6+7+8+9+10+11+12+13+14+15+16+17+18+19+20	a=20+1=21
	21<=20，假	循环结束	

该实例的运行结果为：

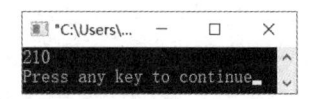

```
210
Press any key to continue
```

（4）关于循环结构的几个关键问题说明

关于循环结构，总的来说包括 4 个关键点，如图 5-5 所示，这 4 个关键点是构建循环结构框架的必要元素，下面逐一进行分析。

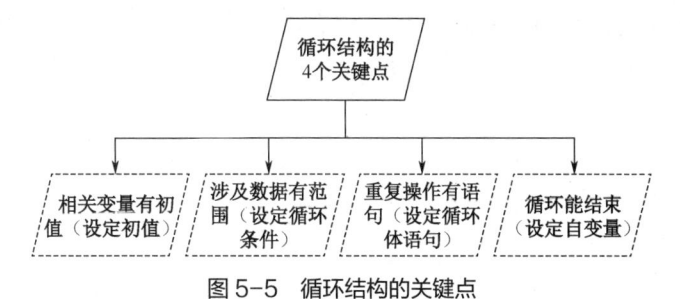

图 5-5 循环结构的关键点

① 设定初值。

循环语句中涉及的相关变量一般情况下都有初值，根据题目的要求设定即可。在运算中，最常用的是累加和累乘，例如：

```
s=s+a;     /*累加*/
```

实例 1 中的这条语句就是累加，其中，s 称为累加器，s 的初值要设定为 0。

如果是累乘，例如：

```
s=s*a;     /*累乘*/
```

累乘中，s 称为累乘器，s 的初值就设定为 1。

② 设定循环条件。

循环条件的设定一般要和赋初值配合起来，两者综合起来可代表数据的取值范围。例如，在实例 1 中，数据范围是 1～20，那么初值和循环条件就要设定为：

  初值：a=1 循环条件：a<=20

再如，要判断公元 2000 年—公元 3000 年的闰年有哪些，初值和循环条件就可以设定为：

  初值：y=2000 循环条件：y<=3000

③ 设定循环体语句。

循环体语句就是要反复执行的工作，如实例 1 中的 s=s+a;，其中的难点是要区分赋值符号左、右两侧变量 s 的含义，见表 5-1，将赋值符号两侧的变量 s 做了标注，右侧的 s 加了下画线。

  s=s+a;

这两个 s 代表了两个不同时刻的 s 的状态，加下画线的 s 取值为上一次循环结束时的值，这也体现了循环语句的特点。

在实际问题中，经常使用的就是累加和累乘，常用的循环体语句表示如下：

  累加：s=s+a;
  累乘：s=s*a;

④ 设定自变量。

对于循环条件中涉及的变量，通过自增、自减等运算，使它的值发生变化，避免死循环。例如，实例 1 中的循环条件是 a<=20，每一次循环，都会执行一次变量 a 的自增 1，使 a 的值发生变化，一方面促使累加的实现，另一方面避免了死循环。

自增、自减运算的写法很灵活，变量 a 自增 1，可以写成：

  a=a+1; 或 a++;

想一想

循环结构的 4 个关键点通常需要综合考虑，需要不断实践并总结经验。例如，要把 1～100 的偶数累加，该如何设定初值、循环条件、循环体和自变量？

- 将下列条件设定补充完整。
  ◇ 初 值：_____
  ◇ 循环条件：_____
  ◇ 循 环 体：_____
  ◇ 自 变 量：_____
- 试写出完整程序。

3. do-while 语句

（1）语法格式

```
do
  { 语句 }
while(表达式);
```

（2）功能描述及流程图

先执行语句，再判断表达式。如果表达式为"真"，则重复执行语句；如果表达式为"假"，则循环结束。do-while 语句的特点是"先执行，后判断"，do-while 语句流程图如图 5-6 所示。

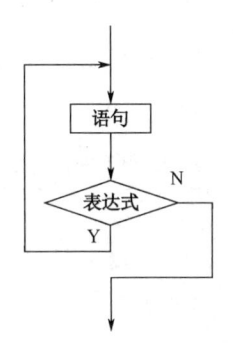

图 5-6　do-while 语句流程图

（3）说明

① 关于表达式和语句，要求和 while 语句的相同，不再重复。

② do-while 语句总是先执行一次语句，再判断条件，因此，无论表达式是否为真，语句至少都执行一次，这也是和 while 语句最大的区别。

【实例 2】使用 do-while 语句计算 s 的值，s=1+2+3+4+…+20。

该实例的流程图如图 5-7 所示。

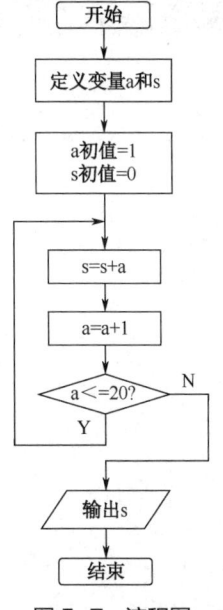

图 5-7　流程图

程序如下：

```
1)   #include <stdio.h>
2)   main()
3)   { int  a,s;
4)     a=1;  s=0;                              /*赋初值*/
5)     do
6)     { s=s+a;                                /*循环体：累加*/
7)       a=a+1;         /*a自增1，准备下一次累加，同时避免"死循环"*/
8)     }
9)     while(a<=20);              /*循环条件，数据范围设定为2～20*/
10)    printf("%d\n",s);
11)  }
```

该实例的循环过程见表 5-2。

表 5-2　实例 2 的循环过程

循环次数	s 的值（s=s+a）	a 的值 （a=a+1）	条件判断 （a<=20）
0	s=0+1	a=1+1=2	2<=20，真
1	s=0+1+2	a=2+1=3	3<=20，真
2	s=0+1+2+3	a=3+1=4	4<=20，真
…	…	…	…
18	s=0+1+2+3+4+5+6+7+8+9+10+11+12+13+14+15+16+17+18+19	a=19+1=20	20<=20，真
19	s=0+1+2+3+4+5+6+7+8+9+10+11+12+13+14+15+16+17+18+19+20	a=20+1=21	21<=20，假
循环结束			

该实例的运行结果为：

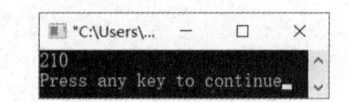

```
"C:\Users\...
210
Press any key to continue_
```

想一想

有下列两个程序，当将 a 的初值变为 21 时，观察运行结果，分析程序运行过程。

程序 1：

```
1)   #include <stdio.h>
2)   main()
3)   { int  a,s;
4)     a=21;  s=0;                             /*赋初值*/
5)     while(a<=20)
6)     { s=s+a;                                /*循环体：累加*/
7)       a=a+1;     /*a自增1，准备下一次累加，同时避免"死循环"*/
8)     }
9)     printf("%d\n",s);
10)  }
```

程序2：
```
1)   #include <stdio.h>
2)   main()
3)   { int a,s;
4)     a=21;  s=0;                                    /*赋初值*/
5)     do
6)     {  s=s+a;                                      /*循环体：累加*/
7)        a=a+1;        /*a自增1，准备下一次累加，同时避免"死循环"*/
8)     }
9)     while(a<=20);                      /*循环条件，数据范围设定为2~20*/
10)    printf("%d\n",s);
11)  }
```

● 写出两个程序的运行结果。

● 分析原因。

任务实现

训练1：二年级一班举办新年联欢会，其中有一个幸运抽奖的游戏环节，游戏规则是：全班同学按学号从1开始报数，该班共有42人，依次报数为"1,2,3,…,42"，报数完毕，班主任老师选择一个1~9的幸运数字，如果报数是幸运数字的倍数，那么这些同学就是幸运之星并获得小奖品。编程实现，要求输出如下信息。

****
请输入1个幸运数字（1~9）：5
幸运之星： 5 10 15 20 25 30 35 40
****

（1）训练分析

在"项目导入"中，已经对该问题进行了初步分析，输入数据为一个幸运数字，输出数据为满足条件的幸运之星学生的报数。程序实现要注意循环语句的循环范围设定，判断是否能整除时要注意if语句的语法格式。

（2）操作步骤

① 定义两个变量，分别代表学生报数和幸运数字。

② 幸运数字由输入函数给定。

③ 将下列条件设定补充完整（可用自然语言描述）。

假设变量 b 代表报数，那么
- 初　　值：b=1
- 循环条件：_____
- 循　环　体：判断报数是否是幸运数字的倍数，"是"则_____，"否"则_____
- 自　变　量：_____

④ 将如图 5-8 所示流程图补充完整。

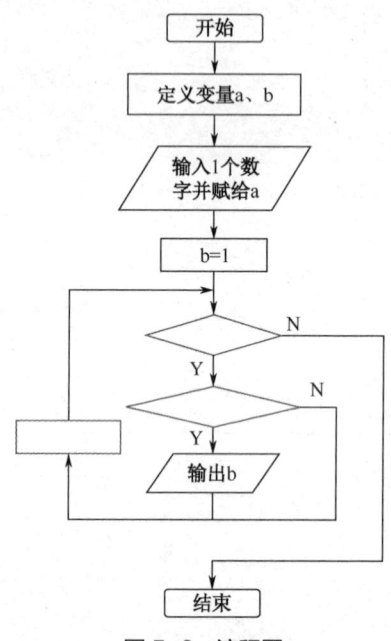

图 5-8　流程图

⑤ 按要求将程序补充完整。

```
1)   #include <stdio.h>
2)   main()
3)   { int a,b;                                      /*变量a代表幸运数字，变量b代表报数*/
4)     printf("**********************************************\n");
5)     printf("请输入1个幸运数字（1~9）:");
6)     scanf("%d",&a);
7)     printf("幸运之星:\n");
8)     b=1;                                          /*变量b初始值*/
9)     while(_____)                     /*测试1~42所有报数*/
10)    { if(_____)                      /*判断是否是幸运数字的倍数*/
11)        _____
12)      _____                          /*变量b自增*/
13)    }
14)    printf("\n**********************************************\n");
15)  }
```

想一想

在训练1中，如果幸运数字是2，则1~42中所有偶数都是幸运之星，数据较多，那么在输出格式控制中如何实现每行输出固定数量的数字呢？（例如：每行输出5个数字，如图5-9所示）（建议增加输出结果的计数器）

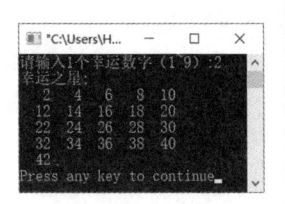

图5-9 输出结果

- 增加计数器，可以定义一个新变量k，赋初值0，参考如图5-10所示的流程图。

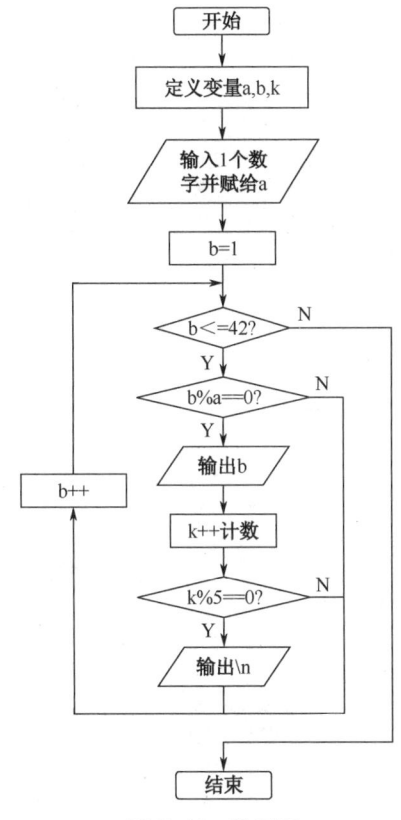

图5-10 流程图

- 试写出完整程序。

训练 2：求若干学生某门课的平均成绩，设置输入-1 时结束循环。编程实现，要求输出如下信息。

****

请输入成绩（百分制）：

90

80

-1

平均分=85.0

****

（1）训练分析

在该训练中数量是不确定的，结束循环由程序员手动控制，这区别于以往训练中根据循环测试数据范围自动结束循环的程序运行过程。因此要注意循环结束条件的设定，输入-1 时结束循环，也就是判断成绩是否等于-1，不等于-1 就能累加，等于-1 就结束。

（2）操作步骤

① 定义四个变量，分别代表成绩、累加求和、成绩计数、平均分。

② 将下列条件设定补充完整（可用自然语言描述）。

假设变量 a 代表成绩，那么

- 初　　值：scanf("%d",&a);
- 循环条件：＿＿＿＿＿＿＿＿＿＿＿＿＿＿
- 循　环　体：成绩累加求和＿＿＿＿＿＿＿＿，成绩个数计数＿＿＿＿＿＿＿＿
- 自　变　量：＿＿＿＿＿＿＿＿＿＿＿＿＿＿

③ 将如图 5-11 所示流程图补充完整，请画在虚线框内。

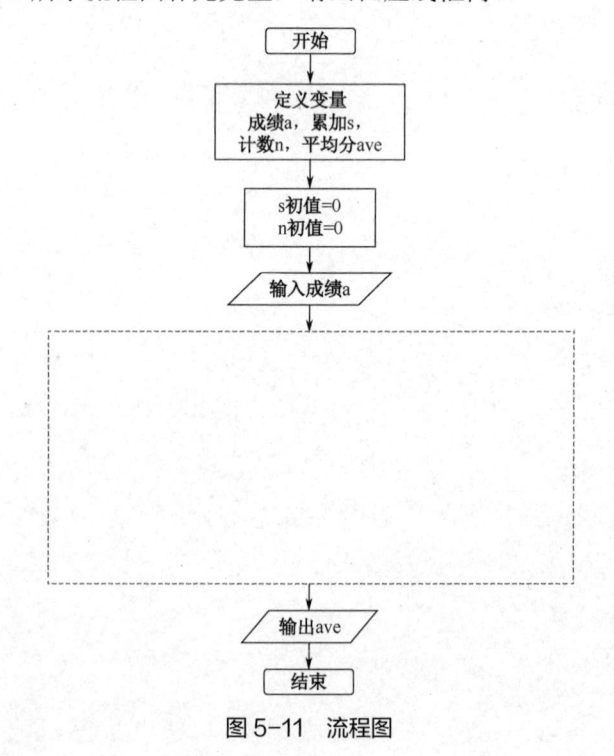

图 5-11　流程图

④ 按要求将程序补充完整。

```c
#include <stdio.h>
main()
{ int  a,n=0;
  float s=0,ave;
  printf("**********************\n");
  printf("请输入成绩: \n");
  scanf("%d",&a);                          /*循环结构求平均成绩*/




  printf("平均分为 %.1f\n",ave);
  printf("**********************\n");
}
```

小贴士

累加和 s 要定义为单精度实型，否则在运算表达式 s/n 时就被处理成取整运算了。

任务测试

根据任务1所学内容，完成下列测试

1. （   ）是当满足某种循环条件时，将一条或多条语句重复执行若干次。
   A．顺序结构   B．循环结构
   C．嵌套结构   D．选择结构
2. 循环结构中，当判断条件不成立时，程序会（   ）。
   A．循环运行   B．死循环
   C．彻底结束   D．结束循环，继续执行后续语句
3. 以下叙述中正确的是（   ）。
   A．do-while 的循环体不能是复合语句
   B．do-while 允许从循环体外转到循环体内
   C．while 的循环体至少被执行一次
   D．do-while 的循环体至少被执行一次
4. 以下程序的运行结果是（   ）。

```
1)    #include <stdio.h>
2)    main()
3)    { int  x=3;
4)      do
5)      { printf("%d  ",x-=2);
```

```
6)   }
7)   while(!(--x));
8) }
```
A. 1 -2   B. 3 1   C. 2 0   D. 3 0

5. 以下程序的运行结果是（   ）。
```
1) #include <stdio.h>
2) main()
3) { int n=10;
4)   while(n>7)
5)   { n-- ;
6)     printf("%d",n);
7)   }
8) }
```
A. 10 9 8   B. 9 8 7
C. 10 9 8 7   D. 9 8 7 6

任务评价

项目5：循环结构程序设计			任务1：使用 while 语句和 do-while 语句完成循环		
班级		姓名		综合得分	

知识学习情况评价（30%）					
评价内容	分值	自评（30%）	师评（70%）	得分	
循环结构的特点	10				
while 语句的语法结构	10				
do-while 语句的语法结构	10				

能力训练情况评价（60%）					
评价内容	分值	自评（30%）	师评（70%）	得分	
掌握循环结构流程图的绘制方法	10				
掌握循环结构4个关键点的设定方法	20				
掌握 while 语句和 do-while 语句的使用方法	10				
掌握手动结束循环的方法	10				
掌握美化多数据输出界面（每行固定输出数据个数）的方法	10				

素质养成情况评价（10%）					
评价内容	分值	自评（30%）	师评（70%）	得分	
出勤及课堂秩序	2				
严格遵守实训操作规程	4				
团队协作及创新能力养成	4				

任务 2　使用 for 语句完成循环

任务描述

除了 while 语句和 do-while 语句，for 语句也是循环语句，在使用过程中要注意三种循环语句的结构区别与应用联系。本任务将通过对 for 语句结构的分析，使学习者掌握 C 语言程序中实现循环的正确方法。

任务准备

1．for 语句

（1）语法格式

```
for(表达式1;表达式2;表达式3)  { 语句 }
```

（2）功能描述及流程图

步骤 1：计算表达式 1。

步骤 2：计算表达式 2，判断其是否为"真"，如果表达式 2 为"真"，转到步骤 3 执行，如果表达式 2 为"假"，则直接执行步骤 5。

步骤 3：执行语句。

步骤 4：先计算表达式 3，然后转到步骤 2 继续执行。

步骤 5：结束循环。

for 语句流程图如图 5-12 所示。

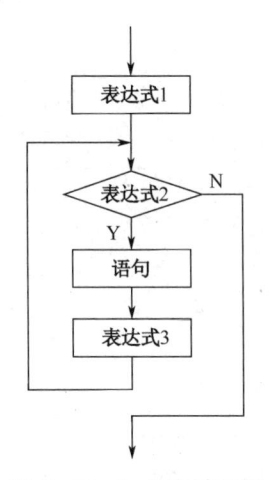

图 5-12　for 语句流程图

（3）说明

for 语句包括三个表达式和一个循环体语句，使用非常灵活，需要程序员弄清 for 语句的结构。

① 表达式 1 的作用是赋初值，在循环过程中只执行一次。

② 表达式 2 的作用是循环的条件判断，这和 while 语句、do-while 语句中的表达式作用相同。

③ 表达式 3 的作用是自增、自减等运算，用来保证循环的正常运行，避免死循环。

【实例 1】使用 for 语句计算 s 的值，s=1+2+3+4+…+20。

该实例的流程图如图 5-13 所示。

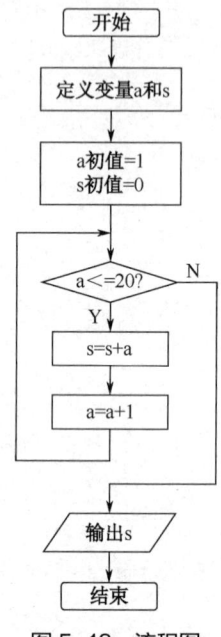

图 5-13 流程图

程序如下：

```
1)    #include <stdio.h>
2)    main()
3)    { int  a,s;
4)      for(a=1,s=0;a<=20;a=a+1)
5)        { s=s+a;                              /*循环体：累加*/
6)        }
7)      printf("%d\n",s);
8)    }
```

小贴士

对于同一个问题，for 语句的流程图和 while 语句的流程图是完全相同的。在程序中，基础语句和表达式也基本相同，需要程序员按照 for 语句的语法结构将基础语句和表达式填入适当位置即可。

该实例的循环过程见表 5-3。

表 5-3 实例 1 的循环过程

循环次数	表达式 1	表达式 2 (a<=20)	循环体 s 的值（s=s+a）	表达式 3 a 的值 (a=a+1)
1	a=1,s=0	1<=20，真	s=0+1	a=1+1=2
2		2<=20，真	s=0+1+2	a=2+1=3
3		3<=20，真	s=0+1+2+3	a=3+1=4
…	…	…	…	…
19		19<=20，真	s=0+1+2+3+4+5+6+7+8+9+10+11+12+13+14+15+16+17+18+19	a=19+1=20
20		20<=20，真	s=0+1+2+3+4+5+6+7+8+9+10+11+12+13+14+15+16+17+18+19+20	a=20+1=21
		21<=20，假	循环结束	

该实例的运行结果为：

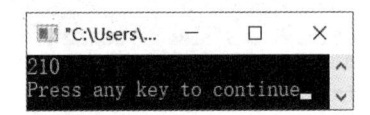

```
"C:\Users\...        —    □    ×
210
Press any key to continue_
```

（4）关于 for 语句的几个关键问题说明

① 表达式 1 可以放在 for 语句之前，但是分号不能省略，例如：

```
a=1;
s=0;
for(;a<=20;a=a+1)   s=s+a;
```

② 表达式 3 可以放在循环体语句中，要注意逻辑顺序，例如：

```
a=1;
s=0;
for(;a<=20;)   { s=s+a; a=a+1; }
```

③ 表达式 2 可以省略不写，表示无终止循环，也就是默认循环条件始终为真。为了保证不出现死循环，一般会在其他地方加入可终止循环的语句。

④ 表达式 1、表达式 2、表达式 3 也可以都省略，但是分号不能省略，表示无限循环，也就是死循环，例如：

```
for(;;)  printf(" ");      /*无休止输出#号*/
```

该形式虽然不属于语法错误，但是不建议使用。

⑤ 表达式 1 和表达式 3 可以是逗号表达式，例如：

```
for(a=1,s=0;a<=20;a++,a++)   s=s+a;        /*1~20的奇数累加求和*/
```

2. 循环的嵌套

循环的嵌套就是一个循环内又包含另一个循环。处于内部的循环称为内循环，处于外部的循环称为外循环。关于循环的嵌套，有以下注意事项。

① 内循环、外循环不能出现交叉现象。

② 循环嵌套的执行顺序是：先执行最内层，由内向外逐步展开。

③ while 语句、do-while 语句、for 语句可以相互嵌套。

④ 在程序书写过程中，为了便于阅读，建议采用缩进形式表示嵌套关系。

【实例 2】有一个表格，如图 5-14 所示，使用下列程序段输出该表格的行列关系。

第1行第1列	第1行第2列	第1行第3列
第2行第1列	第2行第2列	第2行第3列

图 5-14　表格

程序段如下：

```
1)    for(i=1;i<=2;i=i+1)
2)    { for(j=1;j<=3;j=j+1)
3)       printf("第%d行第%d列    ",i,j);
4)      printf("\n");
5)    }
```

该实例的运行结果为：

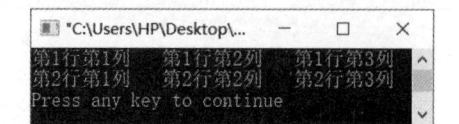

```
"C:\Users\HP\Desktop\...          —    □    ×
第1行第1列    第1行第2列    第1行第3列
第2行第1列    第2行第2列    第2行第3列
Press any key to continue
```

小贴士

在该实例中外循环 i 控制行，内循环 j 控制列。

想一想

假设任意输入一个正整数 n，计算 n 的阶乘（n!），当输入 -1 时程序结束。分析该题目，你能找出程序运行过程中有几处需要设置循环结构吗？

● 有_____处需要设置循环结构，用自然语言描述。

_____

_____

● 确定内、外循环各是什么，用自然语言描述。

_____

_____

● 分别写出内、外循环中各条件的内容。

内循环

◇ 初　　值：_____

◇ 循环条件：_____

◇ 循 环 体：_____

◇ 自 变 量：_____

外循环

◇ 初　　值：_____

◇ 循环条件：_____

◇ 循 环 体：_____

◇ 自 变 量：_____
● 试写出完整程序。

任务实现

训练 1：打印出如图 5-15 所示的九九乘法表。

图 5-15 九九乘法表

（1）训练分析

该训练中不需要输入数据，完成编程的关键问题是如何将九九乘法表与循环的嵌套结构相关联，其中要考虑九九乘法表中行和列的关系，找出其中的逻辑关系，并将其转换为 C 语言语法认可的循环条件。

（2）操作步骤

① 设定两个变量 x 和 y，分别代表行和列。
② 使用 for 语句的嵌套结构，外层循环控制行，内层循环控制列。
③ 将下列条件设定补充完整（可用自然语言描述）。

外循环
　◇　初　　值：x=1
　◇　循环条件：x<=9
　◇　循　环　体：内循环输出每行中各列的算式，该行内容输出完毕后回车换行

✧ 自 变 量：x=x+1

内循环

✧ 初　　值：y=1
✧ 循 环 条 件：_____
✧ 循 环 体：_____
✧ 自 变 量：_____

④ 将如图 5-16 所示流程图补充完整。

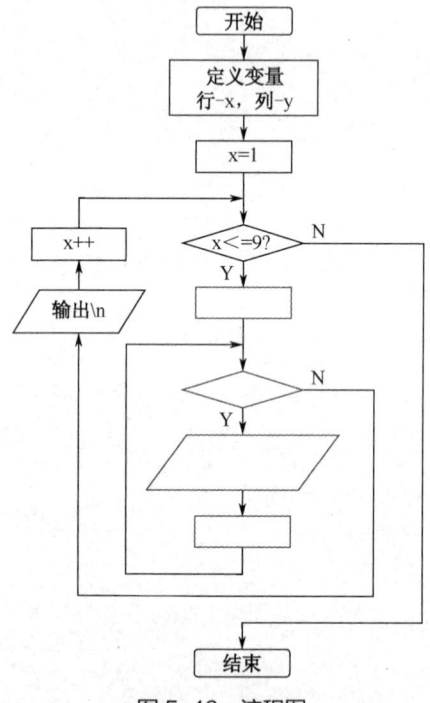

图 5-16　流程图

⑤ 按要求将程序补充完整。

```
1)    #include <stdio.h>
2)    main()
3)    { int x,y;                        /*变量x代表行，变量y代表列*/
4)      printf("九九乘法表\n");
5)      for(x=1;x<=9;x++)
6)        { for(y=1;_____;_____) _____
7)          _____
8)        }
9)    }
```

训练 2：打印出如图 5-17 所示的图形。

```
    *
   ***
  *****
 *******
*********
```

图 5-17　训练 2 图形

（1）训练分析

该训练中不需要输入数据，输出的数据就是这个图形，完成编程的关键问题是找出图形的显示规律，其中要考虑行数、空格数和星号数之间的关系，将表示三者之间关系的数学表达式转换为循环语句中的条件及嵌套循环结构。

经过观察，行数、空格数和星号数之间的关系如下：

第1行，4个空格，1颗星
第2行，3个空格，3颗星
第3行，2个空格，5颗星
第4行，1个空格，7颗星
第5行，0个空格，9颗星

因此，可以看出，如果假设行数为h，则第h行的空格数为5-h、星号数为2*h-1。

（2）操作步骤

① 设定三个整型变量h、k、x，分别代表行数、空格数、星号数。

② 设置循环的嵌套结构，将行数控制设置为外循环，将空格数和星号数的控制设置为内循环。

③ 将下列条件设定补充完整（可用自然语言描述）。

外循环
- 初　　值：h=1
- 循环条件：h<=5
- 循　环　体：内循环输出空格、星、换行
- 自 变 量：h=h+1

内循环（空格）
- 初　　值：k=1
- 循环条件：_____
- 循　环　体：printf("　")；
- 自 变 量：_____

内循环（星号）
- 初　　值：x=1
- 循环条件：_____
- 循　环　体：printf("*")；
- 自 变 量：_____

④ 将如图5-18所示流程图补充完整。

⑤ 按要求将程序补充完整。

```
1)   #include <stdio.h>
2)   main()
3)   { int h,k,x;
4)     for(h=1;h<=5;h++)
5)       { _____         /*输出空格*/
6)         _____         /*输出星号*/
7)         _____
8)       }
9)   }
```

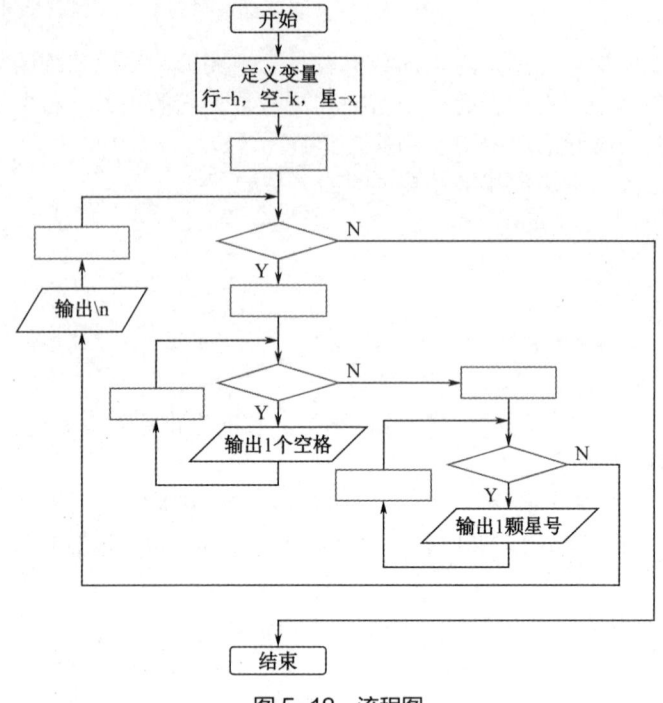

图 5-18　流程图

训练 3：鸡兔同笼问题。鸡兔同笼，共有 35 个头，94 只脚。求笼中鸡兔各有多少只？（鸡兔同笼问题是中国古代著名数字趣题之一，大约在 1500 年前，《孙子算经》中就记载了这个有趣的问题。书中是这样叙述的：今有雉兔同笼，上有三十五头，下有九十四足，问雉兔各几何？）

（1）训练分析

该训练中完成编程的关键问题是找出每种动物头和脚的数量并有效设计判断条件，其中头的数量可用来设定两种动物的数量，假设鸡的数量为 i，那么兔的数量就是 35-i，脚的数量是判断的关键，要考虑如何设定表达式，同时要注意正确使用循环结构。

（2）操作步骤

① 设定一个整型变量 i，代表鸡的数量。

② 将下列条件设定补充完整（可用自然语言描述）。

◇　初　　值：i=1
◇　循环条件：＿＿＿＿＿＿＿＿＿＿
◇　循 环 体：＿＿＿＿＿＿＿＿＿＿
◇　自 变 量：i=i+1

③ 将如图 5-19 所示流程图补充完整，画在虚线框内。

④ 按要求写出程序。

```
#include <stdio.h>
main()
{ int i;
```

}

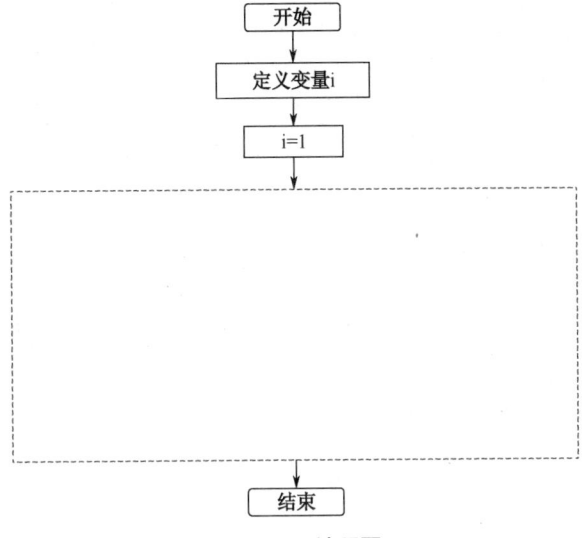

开始
↓
定义变量i
↓
i=1
↓
[   ]
↓
结束

图 5-19 流程图

任务测试

根据任务 2 所学内容，完成下列测试

1. 对 for(表达式 1;;表达式 3)，可以理解为（   ）。
   A. for(表达式 1;0;表达式 3)　　　B. for(表达式 1;1;表达式 3)
   C. 语法错误　　　　　　　　　　D. 仅执行循环一次

2. 执行语句 for(k=1;k++<4)后，变量 k 的值为（   ）。
   A. 3　　　　　　　　　　　　　　B. 4
   C. 5　　　　　　　　　　　　　　D. 6

3. 以下程序段的输出结果为（   ）个"#"。
```
1)   for(i=0;i<4;i++,i++)
2)     for(j=1;j<4;j++);
3)       printf("#");
```
   A. 1　　　　　　　　　　　　　　B. 4
   C. 6　　　　　　　　　　　　　　D. 12

4. 以下程序段的运行结果是（   ）。
```
1)   int x;
2)   for(x=3;x<6;x++)
3)     printf((x%2)?("**%d"):("##%d\n"),x);
```

A. **3　　　　B. ##3　　　　C. ##3　　　　D. **3##4
　　##4　　　　　　**4　　　　　　**4##5　　　　**5
　　**5　　　　　　##5

5. 以下程序的运行结果是（　　）。

```
1)  #include <stdio.h>
2)  main()
3)  {  int  k,j,s;
4)    for(k=2;k<6;k++,k++)
5)     { s=1;
6)       for(j=k;j<6;j++)   s+=j;
7)     }
8)    printf("%d\n",s);
9)  }
```

A. 9　　　　　B. 10　　　　　C. 11　　　　　D. 12

任务评价

项目5：循环结构程序设计		任务2：使用 for 语句完成循环	
班级		姓名		综合得分	

知识学习情况评价（30%）

评价内容	分值	自评（30%）	师评（70%）	得分
for 语句的语法结构	15			
循环结构嵌套使用的基本原理	15			

能力训练情况评价（60%）

评价内容	分值	自评（30%）	师评（70%）	得分
掌握 for 语句的使用方法	20			
掌握 for 语句与 while 语句、do-while 语句相互转换的方法	10			
掌握使用循环嵌套结构解决实际问题的方法	20			
掌握循环嵌套结构流程图的绘制方法	10			

素质养成情况评价（10%）

评价内容	分值	自评（30%）	师评（70%）	得分
出勤及课堂秩序	2			
严格遵守实训操作规程	4			
团队协作及创新能力养成	4			

任务3　使用中断语句控制程序流程

任务描述

在循环语句执行过程中，有时需要中断循环。C 语言中提供了两个中断循环语句，一个是 break 语句，另一个是 continue 语句。本任务将通过对两种中断语句结构的分析，达到在解决实际问题的过程中掌握这两种中断语句的区别，实现使用中断语句控制程序流程的目的。

任务准备

1．break 语句

break 语句可以用在 switch 语句中，也可以用在循环语句中。break 语句在 switch 语句中的用法在项目 4 中已经详细讲解，这里就不再重复了。break 语句在循环语句中可以用于跳出本层循环体，在解决实际问题过程中，用处很大。

（1）语法格式

```
break;
```

（2）说明

① 在循环语句中，break 语句常常和 if 语句一起使用，表示当条件满足时，立即结束循环。

② 如果程序中有循环语句的嵌套使用，此时要注意，break 语句只能跳出其所在的循环，而不能跳出多层循环，这也是在解决实际问题过程中遇到的一个难点。

2．continue 语句

continue 语句的作用是提前结束本次循环，跳过循环体中尚未执行的语句，进行下一次是否执行循环的判定。

（1）语法格式

```
continue;
```

（2）说明

① 在循环语句中，执行 continue 语句并没有使整个循环结束，注意与 break 语句的区别。

② 在 while 语句和 do-while 语句中，continue 语句使执行流程直接跳到循环控制条件的测试部分，然后决定循环是否继续执行。

③ 在 for 语句中，遇到 continue 语句时，首先流程会跳过循环体执行余下的语句，而计算 for 语句中表达式 3 的值，然后测试表达式 2 的条件，最后根据表达式 2 的值来决定 for 循环是否执行（见图 5-12）。

【实例】中断语句示例。

```
1)    #include <stdio.h>
2)    main()
3)    { int a;
4)      for(a=1;a<=10;a++)
5)        { if(a%2==0)   break;            /*如果是偶数，则中断循环*/
6)          printf("%d ",a);
```

```
7)     }
8)     printf("\n");
9)  }
```

该实例的运行结果为：

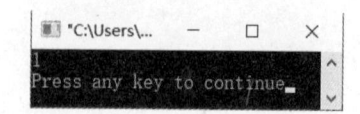

```
"C:\Users\...    —   □   ×
1
Press any key to continue_
```

想一想

从实例中可看到，当 a 是偶数 2 时，则执行中断语句 break，for 循环彻底结束，因此输出结果只有 1。如果将 break 语句换成 continue 语句，程序如下所示，结果会发生什么变化呢？

```
1)  #include <stdio.h>
2)  main()
3)  { int  a;
4)    for(a=1;a<=10;a++)
5)     { if(a%2==0)   continue;            /*如果是偶数，则中断循环*/
6)       printf("%d",a);
7)     }
8)     printf("\n");
9)  }
```

● 调试并写出输出结果。

_____

_____

● 如图 5-20 所示，流程图中 break 语句和 continue 语句的执行流程线空缺，试填充流程线，并对比分析 break 语句和 continue 语句的执行顺序。

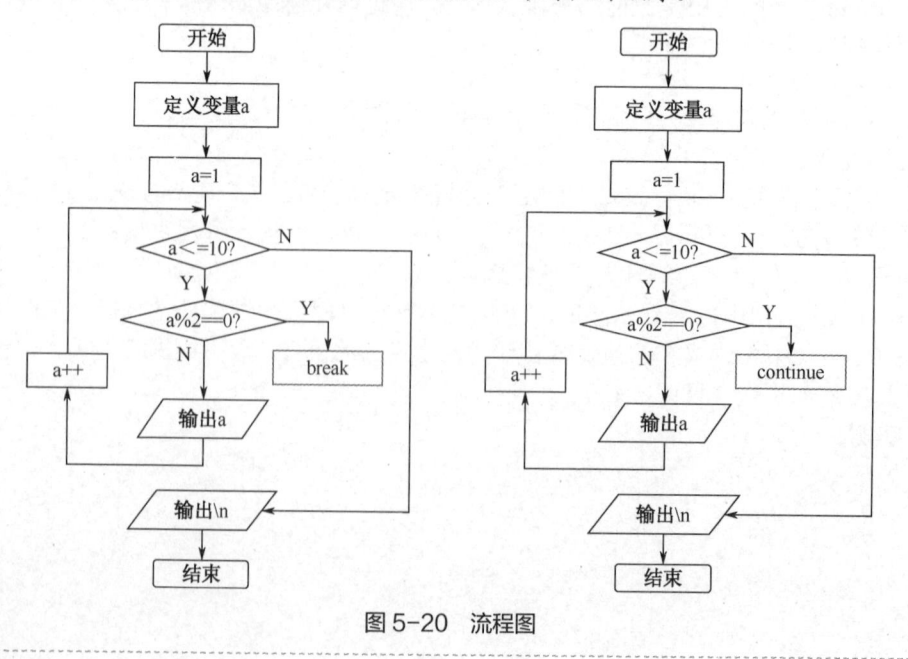

图 5-20　流程图

任务实现

训练 1：输入一组大小写混合的英文字母，当输入<回车>时结束，将其中的小写字母输出。要求在循环语句中使用 break 语句实现。编程实现，要求输出如下信息。

****

请输入：AbcDef<回车>

bcef

****

（1）训练分析

在该训练中，要求使用<回车>来结束输入，因此选用 break 语句来实现这一操作。可以在 while 语句的表达式部分用一个永真的条件"1"，循环输入字符，当输入<回车>时，调用中断，结束循环。

（2）操作步骤

① 定义一个变量用来接收输入的字符。

② 设置一个永真循环，循环输入字符并判断是否为小写字母。

③ 流程图如图 5-21 所示。

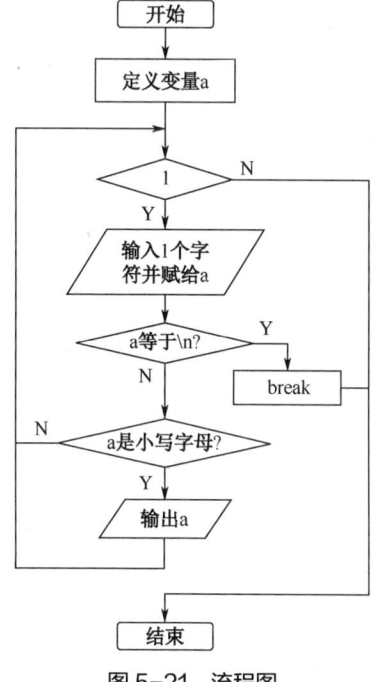

图 5-21 流程图

④ 按要求将程序补充完整。

```
1)    #include <stdio.h>
2)    main()
3)    { char a;
4)      printf("********************\n");
5)      printf("请输入：");
```

```
6)      while(_____)              /*设置永真循环*/
7)      {_____             /*使用字符输入函数给a赋值*/
8)         if(_____) _____  /*如果输入<回车>，则结束循环*/
9)         else _____              /*判断是否为小写字母，"是"则输出*/
10)     }
11)     printf("\n");
12)     printf("**********************\n");
13) }
```

训练 2：使用 continue 语句，完成训练 1。

（1）训练分析

该训练中完成编程的关键问题是将 continue 语句的特点发挥出来。continue 语句的作用是提前结束本次循环，跳过循环体中尚未执行的语句，进行下一次是否执行循环的判定。因此可以考虑将其用在判断字符串中是否出现大写字母，一旦检测到大写字母，则结束本次循环，开始进入下一次循环。

（2）操作步骤

① 定义一个变量用来接收输入的字符。

② 设置一个循环用来循环接收输入的字符，当遇到<回车>时，结束循环。

③ 流程图如图 5-22 所示。

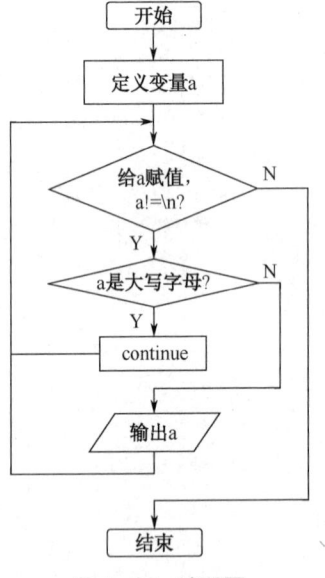

图 5-22 流程图

④ 按要求将程序补充完整。

```
1)  #include <stdio.h>
2)  main()
3)  { char  a;
4)     printf("**********************\n");
5)     printf("请输入: ");
6)     while(_____)                /*当遇到<回车>时结束循环*/
```

```
7)        { if(_____)  /*如果是大写字母，则结束本次循环，开始下一次循环*/
8)            _____
9)            _____            /*输出小写字母*/
10)       }
11)    printf("\n");
12)    printf("********************\n");
13) }
```

任务测试

根据任务 3 所学内容，完成下列测试

1. 以下叙述中正确的是（　　）。

   A．break 语句只能用于 switch 语句体

   B．continue 语句的作用是使程序的执行流程跳出包含它的所有循环

   C．break 语句只能用在循环体内和 switch 语句体内

   D．在循环体内使用 break 语句和使用 continue 语句的作用相同

2. 以下程序的运行结果是（　　）。

```
1)    #include <stdio.h>
2)    main()
3)    { int  y=10;
4)      for(;y>0;y--)
5)        if(y%3==0)
6)          { printf("%d",--y);
7)            continue;
8)          }
9)    }
```

   A．852　　　　B．963　　　　C．741　　　　D．1098

3. 下列程序的输出结果是（　　）。

```
1)    #include <stdio.h>
2)    main()
3)    { int i;
4)      for(i=1;i<=5;i++)
5)        { if(i%2)   printf("*");
6)          else   continue;
7)          printf("#");
8)        }
9)      printf("¥\n");
10)   }
```

   A．*#*#*#¥　　B．#*#*#*¥　　C．*#*#¥　　D．#*#¥

4. 下列程序的输出结果是（　　）。

```
1)    #include <stdio.h>
2)    main()
3)    { int  i=0,a=0;
4)      while(i<20)
```

```
 5)       { for( ; ; )
 6)           { if(i%10==0)  break;
 7)            else   i- -;   }
 8)         i+=11;
 9)         a+=i;
10)        }
11)     printf("%d\n",a);
12)  }
```

  A. 62   B. 63   C. 32   D. 33

5. 下列程序的输出结果是（　　）。

```
 1)   #include <stdio.h>
 2)   main()
 3)   { int  k=5,n=0;
 4)     do
 5)     { switch(k)
 6)       { case 1:  case 3: n+=1;break;
 7)         default: n=0;k--;
 8)         case 2:  case 4: n+=2;k--;break;
 9)       }
10)       printf("%d",n);
11)     }while(k>0&&n<5);
12)  }
```

  A. 2345   B. 02345   C. 023456   D. 23456

任务评价

项目5：循环结构程序设计			任务3：使用中断语句控制程序流程		
班级		姓名		综合得分	
知识学习情况评价（30%）					
评价内容		分值	自评 （30%）	师评 （70%）	得分
中断语句的语法结构		15			
两种中断语句的比较		15			
能力训练情况评价（60%）					
评价内容		分值	自评 （30%）	师评 （70%）	得分
掌握两种中断语句流程图的绘制方法		30			
掌握使用两种中断语句解决实际问题的方法		30			
素质养成情况评价（10%）					
评价内容		分值	自评 （30%）	师评 （70%）	得分
出勤及课堂秩序		2			
严格遵守实训操作规程		4			
团队协作及创新能力养成		4			

项目小结及测试 5

分析小结

通过对循环结构相关知识的学习，使学习者对如何实现循环并有效结束循环有了一个直观且全面的认识。在此基础上对 while 语句、do-while 语句、for 语句、break 语句、continue 语句等必备知识的学习，学习者掌握了在程序中如何正确使用循环语句、中断语句的方法。通过训练，使学习者熟悉了复杂问题的程序编制流程，具备了在程序编制过程中综合运用循环语句及嵌套结构解决问题的能力。

学习笔记

·重点知识·

·易错点·

思考实践

如何运用数组解决批量数据处理问题是接下来要思考的问题。
- 数组的基本框架是什么？
- 数组有哪些分类？
- 数组如何与选择结构、循环结构语句配合使用？

这一系列的问题会在后续的项目中详细介绍，请在学习中寻找答案。

项目测试

根据项目所学内容，完成下列测试

1．请完成以下单项选择题

（1）下列程序的输出结果是（　　）。

```
1)    #include <stdio.h>
2)    main()
3)    { int  k,n,m;
4)      n=7;m=1;k=1;
5)      while(k++<=n)   m*=2;
6)      printf("%d\n",m);
7)    }
```

    A. 128   B. 256   C. 64   D. 32

（2）下列程序的输出结果是（　　）。

```
1)    #include <stdio.h>
2)    main()
3)    { int  x=2;
4)      while(x--);
5)      printf("%d\n",x);
6)    }
```

    A. 1   B. 0   C. -1   D. -2

（3）下列程序的输出结果是（　　）。

```
1)    #include <stdio.h>
2)    main()
3)    { int  k=5;
4)      while(--k)   printf("%d",k-=3);
5)      printf("\n");
6)    }
```

    A. 1   B. 0   C. -1   D. -2

（4）对下列语句描述正确的是（　　）。

```
int k=12;
while(k=1)   k=k-1;
```

    A. while 循环执行 10 次   B. 循环体语句一次也不执行
    C. 循环体语句执行一次   D. 循环是无限循环

（5）下列程序的输出结果是（　　）。

```
1)    #include <stdio.h>
2)    main()
3)    { int  i=0,sum=1;
4)      do
5)       {sum+=i++;}
6)      while(i<5);
7)      printf("%d\n",sum);
8)    }
```

    A. 10   B. 11   C. 12   D. 13

（6）下列不是无限循环语句组的是（　　）。

    A. n=0;   B. n=0;
       do { ++n; } while(n<=0);   while(1)   { n++; }
    C. n=10;   D. for(n=0,i=1;   ;i++)
       while(n);   n+=i;

```
        { n--; }
```

（7）下面程序的输出结果是（   ）。

```
1)   #include <stdio.h>
2)   main()
3)   { int a=1,b;
4)     for(b=1;b<=10;b++)
5)      { if(a>=8)  break;
6)        if(a%2==1)
7)         { a+=5;  continue; }
8)        a=3;
9)      }
10)    printf("%d\n",b);
11)  }
```

A. 6　　　　　　B. 5　　　　　　C. 4　　　　　　D. 3

（8）有下列程序，若运行时从键盘输入：18,11<回车>，则程序的输出结果是（   ）。

```
1)   #include <stdio.h>
2)   main()
3)   { int a,b;
4)     printf("Enter a,b:");  scanf("%d,%d",&a,&b);
5)     while(a!=b)
6)      { while(a>b) a-=b;
7)        while(b>a) b-=a;
8)      }
9)     printf("%d,%d\n",a,b);
10)  }
```

A. 1,0　　　　　B. 0,1　　　　　C. 1,1　　　　　D. 0,0

（9）下列程序的输出结果为（   ）。

```
1)   #include <stdio.h>
2)   main()
3)   { int c=0,k;
4)     for(k=1;k<3;k++)
5)       switch(k)
6)        { default:c+=k;
7)          case 2:c++;break;
8)          case 4:c++;break;
9)        }
10)    printf("%d\n",c);
11)  }
```

A. 1　　　　　　B. 2　　　　　　C. 3　　　　　　D. 4

2. 课后实战，完成下列演练

【实战1】编写程序，求 1-3+5-7+…-99+101。

【实战2】编写程序，输出从公元2000年至3000年所有闰年的年号，每输出10个年号换一行，并输出闰年的总数。（判断闰年的条件：①公元年数如果能被4整除，而不能被100整除，则是闰年；②公元年数能被400整除也是闰年。）

【实战3】打印出所有的"水仙花数"。（"水仙花数"是指一个三位数，其各位数字的立方和等于该数本身。）

项目 6
应用数组处理批量数据

　　C 语言中的数据类型包含基本类型、构造类型、指针类型及空类型，前面几个项目中使用的变量基本都是整型、实型、字符型等基本数据类型。本项目将从一维数组入手，从数组的定义、初始化等方面介绍有关构造类型的一些必备知识，继而再介绍二维数组、字符数组的相关知识。通过训练，可使学习者快速掌握数组元素的交换、赋值及求和等操作方法，为后续在更为复杂的问题中使用这种数据类型做好准备。

学习目标

- 掌握数组的定义及初始化方法
- 掌握数组在内存中的存储方式
- 掌握数组元素的引用方法

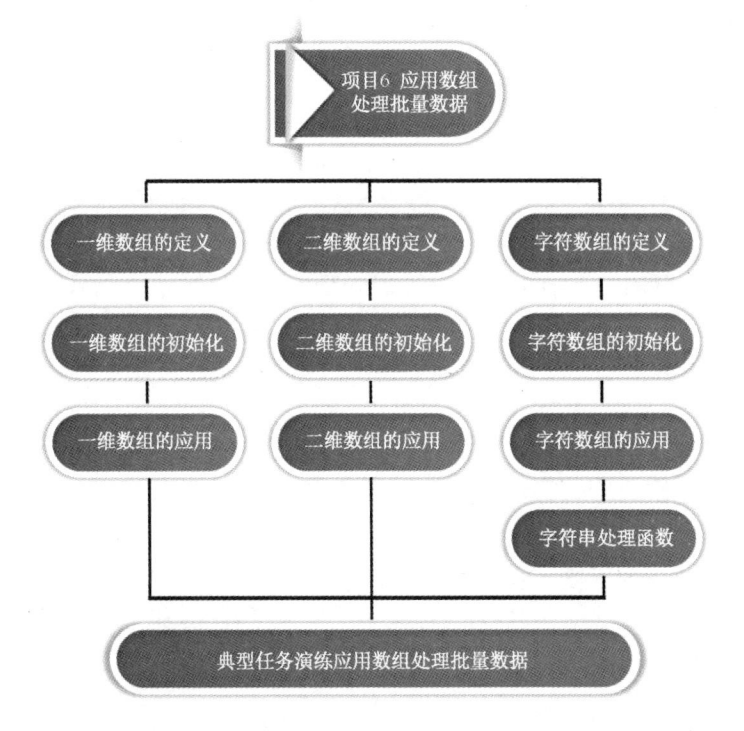

知识导图

项目6 应用数组处理批量数据

- 一维数组的定义
- 二维数组的定义
- 字符数组的定义

- 一维数组的初始化
- 二维数组的初始化
- 字符数组的初始化

- 一维数组的应用
- 二维数组的应用
- 字符数组的应用

- 字符串处理函数

典型任务演练应用数组处理批量数据

项目导入　统计年度"蓝天"数量

在实际生活中,经常会遇到很多数据进行处理的情况,例如,在项目 4 的项目导入中提到的计算 3 名学生课程总分及最高分的问题,当学生数量和课程数量不断增加时,需要定义的整型变量的数量也会不断增加,此时,仍然使用简单的数据类型处理此类问题就不太方便了。本项目将引入数组。下面就通过一个实例,认识一下批量处理数据的方法。

【实例】某校环保社团开展了"保卫蓝天"计划,目的是让更多学生关注环境保护,社团每季度要记录季度"蓝天"的天数,在年底统计年度"蓝天"的总天数并公布。

1. 目标分析

按照题目描述,首先分析数据的特点。每季度"蓝天"的天数这类数据具有相同的属性,属于批量数据,可以设定为数组类型。然后分析程序的执行过程。程序员输入每季度"蓝天"的天数,运行程序,显示年度"蓝天"的总天数。

2. 问题思考

- 对于每季度"蓝天"的天数的数据应该如何表示?

- 对于批量数据,应该如何输入并存储?

- 统计年度"蓝天"的总天数要用到什么程序结构?

- 完成程序步骤的文字描述。

3. 学习小测

根据预习,写出表示每季度"蓝天"天数的数组定义形式。

任务 1　使用一维数组处理多数据

任务描述

本任务将从一维数组的定义入手，从赋值、使用等方面介绍有关一维数组的必备知识，在此基础上，通过训练，使学习者掌握简单 C 语言程序中使用一维数组处理多数据的实现方法。

任务准备

1. 一维数组的定义

（1）一维数组的特性

数组是一组具有相同数据类型的有序数据的集合。一维数组结构示意图如图 6-1 所示。

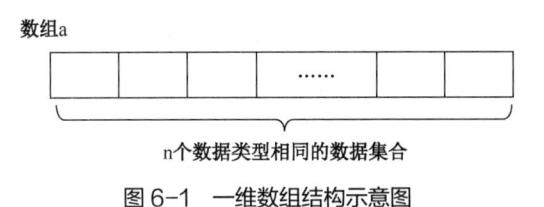

图 6-1　一维数组结构示意图

（2）一维数组的定义

数组和变量一样，需要先定义，才能使用。一维数组是数组中最简单的，一维数组的定义方式如下：

　　数据类型　数组名[常量表达式];

定义方式的说明：

① 数据类型代表数组中所有元素的数据类型，数组中存储的所有元素必须都是同一数据类型。

② 数组名的命名规则和变量名的命名规则相同。

③ 常量表达式的值可以是常量、常量表达式和符号常量，不能包含变量。常量表达式的值代表数组中元素的个数，即数组长度，需要用一对中括号"[]"括起来。

【实例 1】一维数组定义示例。

```
1)    #define  NUM  15
2)    #include "stdio.h"
3)    main()
4)    { int    arr01[15];
5)      char   arr02[NUM];
6)      float  arr03[3+5];
7)      ...
8)    }
```

该实例中定义了三个数组，第一个数组的数组名是 arr01，数组中包括 15 个元素，每个元素都是整型;第二个数组 arr02 中也包括 15 个元素,每个元素都是字符型,程序中的"#define NUM 15"是 C 语言程序中的编译预处理命令行,其中符号常量 NUM 代表第二个数组 arr02 的元素个数;第三个数组 arr03 中包括 8 个元素,每个元素都是实型。

想一想

观察下列程序段,判断定义数组的方法是否正确。

```
1)  #include "stdio.h"
2)  main()
3)  { int    a;
4)    scanf("%d",&a);
5)    int    arr01[a];
6)    ...
7)  }
```

● 判断程序段中定义数组的方法是否正确并分析原因。

_____

_____

(3) 一维数组元素的引用

数组定义之后,可以引用数组中的元素,引用形式如下:

> 数组名[下标];

举个例子,有一个一维数组 a 定义为 int   a[5];,则该数组可表示为如图 6-2 所示的形式。

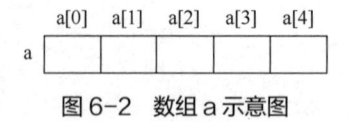

```
        a[0]  a[1]  a[2]  a[3]  a[4]
     a [    ][    ][    ][    ][    ]
```

图 6-2 数组 a 示意图

从图中可以看出,数组元素下标是指数组元素的位置,如果数组长度用 n 表示,那么数组元素下标的取值范围就是 0≤元素下标≤n-1,下标可以是常量、变量或表达式。

2. 一维数组的初始化

定义数组只是为数组在内存中开辟一块存储空间,数组初始化是指为数组中各个元素进行赋值。初始化的方式有很多,具体如下。

(1) 定义数组的同时对数组中的全部元素进行初始化

根据数组元素的个数,将数组元素的值按顺序放在一对大括号"{ }"中,数据之间用逗号分隔,数值会依次赋值给各个元素。例如:

> int   arr01[5]={33,44,55,22,78};

(2) 定义数组的同时对数组中的部分元素进行初始化

将数值按顺序放在一对大括号"{ }"中,数据之间用逗号分隔,大括号中的数值的数量可以不等于数组中元素的数量,数值会从第一个元素开始依次赋值,系统会自动为缺少的元素赋予默认值。例如:

> int   arr01[8]={33,44,55,22,78};

> **小贴士**
>
> 数组 arr01 中包括 8 个元素，前 5 个元素依次为 33，44，55，22，78，其余的 3 个元素为 0，不同的元素类型，系统赋予的默认值也不相同。

【实例 2】一维数组初始化示例。

```
1)    #include <stdio.h>
2)    #define NUM 4
3)    main()
4)    { int arr01[4]={11,22,33,44};        /*对数组中的全部元素初始化*/
5)      int arr02[NUM]={10,20};   /*对部分元素初始化，未赋值的系统自动赋0*/
6)      ...
7)    }
```

初始化后的数组 arr01 和数组 arr02 示意图如图 6-3 和图 6-4 所示。

	arr01[0]	arr01[1]	arr01[2]	arr01[3]
arr01	11	22	33	44

图 6-3 初始化后的数组 arr01 示意图

	arr01[0]	arr01[1]	arr01[2]	arr01[3]
arr02	10	20	0	0

图 6-4 初始化后的数组 arr02 示意图

> **想一想**
>
> 观察下列程序，判断定义数组并初始化的方法是否正确。
>
> ```
> 1)    #include "stdio.h"
> 2)    main()
> 3)    { int arr01[]={1,2,3,4};
> 4)      printf("%d",arr01[4]);
> 5)    }
> ```
>
> ● 调试该程序，观察是否报错，写出运行结果。
>
> _____
>
> ● 如果先将"printf("%d",arr01[4]);"改为"printf("%d",arr01[3]);"后调试该程序，观察是否报错，写出运行结果。
>
> _____
>
> ● 分析原因可发现，定义数组时中括号中可以不写常量表达式，此时大括号中初始化数值的数量即数组的长度。填入数据，试将图 6-5 补充完整。
>
> | | arr01[0] | arr01[1] | arr01[2] | arr01[3] |
> |------|----------|----------|----------|----------|
> | arr01 | | | | |
>
> 图 6-5 初始化后的数组 arr01 示意图

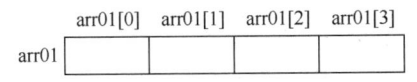

3. 一维数组的使用

（1）一维数组的遍历

在操作数组时，经常需要依次访问数组中的各个元素，这种操作即遍历数组。通过循环语句可以实现遍历操作，以数组元素下标作为循环条件。

【实例3】遍历数组。

```
1)    #include <stdio.h>
2)    #define NUM 15
3)    main()
4)    { int i;
5)      int arr[NUM]={12,13,4,3,5,2,45,65,76,7,8,56,9,10,15};
6)      for(i=0;i<NUM;i++)
7)        printf("%d ",arr[i]);    /*%d后加空格以分隔输出的元素，便于查看*/
8)      printf("\n");
9)    }
```

该实例的运行结果为：

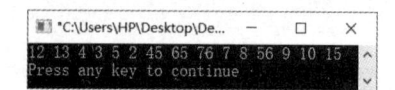

```
12 13 4 3 5 2 45 65 76 7 8 56 9 10 15
Press any key to continue
```

> **小贴士**
>
> 当中括号中的下标值超出范围时即数组下标越界，程序在编译时可能不会报错，但是在运行时会产生异常，运行结果不可控。

（2）一维数组的存储

数组元素在内存中是连续存储的，每个元素占的字节数由定义数组时的数据类型决定。数组名代表数组的首地址，不能被赋值。数组中元素的地址是用十六进制数表示的，在输出语句中可以用%p表示按十六进制输出数据，&表示取地址。

举个例子，有一个一维数组定义为"int a[5];"，则该数组在内存中的存储方式如图6-6所示。

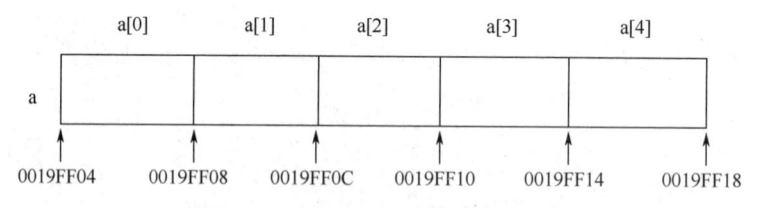

图6-6 一维数组在内存中的存储方式

从图中可以看出，定义数组后系统会为其分配一段连续的存储空间，数组的首地址既表示整个数组的首地址，也表示数组中第一个元素的地址。由于数组 a 中的每个元素都是整型数据，因此，每个元素在内存中占用 4 字节的存储空间。

【实例4】一维数组在内存中的存储方式和占用的字节数。

```
1)    #include <stdio.h>
2)    main()
3)    { int i;
```

```
4)     int  arr[6]={11,22,33,44,55,66};
5)     for(i=0;i<6;i++)    printf("%p\n",&arr[i]);
6)     printf("数组元素arr[0]在内存中占用%d字节\n",sizeof(arr[0]));
7)   }
```

该实例的运行结果为：

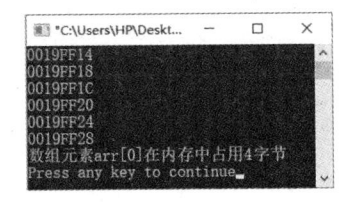

```
0019FF14
0019FF18
0019FF1C
0019FF20
0019FF24
0019FF28
数组元素arr[0]在内存中占用4字节
Press any key to continue
```

程序分析：

① 程序中的"printf("%p\n",&arr[i]);"是输出数组第 i+1 个元素在内存中存储的地址，第一个元素 arr[0]的地址为 0019FF14，第二个元素 arr[1]的地址为 0019FF18，两个元素之间相差 4 字节，正好是 arr[0]在内存中占用的字节数。

② sizeof 是 C 语言的一种单目运算符，它以字节形式给出了操作数在内存中占用的存储空间的大小。sizeof(arr[0])表示数组元素占用的字节数。

想一想

观察下面的程序，该程序在实例 4 的基础上增加了第 6 行和第 8 行两条语句，分析并回答问题。

```
1)   #include <stdio.h>
2)   main()
3)   { int  i;
4)     int  arr[6]={11,22,33,44,55,66};
5)     for(i=0;i<6;i++)    printf("%p\n",&arr[i]);
6)     printf("\n%p\n",arr);                    /*输出首地址*/
7)     printf("数组元素arr[0]在内存中占用%d个字节\n",sizeof(arr[0]));
8)     printf("数组arr在占用%d字节\n",sizeof(arr)); /*输出数组所占字节数*/
9)   }
```

● 调试该程序，写出运行结果。

● 比较程序中第 5 行和第 6 行语句的运行结果，会发现了什么？

● 分析 sizeof(arr)和 sizeof(arr[i])的区别。

任务实现

训练1：某校环保社团开展了"保卫蓝天"计划，目的是让更多同学关注环境保护，社团每季度要记录当季度"蓝天"的天数，在年底要统计全年"蓝天"的总天数并公布。编程实现，要求输出如下信息。

```
***************************
请输入每季度"蓝天"天数：
第1季度：31
第2季度：60
第3季度：50
第4季度：45
a[0]=31  a[1]=60  a[2]=50  a[3]=45
年度"蓝天"的总天数为：186
***************************
```

（1）训练分析

在"项目导入"中，已经对该问题进行了初步分析，每季度"蓝天"的天数这类数据具有相同的属性，属于批量数据，可以设定为数组类型。程序员在计算机程序调试界面输入每季度"蓝天"的天数，再运行程序，计算机程序界面应该显示年度"蓝天"的总天数。程序的关键在于对数组的定义和赋值及数组元素的累加求和。

（2）操作步骤

① 定义一个长度为4的整型数组，用来存放每季度"蓝天"的天数。
② 定义一个整型变量表示累加求和。
③ 数组的赋值、累加求和分别使用循环结构实现。
④ 绘制如图6-7所示的流程图。
⑤ 按要求将程序补充完整。

```
1)   #include <stdio.h>
2)   main()
3)   { _____                    /*定义整型数组a[4]*/
4)     _____                    /*定义变量s、i并初始化*/
5)     printf("***************************\n");
6)     printf("请输入每季度"蓝天"的天数：\n");
7)     for(_____;_____;_____)           /*循环结构给数组赋值*/
8)     { printf("第%d季度：",i+1);
9)       _____                  /*输入函数实现赋值*/
10)    }
11)    for(_____;_____;_____)  /*循环结构实现数组元素的输出和累加*/
12)    { _____                  /*累加求和*/
13)      printf("a[%d]=%d  ",i,a[i]);
14)    }
15)    printf("\n年度"蓝天"的总天数为：%d\n",s);
16)    printf("***************************\n");
17)  }
```

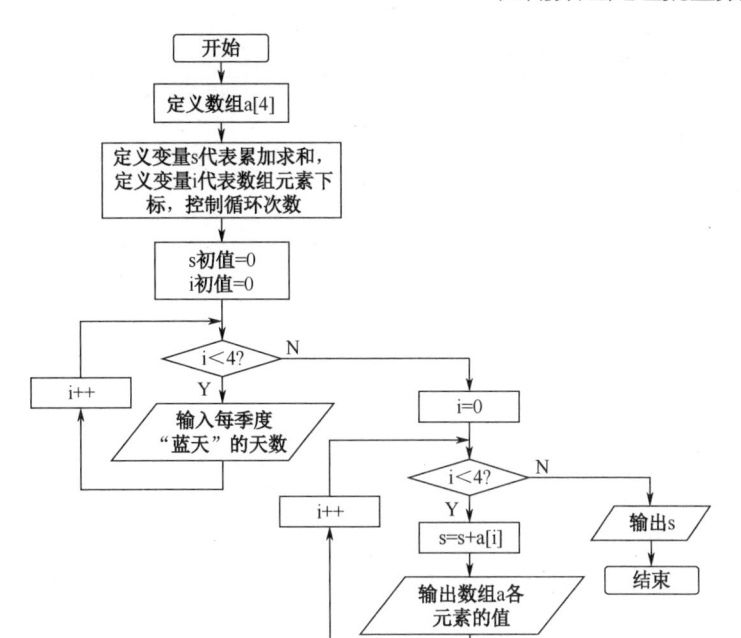

图 6-7　流程图

训练 2：定义一个一维数组，将数组元素逆置后，存放在原来的一维数组中。编程实现，要求输出如下信息。

****

原数组为：1 2 3 4 5

逆置后的数组为：5 4 3 2 1

****

（1）训练分析

该训练中定义及初始化一维数组，遍历输出数组中全部元素的方法已经在前面的训练中给出，完成编程的关键问题是如何将数组中的元素逆置存放在原来的数组里，首先这里需要借助一个变量，临时存放数组中的元素。将数组中的第一个元素和最后一个元素进行交换，然后，依次交换第二个元素和倒数第二个元素……直至数组中所有元素交换完毕。

（2）操作步骤

① 定义一个一维数组并进行初始化，数组元素均为整型数据。
② 定义三个变量用于数组中的元素的交换。
③ 原数组中的元素输出、交换，逆置后的数组元素的输出均使用循环结构实现。
④ 将如图 6-8 所示流程图补充完整。
⑤ 按要求将程序补充完整。

```
1)  #include <stdio.h>
2)  main()
3)  {  _____              /*定义整型数组a[5]并初始化*/
4)     int i,j,t;                    /*t用于数据交换时临时存储数据*/
5)     printf("**********************\n");
```

```
6)      printf("原数组为：");
7)      _____        /*for语句实现原数组元素的输出*/
8)      printf("\n");
9)      for(_____;_____;_____)         /*for语句实现数组元素的交换*/
10)      { t=a[i];  a[i]=a[j];  a[j]=t; }
11)     printf("逆置后的数组为：");
12)     _____        /*for语句实现逆置后数组元素的输出*/
13)     printf("\n");
14)     printf("***********************\n");
15)  }
```

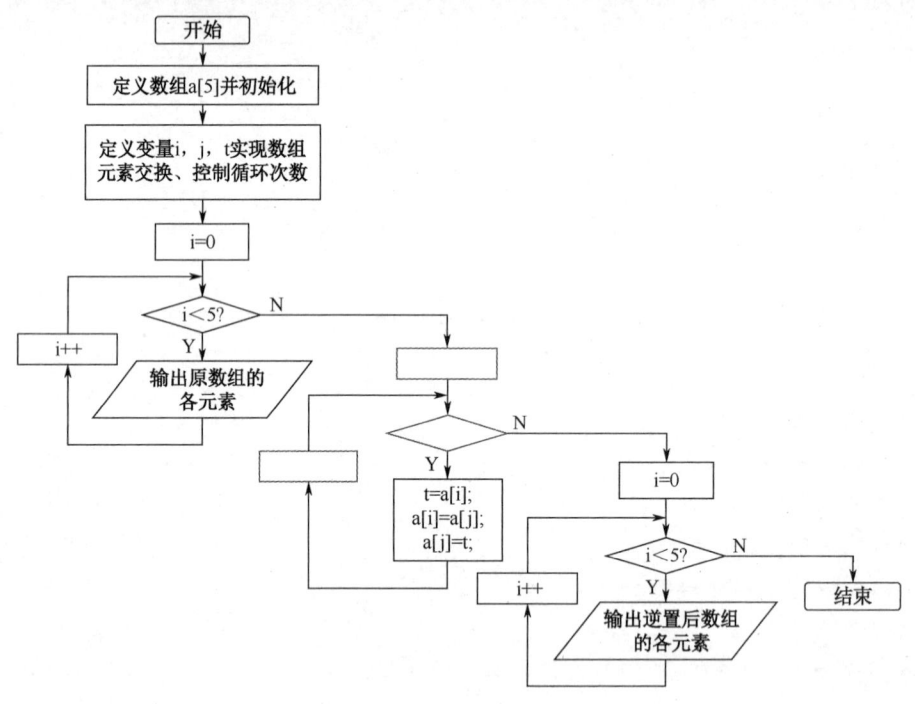

图 6-8　流程图

任务测试

根据任务 1 所学内容，完成下列测试

1. 数组 a[n]下标的范围是（　　）。
   A. 1~n　　　　B. 0~n　　　　C. 1~n-1　　　　D. 0~n-1
2. 数组下标是用一对（　　）括起来的。
   A. 小括号　　　B. 大括号　　　C. 中括号　　　　D. 尖括号
3. 定义数组"int arr[7];"，该数组在内存中占用的字节数是（　　）。
   A. 28　　　　　B. 21　　　　　C. 14　　　　　　D. 7
4. 定义数组"int arr[]={3,5,7,9,11};"，该数组的长度是（　　）。
   A. 6　　　　　 B. 5　　　　　 C. 4　　　　　　 D. 3

5. 定义数组"int arr[7]={3,5,7,9,11};"，该数组中的元素 arr[5]的值是（   ）。
   A. 11　　　　　B. 0　　　　　C. 9　　　　　　D. -1

任务评价

项目 6：应用数组处理批量数据			任务 1：使用一维数组处理多数据	
班级		姓名	综合得分	
知识学习情况评价（30%）				
评价内容 || 分值	自评（30%）	师评（70%）	得分
一维数组的定义 || 10			
一维数组的长度与数组元素下标的区别和联系 || 10			
一维数组的存储方式 || 10			
能力训练情况评价（60%）				
评价内容 || 分值	自评（30%）	师评（70%）	得分
掌握使用循环语句实现一维数组元素输入/输出的方法 || 20			
掌握将一维数组元素逆置的方法 || 20			
掌握使用循环语句遍历一维数组的方法 || 20			
素质养成情况评价（10%）				
评价内容 || 分值	自评（30%）	师评（70%）	得分
出勤及课堂秩序 || 2			
严格遵守实训操作规程 || 4			
团队协作及创新能力养成 || 4			

任务2 使用二维数组处理多数据

任务描述

本任务将从二维数组的定义入手，从赋值、使用等方面介绍有关C语言程序中二维数组的必备知识。在此基础上，通过对实训的分析，可使学习者掌握简单C语言程序中使用二维数组处理多数据的实现方法。

【知识学习】

1．二维数组的定义和引用
（1）二维数组的定义
二维数组的形式与一维数组的相似，不同的是有两个下标。二维数组的定义方式如下：

数据类型　数组名[常量表达式1][常量表达式2];

其中，常量表达式1表示第1维的长度，常量表达式2表示第2维的长度。例如：

```
int a[2][3];
```

其含义为：定义了一个2行3列的数组，一共包含2×3个元素，这6个元素都是整型数据。

（2）二维数组元素的引用
与一维数组相似，定义二维数组之后，可以引用数组中的元素，引用形式如下：

数组名[行下标][列下标];

下标是指数组元素的位置，也是从0开始，可以是常量、变量或表达式。例如：

```
int a[2][3];
```

数组a[2][3]中的各元素就可表示为如图6-9所示的形式。

a[0][0]	a[0][1]	a[0][2]
a[1][0]	a[1][1]	a[1][2]

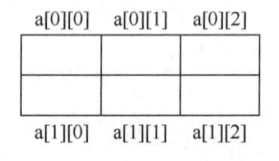

图6-9　数组a[2][3]中的各元素

> **小贴士**
> 注意观察数组元素的行下标与列下标，它们的取值范围是0~行（或列）长度-1。

2．二维数组的初始化
二维数组的初始化方式和一维数组的相似，下面进行具体讲解。
（1）按行给二维数组中的全部元素进行初始化
将每行元素用一对大括号括起来，按行的顺序放在外层的一对大括号中，数据之间用逗号分隔，数值会依次赋值给各个元素。例如：

```
int a[2][3]={{12,3,45},{23,21,56}};
```

（2）将所有元素放在一对大括号中给二维数组进行初始化

根据数组元素的个数，将所有元素的值按行的顺序放在一对大括号中，数据之间用逗号分隔。例如：

```
int a[2][3]={21,32,44,22,45,55};
```

（3）给二维数组的部分元素进行初始化

按行给二维数组初始化时，可以只给出每行的部分元素的初始值，系统将从每行的第一个元素开始依次赋值，缺少的元素系统会自动赋予默认值。例如：

```
int a[2][3]={{12,3},{23}};
```

该数组中各元素可表示为如图 6-10 所示的形式。

a[0][0]	a[0][1]	a[0][2]
12	3	0
23	0	0
a[1][0]	a[1][1]	a[1][2]

图 6-10　数组 a[2][3]中的各元素

（4）不定义行下标时对二维数组进行初始化

当为二维数组的全部元素进行初始化时，赋值语句左侧的第一对中括号中可以不写常量表达式 1，第二对中括号中的常量表达式 2 不可以省略，右侧一对大括号中的数值会根据列下标的值依次为每行赋值。例如：

```
int a[][3]={21,32,44,22,45,55};
```

3．二维数组的使用

（1）二维数组的遍历

二维数组的遍历与一维数组的相似，也可以通过循环语句实现遍历操作，依然以数组元素下标作为循环条件，但是，二维数组有行、列两个维度，因此遍历二维数组时需要使用双层循环，外层循环控制二维数组的行，内层循环控制二维数组的列。

【实例 1】遍历二维数组。

```
1)  #include <stdio.h>
2)  main()
3)  { int i,j;
4)    int a[2][3]={{121,3,45},{2,21,56}};
5)    for(i=0;i<2;i++)
6)    { for(j=0;j<3;j++)   printf("%d\t",a[i][j]);
7)      printf("\n");
8)    }
9)  }
```

该实例的运行结果为：

```
121     3       45
2       21      56
Press any key to continue_
```

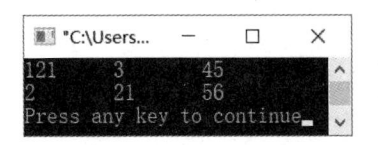

想一想

在实例 1 中，如果把 printf("%d\t",a[i][j]);中的'\t'删除，改为两个空格，即 printf("%d   ",a[i][j]);，那么结果会有什么变化呢？（很多初学者在一行需要输出多数据时习惯用空格分隔多数据。）

- 运行修改后的程序，写出运行结果。

- 分析一下，数组中用空格分隔多数据这一做法是否适用。

- 回顾一下'\t'的用法。

（2）二维数组的存储

二维数组元素在内存中也是连续存储的，各个元素按行依次存储，每个元素占用的字节数由定义数组时的数据类型决定。例如：

```
int arr[2][3];
```

该二维数组在内存中的存储方式如图 6-11 所示。

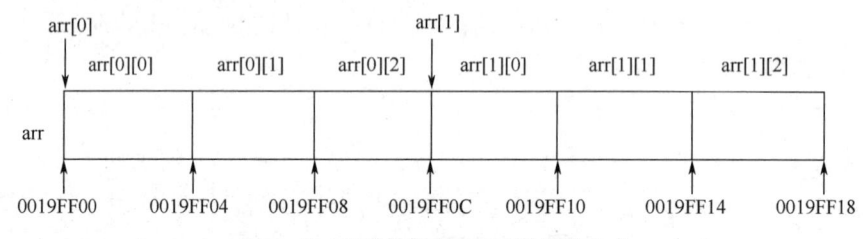

图 6-11　二维数组在内存中的存储方式

从图中可以看出，定义数组后系统会为其分配一段连续的存储空间，每个元素在内存中占用 4 字节的存储空间，该数组一共占用 24 字节的存储空间。

想一想

二维数组元素是"按行存储"的，请分析下列两个初始化语句的功能，将二维数组示意图补充完整，填入相应的初始化数据。

```
初始化语句1:    int  a[][3]={{1,2},{3,4}};
初始化语句2:    int  b[][3]={1,2,3,4};
```

- 在如图 6-12 所示的二维数组 a，b 示意图中，填入相应的初始化数据。

a[0][0]	a[0][1]	a[0][2]
a[1][0]	a[1][1]	a[1][2]

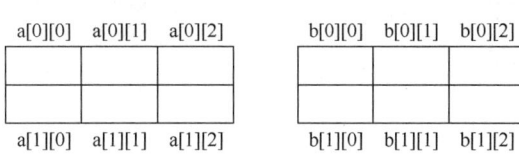

b[0][0]	b[0][1]	b[0][2]
b[1][0]	b[1][1]	b[1][2]

图 6-12　二维数组 a、b 示意图

任务实现

训练 1：将二维数组的行、列互换并输出新的二维数组。编程实现，要求输出如下信息。

****

请输入二维数组的值：1 2 3 4 5 6
原二维数组为：
1　2
3　4
5　6
行、列互换后的二维数组为：
1　3　5
2　4　6
****

（1）训练分析

该训练中除了要训练二维数组的赋值、遍历方法，最关键的是要加强对二维数组元素下标的观察分析，找出规律。行、列互换，可以引入一个新数组，将原有数组中的元素按照行、列下标互换所对应的位置后放入新数组。

（2）操作步骤

① 定义两个数组 a[3][2] 和 b[2][3]。

② 观察行、列互换的结果，分析行、列下标对应关系，将对应关系补充完整。

原二维数组	行、列互换后的二维数组	原二维数组	行、列互换后的二维数组
a[0][0]	b[0][0]	a[0][1]	b[1][0]
a[1][0]	b[　][　]	a[1][1]	b[　][　]
a[2][0]	b[　][　]	a[2][1]	b[　][　]
得出规律	a[i][j] 对应 b[　][　]			

③ 使用循环语句给二维数组赋值、遍历输出原二维数组和新二维数组。

④ 试画出行、列互换部分的流程图，将如图 6-13 所示行、列互换部分的流程图片段补充完整，画在虚线框内。（提示：使用循环结构）

```
          ......
            ↓
          i=0
```

设定i表示二维数组a的行，j表示二维数组a的列

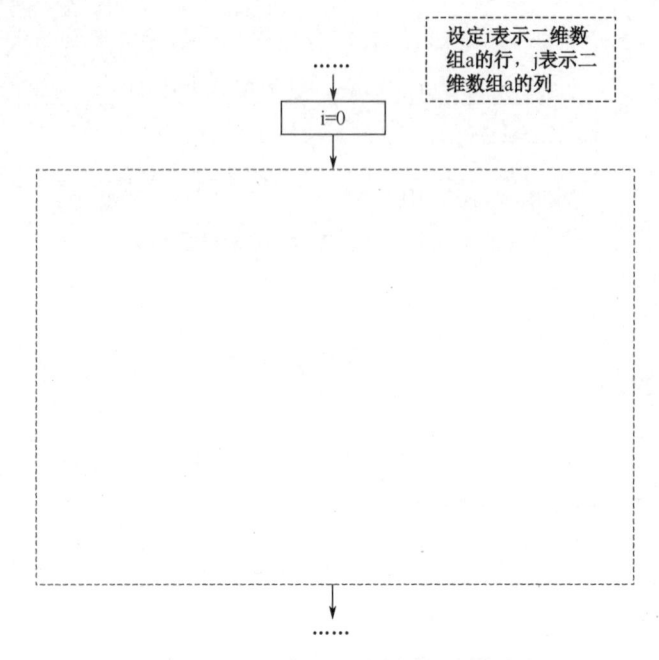

图 6-13　行、列互换部分的流程图片段

⑤ 按要求写出程序。

```
1)   #include <stdio.h>
2)   main()
3)   { int i,j,a[3][2],b[2][3];
4)     for(i=0;i<3;i++)           /*利用双层循环从键盘输入二维数组中各元素的值*/
5)       for(j=0;j<2;j++)   scanf("%d",&a[i][j]);
6)     printf("原二维数组为：\n");      /*按行输出原二维数组的全部元素*/
7)     for(_____;_____;_____)
8)      { for(_____;_____;_____)  _____
9)        printf("\n");
10)     }
11)    for(_____;_____;_____)     /*逐一赋值，两个二维数组行、列互换*/
12)      for(_____;_____;_____)  _____
13)    printf("行列互换后的二维数组为：\n");
14)    for(_____;_____;_____)     /*输出互换后的新数组*/
15)     { for(_____;_____;_____)  _____
16)       printf("\n");
17)     }
18)  }
```

训练2：在读书月活动中，学校准备为四年级的每个班购买四本课外读物，这些课外读物将从文学、艺术、科普三个类别中各选择一本。为了计算购买课外读物的总价，从键盘输入每班三本课外读物的单价，计算并输出每个班的课外读物的总价和每个类别的课外读物的总价。编程实现，要求输出如下信息。（注：单位为元）

****

请依次输入每班三本课外读物的单价：

32 12 8
20 16 9
23 19 10
1班课外读物的总价为：52
2班课外读物的总价为：45
3班课外读物的总价为：52
文学类课外读物的总价为：75
艺术类课外读物的总价为：47
科普类课外读物的总价为：27
****

（1）训练分析

该训练中完成编程的关键问题是如何计算每个班的课外读物的总价和每个类别的课外读物的总价，其中要考虑每个班的课外读物的单价是如何存储的，怎样将其相加得到每个班课外读物的总价，还要考虑每个类别的课外读物的单价是如何存储的，怎样将其相加得到每个类别的课外读物的总价。另外输出结果中每个类别的课外读物的总价计算建议使用switch语句来实现。

（2）操作步骤

① 设定两个符号常量，代表班级数和课外读物类别数。
② 设定一个二维数组，用于存放书籍单价信息。
③ 设定三个变量，分别代表二维数组的行下标、列下标、课外读物的总价。
④ 通过键盘，依次输入每班3本课外读物的单价，存入二维数组。
⑤ 班级不变时，每行累加的和即班级课外读物的总价。
⑥ 课外读物的类别不变时，每列累加和即每类课外读物的总价。
⑦ 绘制如图6-14所示流程图。
⑧ 按要求写出程序。

```
1)    #include <stdio.h>
2)    #define  NUM  3           /*定义常量NUM,代表学校中的班级数*/
3)    #define  COURSE  3        /*定义常量COURSE,代表课外读物的类别数*/
4)    main()
5)    { int  i,j,sum,a[NUM][COURSE];
6)      printf("*******************************\n");
7)      printf("请依次输入每班三本课外读物的单价：\n");
8)      for(i=0;i<NUM;i++)       /*循环结构输入每班3本课外读物单价*/
9)        for(j=0;j<COURSE;j++)   scanf("%d",&a[i][j]);
10)     for(_____;_____;_____)        /*求不同班级课外读物的总价*/
11)     {  sum=0;
12)        for(_____;_____;_____)   _____
13)        printf("%d班课外读物的总价为：%d\n",i+1,sum);
14)     }
15)     for(_____;_____;_____)        /*求不同类别的课外读物的总价*/
16)     {  sum=0;
17)        for(_____;_____;_____)   _____
```

```
18)        switch(_____)
19)        { case _____ : printf("文学类课外读物的总价为:%d\n",sum); break;
20)          case _____ : printf("艺术类课外读物的总价为：%d\n",sum); break;
21)          case _____ : printf("科普类课外读物的总价为：%d\n",sum); break;
22)        }
23)      }
24)   printf("*******************************\n");
25) }
```

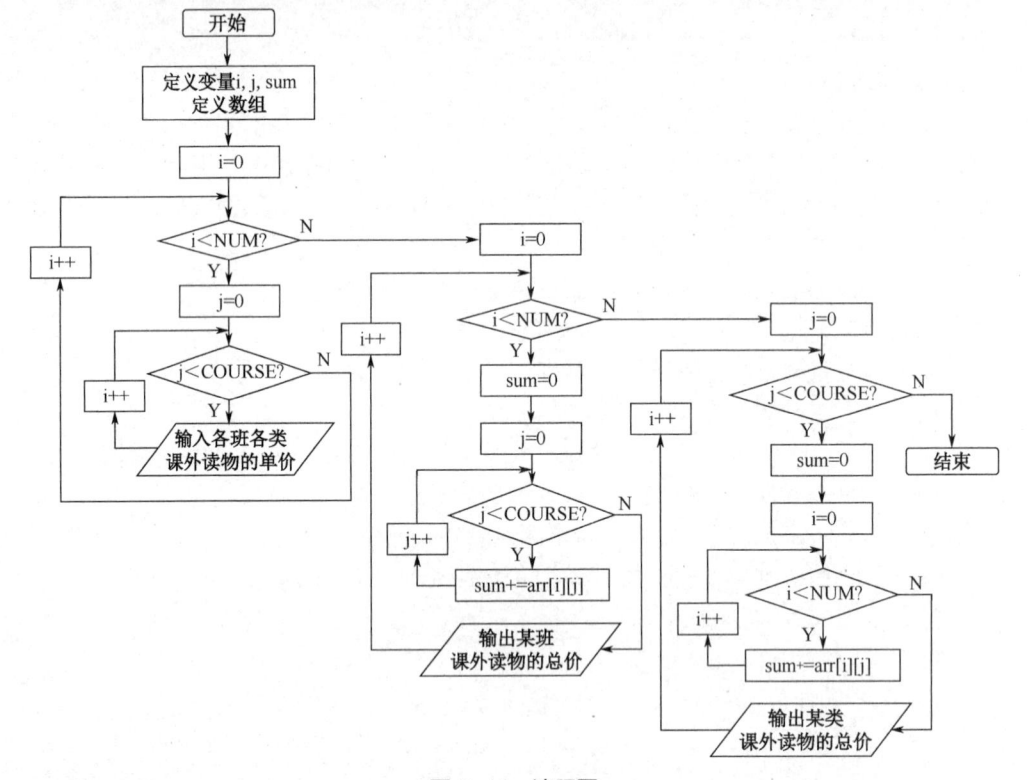

图 6-14 流程图

任务测试

根据任务 2 所学内容，完成下列测试

1. 定义二维数组 int x[2][4]={1,2,3,4,5,6,7,8};，则元素 x[1][1]的值是（   ）。
   A. 6   B. 5   C. 7   D. 1
2. 定义二维数组 int x[2][4]={1,2,3,4,5,6,7,8};，则 printf("%d",x[2][4]);的结果是（   ）。
   A. 8   B. 1   C. 随机数   D. 报错，无法运行
3. 定义二维数组 int arr[7][3];，该数组包含的元素个数是（   ）。
   A. 21   B. 10   C. 7   D. 3

4. 定义二维数组 int arr[6][8];，在遍历时内层循环的循环条件是（　　）。
   A．i<6　　　　　B．j<8　　　　　C．i<=6　　　　　D．j<=8
5. 定义二维数组 int a[4][5];，该数组占用的内存字节数是（　　）。
   A．20　　　　　B．40　　　　　C．60　　　　　D．80

任务评价

项目6：应用数组处理批量数据			任务2：使用二维数组处理多数据		
班级		姓名		综合得分	
知识学习情况评价（30%）					
评价内容		分值	自评（30%）	师评（70%）	得分
二维数组的定义形式		10			
二维数组长度与数组元素下标的区别与联系		10			
二维数组的存储方式		10			
能力训练情况评价（60%）					
评价内容		分值	自评（30%）	师评（70%）	得分
掌握使用循环语句实现二维数组元素输入/输出的方法		20			
掌握将二维数组元素行、列互换的方法		20			
掌握使用循环语句遍历二维数组的方法		20			
素质养成情况评价（10%）					
评价内容		分值	自评（30%）	师评（70%）	得分
出勤及课堂秩序		2			
严格遵守实训操作规程		4			
团队协作及创新能力养成		4			

任务 3 使用字符数组处理多数据

任务描述

本任务将从字符数组的定义入手，从赋值、使用等方面介绍有关 C 语言程序中字符数组的必备知识。在此基础上，通过训练，使学习者掌握简单 C 语言程序中使用字符数组处理多数据的实现方法。

任务准备

1．字符数组的定义

字符数组是指用于存放字符数据的数组，每个数组元素存放一个字符数据，字符数组的维度可以是一维的，也可以是二维的，其定义方式与数值型数组的相似，例如：

```
char a[8];
char a[9][7];
```

在 C 语言中，字符型数据是以 ASCII 码形式存在的，其值就是对应的 ASCII 码值，如字符'a'的 ASCII 码值为 97，'A'的 ASCII 码值为 65。

2．字符数组的初始化

字符数组的初始化方法与数值型数组的相似，可以把各个字符元素放在一对大括号中，系统会从第一个元素开始依次赋值给数组中的元素。例如：

```
char a[8]={'H','e','l','l','o','!'};
char a[]={'H','e','l','l','o','!'};
char a[2][9]={{'H','e','l','l','o','\t'},{'w','o','r','l','d','!'}};
```

在一维数组初始化时，大括号中的字符个数可以等于数组长度，也可以小于数组长度，当数量相等时，系统为字符数组中的全部元素依次赋予初始值；当小于数组长度时，系统将从第一个元素开始依次赋值，其余元素赋予默认值'\0'。当大括号中的初始值个数和数组长度相同时，定义时可以省略数组长度。

3．字符数组的使用

字符数组的输出方法与数值型数组的类似，一维数组使用一层循环，二维数组使用双层循环。

【实例 1】字符数组输出方法示例。

```
1)    #include <stdio.h>
2)    main()
3)    { int i,j;
4)      char a[8]={'H','e','l','l','o','!'};
5)      char b[2][2]={{'a','\t'},{'b','c'}};
6)      for(i=0;i<8;i++)   printf("%c",a[i]);        /*输出一维字符数组*/
7)      printf("\n");
8)      for(i=0;i<2;i++)                             /*利用双层循环，输出二维字符数组*/
9)        for(j=0;j<2;j++)  printf("%c",b[i][j]);
```

```
10)     printf("\n");
11)  }
```

该实例的运行结果为：

```
Hello!
a       bc
Press any key to continue_
```

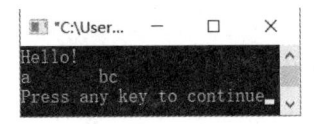

4．字符串及其处理函数

字符串是由数字、字母、下画线、空格等各种字符组成的一串字符，以'\0'为结束标志。在 C 语言中没有字符串这个数据类型，通常可以使用字符数组对字符串进行各种操作。

（1）使用字符串为字符数组

使用字符串对字符数组进行初始化时有两种方式：一种是将字符串用一对双引号括起来，对字符数组进行赋值；另一种是省略大括号，直接使用字符串直接对字符数组进行赋值。

【实例 2】使用字符串赋值示例。

```
1)   #include <stdio.h>
2)   main()
3)   { char a[8]="Hello!";
4)     char b[]={"Hello!"};
5)     printf("%d\n",sizeof(a));
6)     printf("%d\n",sizeof(b));
7)   }
```

该实例的运行结果为：

```
8
7
Press any key to continue
```

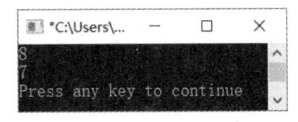

> **想一想**
>
> 从上例中可以看出，字符数组 a 占有 8 字节，字符数组 b 占有 7 字节，那么同样都是把字符串"Hello!"赋值给数组，为什么两个数组所占字节数会有差别？
>
> ● 分析原因并总结。
>
> _____
>
> ● 在如图 6-15 所示的二维数组 a，b 示意图中，填入相应的初始化数据。 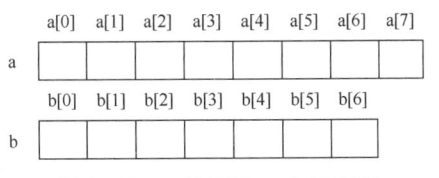
>
> | | a[0] | a[1] | a[2] | a[3] | a[4] | a[5] | a[6] | a[7] |
> |---|---|---|---|---|---|---|---|---|
> | a | | | | | | | | |
>
> | | b[0] | b[1] | b[2] | b[3] | b[4] | b[5] | b[6] |
> |---|---|---|---|---|---|---|---|
> | b | | | | | | | |
>
> 图 6-15 二维数组 a、b 示意图

（2）输出字符数组中的字符串

字符数组输出字符串的方法有两种：一种是可以通过循环语句实现字符数组的遍历操作，此时数组内容按字符输出，使用%c 控制输出格式；另一种是可以使用%s 直接输出整个字符串。

【实例 3】使用字符串赋值及输出的示例。

```
1)    #include <stdio.h>
2)    main()
3)    { int  i;
4)      char  a[8]="Hello!";
5)      char  b[]={"Hello!"};
6)      for(i=0;i<8;i++)   printf("%c",a[i]);   /*按照字符格式输出字符串*/
7)      printf("%s\n",b);                       /*按照字符串格式一次性输出字符串*/
8)    }
```

该实例的运行结果为：

```
Hello! Hello!
Press any key to continue_
```

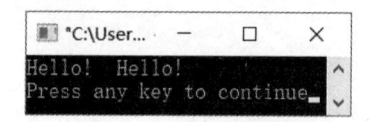

小贴士

在输出语句 printf("%s\n",b);中，b 代表字符数组 b 的首地址。

在这里要注意的是，如果使用%s 作为格式控制符，那么输出项应该是一个地址，代表要输出以该地址作为首地址的字符串，遇到\0 结束，如图 6-16 所示。

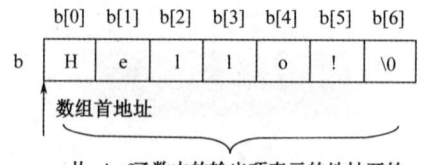

	b[0]	b[1]	b[2]	b[3]	b[4]	b[5]	b[6]
b	H	e	l	l	o	!	\0

数组首地址

从printf函数中的输出项表示的地址开始，到\0结束，输出字符串"Hello!"

图 6-16 使用%s 输出字符串示意图

想一想

如果将上例输出语句 printf("%s\n",b);改为 printf("%s\n",&b[1]);，那么输出结果会发生什么变化呢？

● 调试程序，写出运行结果。

_____

_____

（3）使用 scanf 函数给字符数组输入字符串

通过键盘获取字符串时，空格或<回车>表示结束，因此，输入时注意字符串中间不能包含空格，也不能在输入过程中按<回车>键。

【实例4】通过键盘输入字符串进行初始化操作示例。

```
1)  #include <stdio.h>
2)  main()
3)  { char a[15];
4)    scanf("%s",a);
5)    printf("%s\n",a);
6)  }
```

该实例的运行结果为：

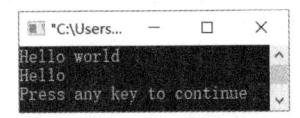

```
"C:\Users...          —    □    ×
Hello world
Hello
Press any key to continue
```

通过观察运行结果可知，在输入字符串时 Hello 和 world 之间存在一个空格，所以字符数组只接收了 Hello，而没有接收到后面的内容。

（4）字符串处理函数

除了利用字符数组对字符串进行操作，在 C 语言函数库中还提供了字符串处理函数，可以利用这些函数对字符串进行相应的操作，下面具体介绍几种处理函数。

① strlwr()函数。

strlwr()函数是将字符串中所有大写字母都转换为小写字母的函数，其一般形式为：

```
strlwr(字符串)
```

② strupr()函数。

strupr()函数是将字符串中所有小写字母都转换为大写字母的函数，其一般形式为：

```
strupr(字符串)
```

【实例5】利用大小写转换函数处理字符串示例。

```
1)  #include <stdio.h>
2)  #include <string.h>       /*引入字符串处理函数库的头文件<string.h>*/
3)  main()
4)  { char a[]="Hello!";
5)    strlwr(a);
6)    printf("%s\n",a);
7)    strupr(a);
8)    printf("%s\n",a);
9)  }
```

该实例的运行结果为：

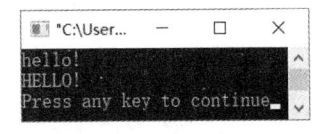

```
"C:\User...     —    □    ×
hello!
HELLO!
Press any key to continue_
```

③ strlen()函数。

strlen()函数是检测字符串长度的函数（不包含结束标志'\0'），其一般形式为：

```
strlen(字符数组)
```

【实例6】strlen()函数应用示例。

```
1)  #include <stdio.h>
```

```
2)  #include <string.h>
3)  main()
4)  { char a[]="Hello World!";
5)    printf("数组a中字符串的长度：%d\n",strlen(a));
6)  }
```

该实例的运行结果为：

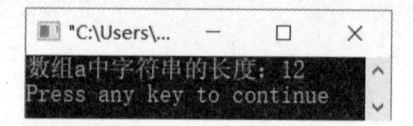

```
数组a中字符串的长度: 12
Press any key to continue
```

想一想

观察下面的程序，说说 sizeof() 与 strlen() 有什么区别？

```
1)  #include <stdio.h>
2)  #include <string.h>
3)  main()
4)  { char a[]="Hello World!";
5)    printf("数组a所占字节数：%d\n",sizeof(a));
6)    printf("数组a中字符串的长度：%d\n",strlen(a));
7)  }
```

- 调试程序，写出运行结果。

- 体会 sizeof() 与 strlen() 的区别。

任务实现

训练：定义两个字符数组用于存放两个字符串，将两个字符串连接起来。编程实现，要求输出如下信息。

```
*********************
字符串1：Hello
字符串2：World!
连接后：HelloWorld!
*********************
```

（1）训练分析

该训练需要定义三个字符数组，用于存放不同的字符串，完成编程的关键问题是如何将两个字符串连接起来，其中首先要考虑怎样找到第一个字符串的末尾，然后将第二个字符串的内容连接在后面。

（2）操作步骤

① 设定两个变量，分别代表字符数组的下标。

② 设定三个字符数组，其中两个字符数组需要进行初始化，分别用于存放第一个字符串和第二个字符串，第三个字符数组用于存放连接后的字符串。

③ 利用循环语句，将第一个、第二个字符数组中的元素依次赋值给第三个字符数组，此时要注意当第二个数组开始给第三个数组赋值时的起始位置。

④ 赋值结束后，在第三个字符数组末尾加上字符串结束标志\0。

⑤ 将如图6-17所示的流程图补充完整。

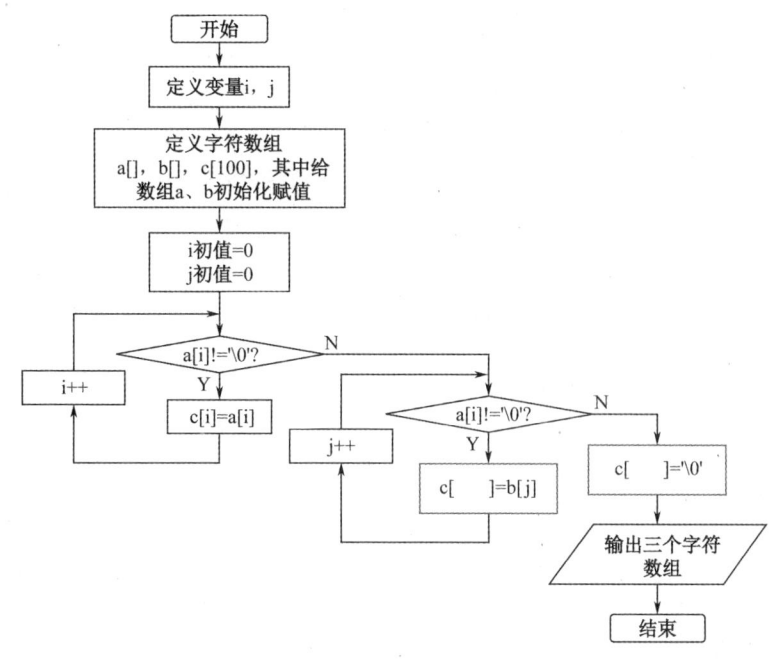

图6-17 流程图

⑥ 按要求将程序补充完整。

```
1)    #include <stdio.h>
2)    main()
3)    { int i=0,j=0;
4)      _____         /*定义字符数组a，初始化赋值字符串"Hello"*/
5)      _____         /*定义字符数组b，初始化赋值字符串"World!"*/
6)      char c[100];
7)      while(a[i]!='\0')         /*将数组a的值放入数组c*/
8)        {c[i]=a[i];   i++;   }
9)      while(b[j]!='\0')         /*将数组b的值放入数组c*/
10)       { c[_____]=b[j];    /*注意放入数组c的起始位置*/
11)         j++;
12)       }
13)     c[_____]='\0';     /*赋值结束后，在数组c末尾加上结束标志\0*/
14)     printf("********************\n");
15)     printf("字符串1: %s\n",_____);  /*用%s控制输出数组a中字符串*/
16)     printf("字符串2: _____\n",_____); /*用%s控制输出数组b中字符串*/
```

```
17)     printf("连接后：_____\n",_____);  /*用%s控制输出数组c中字符串*/
18)     printf("********************\n");
19)  }
```

任务测试

根据任务 3 所学内容，完成下列测试

1. 对字符数组进行初始化，错误的形式是（   ）。
   A．char c1[]={'1', '2', '3'};
   B．char c2[]=123;
   C．char c3[]={'1', '2', '3', '\0'};
   D．char c4[]="123";

2. 定义字符数组 char s[12]= "string";，则 printf("%d\n",strlen(s));的结果是（   ）。
   A．6   B．7   C．11   D．12

3. 定义字符数组 char s[12]= "string";，则 printf("%d\n",sizeof(s));的结果是（   ）。
   A．6   B．7   C．11   D．1

4. 以下程序段的输出结果是（   ）。
```
char  str[3][10]={"How","Are","You"};
printf("%s\n",str[2]);
```
   A．How   B．Are   C．You   D．语法错误

5. 以下程序段的输出结果是（   ）。
```
char  str[]="\"c:\\abc.dat\"";
printf("%s\n",str);
```
   A．字符串中有非法字符   B．\"c:\\abc.dat\"
   C．"c:\abc.dat"   D．"c:\\abc.dat

任务评价

项目6：应用数组处理批量数据		任务3：使用字符数组处理多数据	
班级		姓名		综合得分	
知识学习情况评价（30%）			
评价内容	分值	自评（30%）	师评（70%）	得分
字符数组的定义形式	10			
字符数组的初始化	10			
字符串的特性	10			
能力训练情况评价（60%）			
评价内容	分值	自评（30%）	师评（70%）	得分
掌握使用字符串给字符数组初始化的方法	20			
掌握使用%s输出字符数组中的字符串的方法	20			

续表

能力训练情况评价（60%）				
评价内容	分值	自评（30%）	师评（70%）	得分
掌握使用 scanf 函数给字符数组输入字符串的方法	10			
掌握字符串处理函数的使用方法	10			
素质养成情况评价（10%）				
评价内容	分值	自评（30%）	师评（70%）	得分
出勤及课堂秩序	2			
严格遵守实训操作规程	4			
团队协作及创新能力养成	4			

项目小结及测试 6

分析小结

通过对一维数组、二维数组等相关知识的学习，学习者掌握了数组的定义及初始化方法，通过训练学习者熟悉了在实际应用中如何使用数组存储数据并对其进行相关处理操作，具备了在程序编制过程中综合运用所学知识点的能力。

学习笔记

·重点知识·

·易错点·

思考实践

如何对数据量大且结构功能复杂的问题进行处理是接下来会思考的问题。
- 需求分析过程中如何使功能模块更加独立？
- 独立的功能模块之间是如何传递数据的？
- 独立的功能模块该如何用 C 语言表示？
- 功能模块之间是如何组合形成整体的？

这一系列的问题会在后续的项目中详细介绍，请在学习中寻找答案。

项目测试

根据项目所学内容，完成下列测试

1. 请完成以下单项选择题

（1）定义 float x; char s[7];，输出浮点数 x 和字符串 s，正确的语句是（　　）。
  A．printf("%f %s",x,s);
  B．printf("%f %s",x,s[7]);
  C．printf("%f %s",&x,s);
  D．printf("%f %s",&x,s[7]);

（2）定义 int a[4]={3,2,6};，则 a[2]的值为（　　）。
  A．3   B．2   C．6   D．0

（3）在执行 int a[][2]={1,2,3,4,5,6};语句后，a[1][1]的值为（　　）。
  A．1   B．4   C．5   D．2

（4）以下定义的语句中，正确的是（　　）。
  A．int a[b]; B．int a[2,3]; C．int a[][3]; D．int a[][];

（5）int 类型变量在内存中占用 4 字节，语句 int a[7]={0};定义的数组在内存中占用的字节数是（　　）。
  A．1   B．7   C．28   D．4

（6）以下程序的输出结果是（　　）。

```
1)  #include <stdio.h>
2)  main()
3)  { int i,a[5];
4)    for(i=4;i>=0;i--)    a[i]=5-i;
5)    printf("%d%d%d",a[1],a[3],a[4]);
6)  }
```

  A．320 B．643 C．532 D．421

（7）定义字符数组 char s[12]="s\\\t\1g";，则 printf("%d\n",strlen(s));的结果是（　　）。
  A．6   B．7   C．5   D．4

（8）数组名代表（　　）。
  A．数组的元素个数   B．数组首地址
  C．数组第一个元素的值   D．数组长度

（9）定义 int a[5];后，下列选项中引用数组元素正确的是（　　）。
　　A．a[5]　　　　B．a(3)　　　　C．a[0]　　　　D．a[]
（10）阅读下列程序段：
```
    int  a[4][3]={{3,4,2},{1,7},{8,9,5}};
    printf("%d%d%d\n",a[1][1],a[1][2],a[3][2]);
```
正确的输出结果为（　　）。
　　A．349　　　　B．700　　　　C．775　　　　D．不确定

2．请完成以下填空题

（1）定义数组及变量 int　i,a[7];，请写出输入数组 a 中全部元素的语句_____。

（2）定义数组 int　a[6][8];，行下标的可用范围是_____，列下标的可用范围是_____。

（3）数组名代表数组的_____地址。

（4）数组是一组具有_____类型数据的集合。

（5）数组中元素在内存中占用一段_____的存储空间。

3．课后实战，完成下列演练

【实战1】定义一个 5×6 的二维数组，输出每行中的最大元素。

【实战2】定义一个长度为 10 的字符数组，输出数组偶数位置上的元素。

项目 7

使用函数实现模块化程序设计

模块化程序设计的过程是将一个复杂的问题划分为若干个小功能模块的过程，其中每个模块完成特定的功能，模块之间通过数据传递互相协作。C 语言中可利用函数来实现功能模块的程序编写。本项目将从函数定义的一般形式、参数、返回值等方面介绍有关函数的一些必备知识，使学习者通过训练快速掌握函数的调用方法。

学习目标

- 掌握函数的定义方法
- 掌握函数的调用过程
- 掌握函数参数的分类及参数传递的过程
- 掌握函数的返回值设定
- 掌握值传递与地址传递的区别
- 掌握局部变量和全局变量作用域的划分
- 掌握动态存储变量和静态存储变量的区别

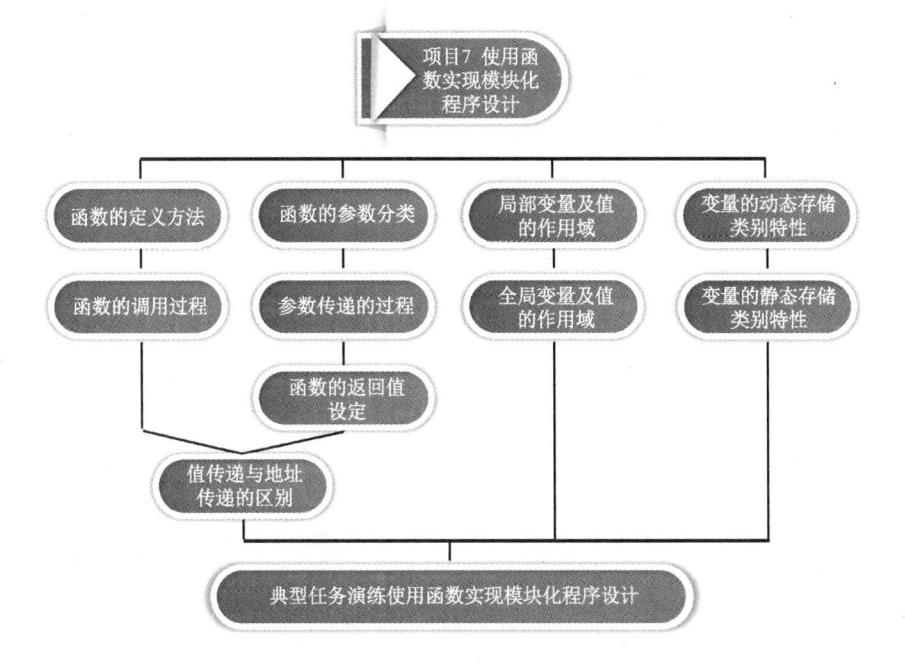

知识导图

项目7 使用函数实现模块化程序设计

- 函数的定义方法
  - 函数的调用过程
- 函数的参数分类
  - 参数传递的过程
  - 函数的返回值设定
- 局部变量及值的作用域
  - 全局变量及值的作用域
- 变量的动态存储类别特性
  - 变量的静态存储类别特性

值传递与地址传递的区别

典型任务演练使用函数实现模块化程序设计

项目导入　谁是"团体积分冠军" >>>

在项目 6 的任务 2 中有一个汇总课外读物数量的训练。如果将该训练推广到多个学校参与统计时,那么就需要将相同的求和代码书写多次,因此增加了代码量,降低了工作效率。

在实际生活中,也经常会遇到类似问题,为此,在 C 语言中可以将实现某一功能的全部代码打包形成模块,在需要实现这一功能时直接调用该模块即可。当功能需要完善时,只需对这一模块进行修改,而不影响其他代码,即模块化程序设计思想,这个模块即函数。下面就通过一个实例,具体了解一下函数的含义。

【实例】学校举办的田径运动会有长跑、短跑、跳高、跳远四个赛项。要求各班都要积极报名参加,运动员取得名次可获得相应的积分,将该班所有运动员积分累加即该班的"团体积分",运动会结束后评选出"团体积分冠军"。

1. 目标分析

按照题目描述分析一下数据的特点。程序中涉及两类数据:一类是每班的四个赛项的积分,这属于原始数据;另一类是团体积分,是由累加求和得出的。还原一下程序的执行过程——记分员输入每班的四个赛项的积分;通过计算得出每班的团体积分;经过比较,显示出团体积分最高的班级名称。

2. 问题思考

● 根据题目描述,分析需要完成哪些操作功能。
_____
_____

● 分析哪些功能需要反复使用。
_____
_____

● 尝试完成程序步骤的文字描述。
_____
_____

3. 学习小测

对于需要独立设置的功能模块,尝试写出这些模块需要哪些参数的支持。(例如:加法模块需要两个运算对象作为参数。)
_____
_____

任务 1　使用函数实现模块化

任务描述

本任务将从函数的定义入手，从结构特点、参数分类等方面介绍有关 C 语言程序中函数的一些必备知识，在此基础上，通过对函数调用过程的分析，使学习者掌握 C 语言程序中使用函数实现模块化的方法。

任务准备

1. 函数的定义方法

函数定义的一般形式如下：

```
返回值类型  函数名（参数类型  参数名1,…,参数类型  参数名n）
{    函数体    }
```

定义方式的说明：

① 返回值类型是指调用函数后的返回值是什么类型的数据，指明了所定义函数的类型，如果函数没有返回值则可以用 void 表示。

② 函数名和变量名的命名规则相同。

③ 小括号中是函数的参数列表，是调用函数时需要传递给函数的数据。参数可以包含多个，参数之间用逗号分隔，每个参数分为两部分，其中：前面的部分是参数的数据类型，后面的部分是参数名。

④ 函数体是实现函数功能的所有语句。

> **小贴士**
>
> 如果函数没有参数，称为无参函数；如果函数有参数，称为有参函数。

举例说明一下，例如：

```
无参函数定义：
void a()
{   printf("*****\n");
}

有参函数定义：
double b(double x,double y)
{return (x+y);
}
```

其中，函数 a 是无参函数，没有返回值，函数功能是输出若干个星号；函数 b 是有参函数，有两个参数 x 和 y，这两个参数都是 double 类型的，函数 b 有返回值且是 double 类型的，函数功能是计算 x+y，并将计算结果作为返回值。

> **小贴士**
>
> return 是返回语句。

2. 函数的调用过程

定义函数之后，函数并不运行，只有在被调用时才能实现函数功能。函数调用的一般形式为：

```
函数名(参数列表)
```

如果调用无参函数，则参数列表为空，但是括号不能省略；如果调用有参函数，括号内是相应的参数名，参数之间用逗号分隔，参数名前不写参数类型。

【实例1】无参函数调用方法示例。

```
1)  #include <stdio.h>
2)  void a()                    /*函数a的定义部分*/
3)  { printf("*****\n");
4)  }
5)  main()
6)  { a();                      /*函数a的调用部分*/
7)  }
```

该实例的运行结果为：

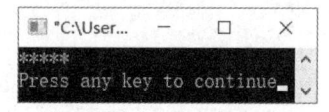

```
*****
Press any key to continue_
```

从实例中可以看到，该程序包含了主函数 main 和函数 a，这和之前看到的程序是有区别的，之前的程序只有主函数 main。

> **想一想**
>
> 下列程序中除 main 函数外，还包含了函数 a 和函数 b，分析程序运行过程。
>
> ```
> 1)  #include <stdio.h>
> 2)  void a()                    /*函数a的定义部分*/
> 3)  { printf("*****\n");
> 4)  }
> 5)  void b()                    /*函数b的定义部分*/
> 6)  { printf("#####\n");
> 7)  }
> 8)  main()
> 9)  { a();                      /*函数a的调用部分*/
> 10)   b();                      /*函数b的调用部分*/
> 11) }
> ```
>
> ● 写出程序的运行结果。

【实例2】有参函数调用方法示例。

```
1)  #include <stdio.h>
2)  int b(int x,int y)                    /*函数b的定义部分*/
3)  {   return (x+y);
4)  }
5)  main()
6)  {  int  m=1,n=2;
7)     printf("%d",b(m,n));                /*函数b的调用部分*/
8)  }
```

该实例的运行结果为：

```
3
Press any key to continue
```

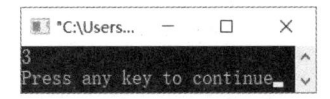

通过上面两个实例可总结出下面5点。
① 程序是由主函数和若干（0个、1个或多个）函数组成的。
② 程序的执行从主函数开始，与主函数所在位置无关。
③ 函数至少由定义、调用两个部分组成，定义部分会独立于主函数以外。
④ 主函数可以调用函数，函数不能调用主函数。
⑤ 函数调用语句可以独立成行作为一条单独的语句，例如，实例1主函数中的a()；也可以作为表达式中的一部分，以返回值参与表达式的运算，又如，实例2中主函数中的printf("%d",b(m,n));。

3．函数参数的分类和函数的值

（1）函数参数的分类

在调用有参函数时，函数的定义部分和调用部分都有参数，为了区分两种参数，把定义部分的参数称为形式参数，把调用部分中的参数称为实际参数。

在函数调用过程中，参数起到了传递数据的关键作用。

（2）函数的值

函数的值即函数的返回值。如果定义的函数有返回值，则在函数体中需要使用return语句将函数值返回，return后面可以是数据也可以是表达式；如果函数没有返回值，则在其函数体中没有return语句。

【实例3】函数调用方法示例。

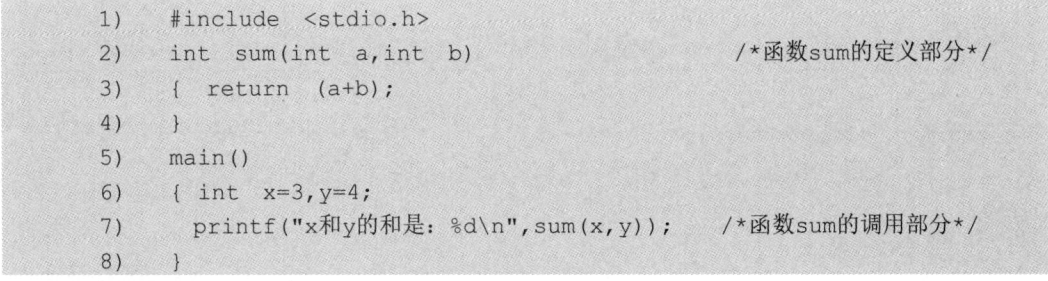

```
1)  #include <stdio.h>
2)  int sum(int a,int b)                   /*函数sum的定义部分*/
3)  {   return (a+b);
4)  }
5)  main()
6)  {  int  x=3,y=4;
7)     printf("x和y的和是：%d\n",sum(x,y));  /*函数sum的调用部分*/
8)  }
```

该实例的运行结果为：

```
x和y的和是：7
Press any key to continue
```

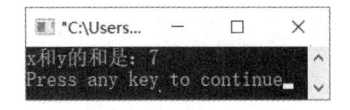

上个实例在执行过程中,从主函数开始,主函数中调用了函数 sum。这个过程如图 7-1 所示。

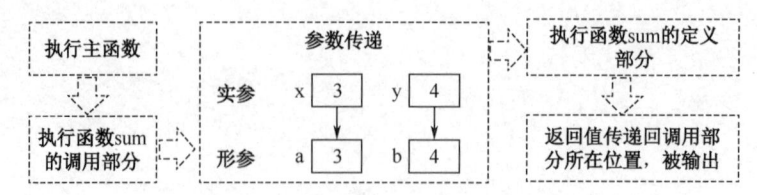

图 7-1 程序执行过程示意图

总结几个关键点如下。

① 参数传递是由实参向形参的单向传递。

② 形参只有在函数被调用时才被分配存储单元,且这个存储单元是临时的,待函数调用结束,该存储单元被释放。

③ 实参和形参的个数应该相等,类型应该相同或赋值兼容,二者按顺序一一对应。

④ 实参可以是常量、变量或表达式,在调用函数时,实参必须有确定的值,以便把这些值传递给形参。

想一想

修改上个实例中的函数返回值类型,观察下列程序,分析程序运行过程。

```
1)  #include <stdio.h>
2)  double sum(int a,int b)    /*函数sum的定义部分*/
3)  { return (a+b);
4)  }
5)  main()
6)  { int x=3,y=4;
7)    printf("x和y的和是: %d\n",sum(x,y));    /*函数sum的调用部分*/
8)  }
```

● 写出程序的运行结果。

● 分析原因,总结知识点。

任务实现

训练:定义输出'*'矩形的函数,调用函数,根据不同的长、宽值、输出不同形状的矩形。编程实现,如果输入 3 行 4 列,要求输出如下信息。

```
****
****
****
```

（1）训练分析

该训练中要求输出'*'矩形，完成编程的关键问题是如何定义函数，实现输出'*'矩形的功能，以及调用函数的方法，其中要考虑如何将不同的长、宽值传递给函数及如何实现矩形的输出。

（2）操作步骤

① 功能划分：主函数内输入行、列值，函数 f 实现输出'*'矩形。

② 调用方法：主函数调用函数 f。

③ 参数：将行、列值作为实参传递给形参。

④ 函数 f 实现输出'*'矩形的流程图如图 7-2 所示。

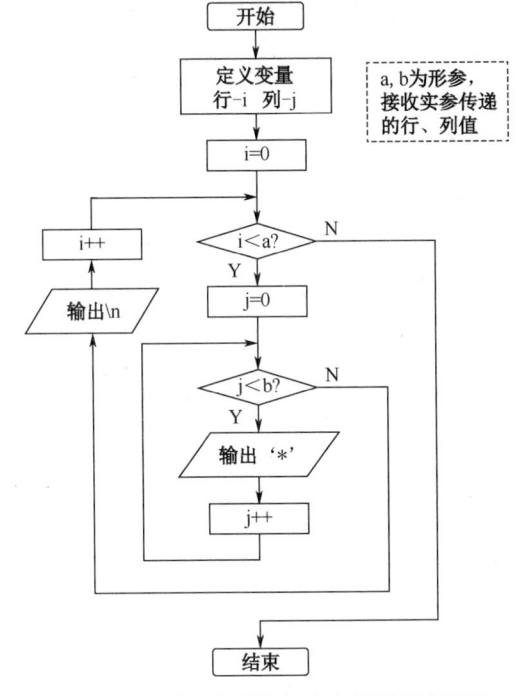

图 7-2 函数 f 实现输出'*'矩形的流程图

⑤ 编写主函数的代码。

```
1)    #include <stdio.h>
2)    main()
3)    { int x,y;
4)      printf("请输入行列星号个数\n");
5)      scanf("%d%d",&x,&y);
6)      f(x,y);                              /*函数f的调用部分*/
7)      printf("\n");
8)    }
```

⑥ 编写函数 f 定义部分的代码，按要求将程序代码补充完整。

```
      void  f(int a,int b)                   /*函数f的定义部分*/
```

            {

            }
⑦ 将主函数与函数 f 定义部分的代码组合成完整的程序。
```
#include <stdio.h>
```

任务测试

根据任务 1 所学内容，完成下列测试

1. 以下说法中正确的是（　　）。
    A．C 语言程序总是从第一个定义的函数开始执行
    B．在 C 语言程序中，要调用的函数必须在主函数中定义
    C．C 语言程序总是从主函数开始执行
    D．C 语言程序中的主函数必须放在程序的开始部分

2. 函数调用语句 func((a1,a2),(a3,a4,a5));中含有（　　）个实参。
    A．1　　　　　　B．2　　　　　　C．3　　　　　　D．5

3. 以下程序的输出结果是（　　）。

```
1)  #include <stdio.h>
2)  func(int a,int b)
3)  { int  c;
4)    c=a+b;
5)    return  c;
6)  }
7)  main()
8)  { int  x=6,y=7,z=8,r;
9)    r=func((x--,y++,x+y),z--);
10)   printf("%d\n",r);
11) }
```

    A．11　　　　　　　　　　　　　B．20
    C．21　　　　　　　　　　　　　D．31

4. 以下程序的输出结果是（   ）。
```
1)   #include <stdio.h>
2)   double sub(double x,double y,double z)
3)   { y-=1.0;
4)     z=z+x;
5)     return z;
6)   }
7)   main()
8)   { double a=2.5,b=9.0;
9)     printf("%f\n",sub(b-a,a,a));
10)  }
```

A. 9.000000　　　　　　　　　B. 8.000000

C. 2.500000　　　　　　　　　D. 3.500000

5. 以下程序的输出结果是（   ）。
```
1)   #include <stdio.h>
2)   fun1(int a,int b)
3)   { int c;
4)     a+=a; b+=b;
5)     c=fun2(a,b);
6)     return c*c;
7)   }
8)   fun2(int a,int b)
9)   { int c;
10)    c=a*b%3;
11)    return c;
12)  }
13)  main()
14)  { int x=11,y=19;
15)    printf("%d\n",fun1(x,y));
16)  }
```

A. 11　　　　　　　　　　　　B. 19

C. 2　　　　　　　　　　　　 D. 4

任务评价

项目 7 使用函数实现模块化程序设计		任务 1：使用函数实现模块化	
班级		姓名		综合得分	

知识学习情况评价（30%）					
评价内容	分值	自评 （30%）	师评 （70%）	得分
函数的定义	10			
函数的组成部分	10			
参数分类	10			

续表

能力训练情况评价（60%）					
评价内容	分值	自评（30%）	师评（70%）	得分	
掌握程序模块划分的方法	10			
掌握识别函数定义、调用部分的方法	10			
掌握函数的调用过程	10			
掌握参数传递的方法	20			
掌握模块化解题思路，具备解决实际问题能力	10			
素质养成情况评价（10%）				
评价内容	分值	自评（30%）	师评（70%）	得分
出勤及课堂秩序	2			
严格遵守实训操作规程	4			
团队协作及创新能力养成	4			

任务 2　数组作为函数参数

任务描述

数组可以作为函数的参数进行数据传递，它有两种形式：一种是数组元素作为函数参数，另一种是数组名作为函数参数。本任务将通过对这两种形式的参数的分析，使学习者掌握正确使用数组作为函数参数解决实际问题的方法。

任务准备

1. 数组元素作为函数参数

数组元素和普通的变量没有区别，数组元素作为实参，在函数调用时可将数组元素的值传递给形参，形参在被调用函数中发生的任何变化，都不会影响实参的值，依然遵循着实参到形参单向传递的规律，这种参数传递被称为值传递。

2. 数组名作为函数参数

数组名作为函数参数时代表的是将数组的首地址作为参数进行传递，因此实参和形参都应该是地址类型的数据，这种参数传递被称为地址传递，地址传递会产生空间共用现象。

由此可以说，函数调用过程中的参数传递分为两种类型：一种称为值传递，另一种称为地址传递，见表 7-1。

表 7-1　参数传递分类

种类	传递内容	是否发生空间共用	实参、形参是否相互影响
值传递	数值（整型、实型、字符型）	空间不共用	不影响
地址传递	某一地址	空间共用	影响

【实例】地址传递示例。

```
1)    #include <stdio.h>
2)    void f(int b[])
3)    { int i;
4)      for(i=0;i<6;i++)   b[i]++;
5)    }
6)    main()
7)    { int a[]={3,2,5,6,7,9},i;
8)      printf("数组a为: ");
9)      for(i=0;i<6;i++)   printf("%d ",a[i]);
10)     printf("\n");
11)     f(a);                              /*数组名作为函数实参*/
12)     printf("调用函数f后，数组a为: ");
13)     for(i=0;i<6;i++)   printf("%d ",a[i]);
14)     printf("\n");
15)   }
```

该实例的运行结果为：

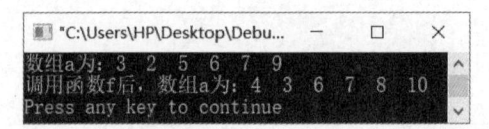

```
"C:\Users\HP\Desktop\Debu...    —    □    ×
数组a为：3 2 5 6 7 9
调用函数f后，数组a为：4 3 6 7 8 10
Press any key to continue
```

通过观察运行结果可以发现：当数组名作为函数参数时，将数组 a 的首地址传递给形参，此时两个数组共用同一段内存空间，因此，当在函数 f 中对数组 b 的元素进行加 1 运算时，数组 a 的元素也发生了相同的变化。

小贴士

对于上例中形参的写法还可以这样表示，见下面的程序段。这样表示的优点是实参是 a，代表数组 a 的首地址，形参是 b，代表数组 b 的首地址，更加直观。如果采用此种写法，务必要写上形参类型说明，见程序段第 3 行。

```
1)  #include <stdio.h>
2)  void f(b)
3)  int b[];
4)  { …
5)  }
6)  main()
7)  { …
8)    f(a);                        /*数组名作为函数参数*/
9)    …
10) }
```

想一想

将上例中的实参改为&a[2]，观察下列程序，分析程序的运行过程。

```
1)  #include <stdio.h>
2)  void f(int b[])
3)  { int i;
4)    for(i=0;i<4;i++)   b[i]++;
5)  }
6)  main()
7)  { int a[]={3,2,5,6,7,9},i;
8)    printf("数组a为：");
9)    for(i=0;i<6;i++)   printf("%d ",a[i]);
10)   printf("\n");
11)   f(&a[2]);                    /*a[2]的地址作为函数实参*/
12)   printf("调用函数f后，数组a为：");
13)   for(i=0;i<6;i++)   printf("%d ",a[i]);
14)   printf("\n");
15) }
```

- 写出程序的运行结果。

- 分析原因。

任务实现

训练：学校举办的田径运动会，有长跑、短跑、跳高、跳远四个赛项。要求各班都要积极报名参加，运动员取得名次可获得相应的积分，将该班所有运动员积分累加即该班的"团体积分"，运动会结束后评选出"团体积分冠军"。编程实现，要求输出如下信息。

****

请输入 1 班四项赛事积分：10 20 10 40

请输入 2 班四项赛事积分：20 40 30 30

请输入 3 班四项赛事积分：40 10 20 20

请输入 4 班四项赛事积分：30 30 40 10

****

1 班总积分：80

2 班总积分：120

3 班总积分：90

4 班总积分：110

****

2 班（总积分 120）为团体积分冠军！

****

（1）训练分析

在"项目导入"中，已经对该问题进行了初步分析，程序中涉及两类数据：一类是每班的四个赛项的积分，这属于原始数据；另一类是团体积分，是由累加求和得出的。还原程序的执行过程，记分员在计算机程序调试界面输入每班的四个赛项的积分；通过计算得出每班的团体积分；经过比较，计算机程序界面显示团体积分最高的班级名称。

（2）操作步骤

① 功能划分：主函数内完成每班总积分计算，函数 a 实现输入每班的四个赛项积分，函数 b 实现比较每班总积分选出团体积分冠军。

② 调用方法：主函数调用函数 a 和函数 b。

③ 函数 a 参数：在主函数内定义用来存放每班四个赛项积分的二维数组 jf[NUM][4]，将该数组名作为实参，完成地址传递。

④ 函数 b 参数：在主函数内定义用来存放每班总积分的一维数组 zf[NUM]，将该数组名作为实参，完成地址传递。

⑤ 函数 a 实现输入每班的四个赛项的积分，流程图（函数 a）如图 7-3 所示。

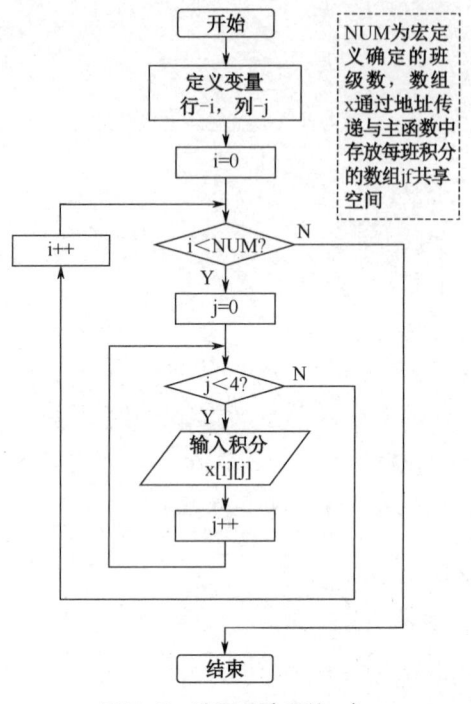

图 7-3　流程图（函数 a）

⑥ 函数 b 实现比较每班总积分并选出团体积分冠军，流程图（函数 b）如图 7-4 所示。

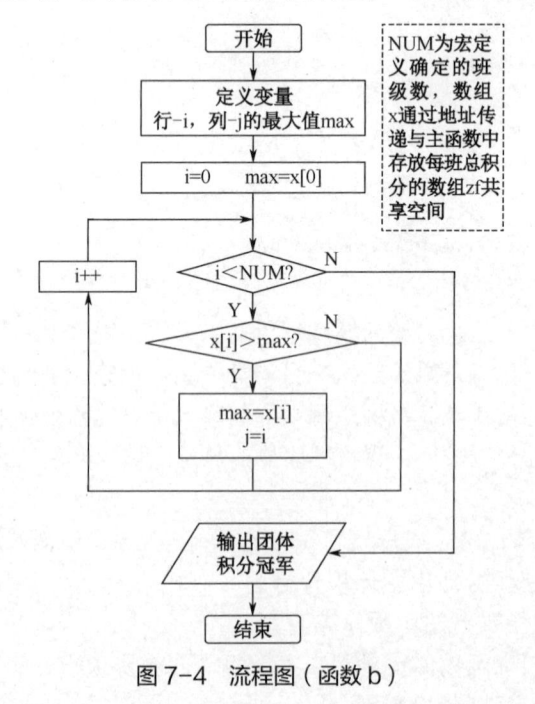

图 7-4　流程图（函数 b）

⑦ 编写主函数的代码。

```
1)    #include <stdio.h>
2)    #define  NUM  4                      /*NUM表示班级数*/
3)    main()
4)    { int  jf[NUM][4];                   /*数组jf存放每班的四个赛项的积分*/
5)      int  zf[NUM];                      /*数组zf存放每班的总积分*/
6)      int  i,j,s;
7)      printf("*************************************\n");
8)      a(jf);                             /*函数a的调用部分,实参是数组jf首地址*/
9)      printf("*************************************\n");
10)     for(i=0;i<NUM;i++)                 /*计算每班的总积分*/
11)     { s=0;
12)       for(j=0;j<4;j++)    s=s+jf[i][j];
13)       zf[i]=s;
14)       printf("%d班总积分: %d\n",i+1,zf[i]);
15)     }
16)     printf("*************************************\n");
17)     b(zf);                             /*函数b的调用部分,实参是数组zf的首地址*/
18)     printf("*************************************\n");
19)   }
```

⑧ 编写函数 a 定义部分的代码,按要求将程序代码补充完整。

```
void  a(x)          /*函数a的定义部分,形参数组x与实参数组jf共用空间*/
int x[NUM][4];
  {


















  }
```

⑨ 编写函数 b 定义部分的代码,按要求将程序代码补充完整。

```
void  b(x)          /*函数b的定义部分,形参数组x与实参数组zf共用空间*/
int x[NUM];
  {


















  }
```

⑩ 将主函数与函数 a 定义部分的代码、函数 b 定义部分的代码组合成完整的程序。

```
#include <stdio.h>
#define  NUM  4
```

想一想

尝试将主函数中的计算每班总积分的模块独立成函数 c，由主函数调用函数 c 完成相应功能。

- 分析函数 c 的参数是如何设置的，试写出函数 c 的调用部分。

_____

_____

- 试编写函数 c 定义部分代码。

任务测试

根据任务 2 所学内容,完成下列测试

1. 用数组名作为函数调用时的实参,实际上传递给形参的是(　　)。
   A．数组首地址　　　　　　　　B．数组的第一个元素的值
   C．数组中全部元素的值　　　　D．数组元素的个数

2. 以下程序的输出结果是(　　)。

```
1)   #include <stdio.h>
2)   func(int a,int b)
3)   { return  a+b;
4)   }
5)   main()
6)   { int  x[2]={11,22},sum;
7)     sum=func(x[0],x[1]);
8)     printf("%d\n",sum);
9)   }
```
   A．11　　　　B．22　　　　C．33　　　　D．44

3. 以下程序的输出结果是(　　)。

```
1)   #include <stdio.h>
2)   void  f(int a[2][3])
3)   { int i,j;
4)     for(i=0;i<2;i++)
5)     { for(j=0;j<3;j++) printf("%4d",a[i][j]);
6)       printf("\n");
7)     }
8)   }
9)   main()
10)  { int  a[2][3]={1,2,3,4,5,6};
11)    f(a);
12)  }
```
   A．1 2 3　　　B．1 2　　　　C．6 5 4　　　D．3 2 1
   　 4 5 6　　　　 3 4　　　　　 3 2 1　　　　 6 5 4
   　　　　　　　　 5 6

任务评价

项目 7 使用函数实现模块化程序设计		任务 2:数组作为函数参数	
班级		姓名		综合得分	
知识学习情况评价(30%)					
评价内容	分值	自评 (30%)	师评 (70%)	得分	
值传递的特点	10				

续表

知识学习情况评价（30%）					
评价内容	分值	自评 （30%）	师评 （70%）	得分	
地址传递的特点	10				
数组元素与数组地址	10				

能力训练情况评价（60%）					
评价内容	分值	自评 （30%）	师评 （70%）	得分	
掌握数组元素作为参数调用函数的方法	20				
掌握数组名作为参数调用函数的方法	20				
掌握使用地址传递调用函数解决实际问题的方法	20				

素质养成情况评价（10%）					
评价内容	分值	自评 （30%）	师评 （70%）	得分	
出勤及课堂秩序	2				
严格遵守实训操作规程	4				
团队协作及创新能力养成	4				

任务 3　变量的作用域和存储类别

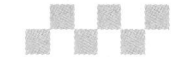

任务描述

本任务将通过对变量的作用域和存储类别的分析，使学习者掌握正确使用局部与全局变量、静态与动态变量的方法。

任务准备

1. 局部变量和全局变量

在 C 语言中，每一个变量都有一个作用域，即变量的有效范围。从作用域角度划分，变量可以分为局部变量和全局变量。

（1）局部变量

局部变量只在定义它的函数内部有效，在该函数外部变量就失去作用，不能再使用了。

（2）全局变量

全局变量是在函数外部定义的变量，不属于任何一个函数，其作用域是整个源程序。当全局变量在函数之前定义时，函数可以直接使用全局变量；当全局变量在函数之后定义时，需要在函数内部利用说明符 extern 对其进行说明后，才能使用。如果在一个函数中改变了全局变量的值，会影响到其他函数中全局变量的值。全局变量的使用也遵循就近原则。

【实例 1】全局变量、局部变量使用示例。

```
1)    #include <stdio.h>
2)    int  a=7;                              /*定义全局变量a*/
3)    main()
4)    { int  a=10;                           /*定义局部变量a*/
5)      printf("a=%d\n",a);                  /*输出局部变量a的值*/
6)      printf("a=%d\n",a);                  /*输出局部变量a的值*/
7)    }
```

该实例的运行结果为：

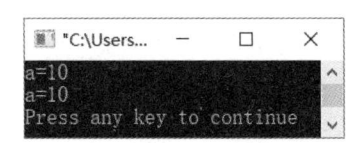

```
a=10
a=10
Press any key to continue
```

> **小贴士**
>
> 在该实例中全局变量 a 的作用范围是整个源程序，局部变量 a 是在主函数中定义的，所以它的作用范围是主函数的函数体（局部变量 a 在主函数函数体的一对大括号内有效）。

想一想

将上个实例稍作修改,加一对大括号,如下所示,分析程序运行过程。

```
1)  #include <stdio.h>
2)  int  a=7;                          /*定义全局变量a*/
3)  main()
4)  { { int   a=10;                    /*定义局部变量a*/
5)      printf("a=%d\n",a);
6)    }
7)    printf("a=%d\n",a);
8)  }
```

- 写出程序的运行结果。

- 根据运行结果,看一看两个输出函数中的变量a有什么区别。

- 总结全局、局部变量使用小技巧。

【实例2】全局变量、局部变量在函数调用中的使用示例。

```
1)   #include <stdio.h>
2)   f1()
3)   { extern  int   a;                /*声明全局变量a*/
4)     printf("a=%d\n",a);             /*输出全局变量a的值*/
5)     a=a+1;                          /*全局变量a的值发生变化*/
6)   }
7)   int  a=7;                         /*定义全局变量a*/
8)   f2()
9)   { printf("a=%d\n",a);             /*输出全局变量a的值*/
10)  }
11)  main()
12)  { int   a=10;                     /*定义局部变量a*/
13)    printf("a=%d\n",a);             /*输出局部变量a的值*/
14)    f2();                           /*调用函数f2*/
15)    f1();                           /*调用函数f1*/
16)    f2();                           /*调用函数f2*/
17)  }
```

该实例的运行结果为:

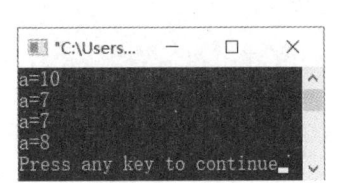

小贴士

要注意两个关键点：一是程序第 7 行定义全局变量的语句，这个定义语句在函数 f1 定义部分之后，因此 f1 定义部分中的全局变量 a 需要加入 extern　int　a;进行声明；二是在主函数中有三次函数调用，依次调用函数 f2、函数 f1、函数 f2，当第二次函数调用（调用函数 f1）时，全局变量 a 自增 1，这个变化影响到了第三次函数调用（调用函数 f2），输出的结果是全局变量自增 1 以后的值。

想一想

上例程序第 7 行定义全局变量的语句是在函数 f1 定义部分之后，因此函数 f1 定义部分中的全局变量 a 需要加入 extern　int　a;进行声明。如果删除这个声明语句，修改后的函数 f1 定义部分如下所示，那么在不改变运行结果的前提下，整个程序要如何修改才可以正常运行呢？

```
1)    f1()
2)    { printf("a=%d\n",a);
3)      a=a+1;
4)    }
```

● 试写出修改后的完整程序。

```
#include <stdio.h>
```

2. 变量的存储类别

变量的存储类别是指数据在内存中的存储方式，包括动态存储方式和静态存储方式两种。动态存储方式是指在程序运行期间根据需要动态分配存储空间的方式。静态存储方式是指在程序运行期间分配固定存储空间的方式。变量根据存储方式的不同，可以分为动态存储变量和静态存储变量。

（1）动态存储变量

动态存储变量在程序运行期间根据需要动态分配存储空间，变量所在的函数执行完毕后自动释放这些存储空间，下次调用函数时再次动态分配存储空间，两次分配的存储空间可以不同。

动态存储变量的定义方式：

```
auto 数据类型 变量名;
```

或者

```
数据类型 变量名;
```

由动态存储变量的定义方式可知，本书前面任务中使用的变量都是动态存储变量。

（2）静态存储变量

在定义静态存储变量时，系统会为其分配固定的存储空间，变量所在的函数执行完毕后，系统并不收回变量的存储空间。如果在定义静态存储变量时没有赋初值，系统会自动赋予默认值 0。对静态存储变量赋初值是在编译时进行的，即只赋一次初值，在重复使用静态存储变量时不会重新赋初值，而是保留上次使用变量结束时的值。

【实例3】静态存储变量的使用示例。

```
1)  #include <stdio.h>
2)  void f()
3)  { int a=3;                  /*变量a为动态存储变量*/
4)    static int b=1;           /*变量b为静态存储变量*/
5)    printf("%d\n",a+b);
6)    a++;
7)    b++;
8)  }
9)  main()
10) { int i;                    /*变量i为动态存储变量*/
11)   for(i=0;i<2;i++) f();
12) }
```

该实例的运行结果为：

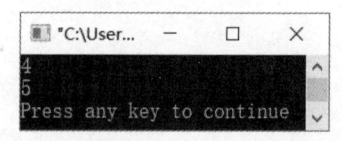

```
4
5
Press any key to continue
```

通过观察运行结果可以发现，调用函数 f 时，动态存储变量 a 被分配的存储单元是临时的，函数调用结束后，变量 a 的存储单元就被释放了，而静态存储变量 b 被分配的存储单元是固定的，函数调用结束后，变量 b 的存储单元保留，因此当第二次调用函数 f 时，语句 static int b=1;不执行。

想一想

如果将上个实例程序中第 4 行的初始化赋值删除，如下所示，那么程序的运行结果是什么呢？

```
1)  #include <stdio.h>
2)  void f()
```

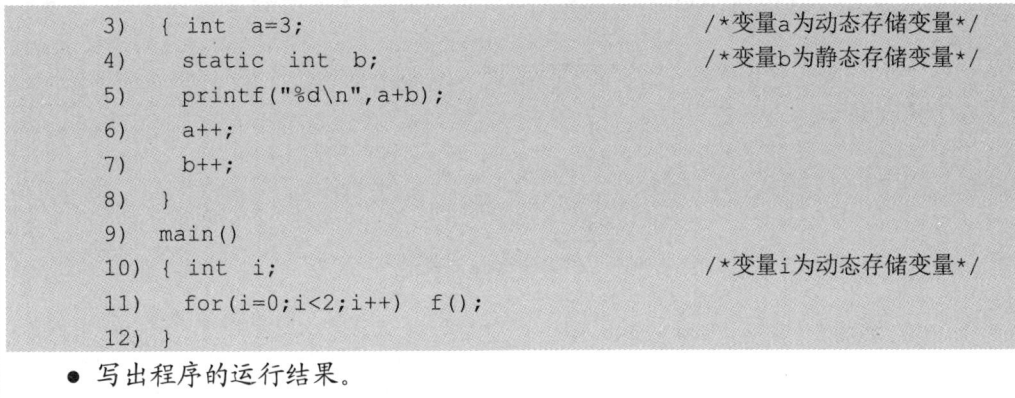

```
3)    {  int   a=3;                    /*变量a为动态存储变量*/
4)       static  int  b;                /*变量b为静态存储变量*/
5)       printf("%d\n",a+b);
6)       a++;
7)       b++;
8)    }
9)    main()
10)   {  int   i;                       /*变量i为动态存储变量*/
11)      for(i=0;i<2;i++)  f();
12)   }
```

- 写出程序的运行结果。

_____

_____

- 分析原因。

_____

_____

_____

任务实现

训练 1：任意输入矩形的长和宽，计算矩形的周长和面积。要求定义一个函数，计算矩形的周长和面积并将值返回，并在主函数中调用该函数。编程实现，要求输出如下信息。

****
请输入矩形的长和宽（单位：厘米）：1,2
周长=6 厘米,面积=2 平方厘米
****

（1）训练分析

该训练中要求用函数调用的方法计算矩形的周长和面积。值得注意的是，函数只能有一个返回值，而题目要求同时返回周长和面积，因此可以利用全局变量来解决这一问题。

（2）操作步骤

① 功能划分：主函数内输入矩形的长和宽值，函数 f 实现计算矩形周长和面积（函数 f 不设置返回值，由全局变量带回计算结果）。

② 调用方法：主函数调用函数 f。

③ 参数：将矩形的长和宽值作为实参传递给形参。

④ 函数 f 实现计算矩形周长和面积的流程图如图 7-5 所示。

⑤ 定义两个全局变量分别代表周长和面积。

```
int   zc,mj;                          /*zc代表周长，mj代表面积*/
```

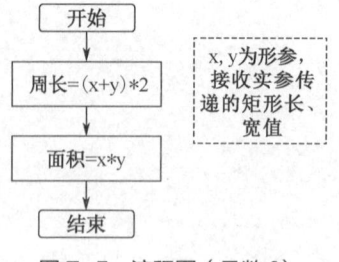

```
开始
  ↓
周长=(x+y)*2     x,y为形参,
  ↓              接收实参传
面积=x*y          递的矩形长、
  ↓              宽值
结束
```

图 7-5 流程图（函数 f）

⑥ 编写主函数的代码，按要求将程序代码补充完整。

```
1)   #include <stdio.h>
2)   main()
3)   { int  a,b;                                    /*定义变量a,变量b代表矩形的长和宽*/
4)      printf("*****************************************\n");
5)      printf("请输入矩形的长和宽（单位：厘米）：");
6)      scanf("%d,%d",&a,&b);
7)      _____                      /*函数f的调用部分*/
8)      _____                      /*输出周长和面积*/
9)      printf("*****************************************\n");
10)  }
```

⑦ 编写函数 f 定义部分的代码，按要求将程序代码补充完整。

```
void  f(int x,int y)                              /*函数f的定义部分*/
{


}
```

⑧ 将定义全局变量语句、主函数与函数 f 定义部分的代码组合成完整的程序。

```
#include <stdio.h>
```

训练 2：求 n!（任意正整数的阶乘）。要求定义一个函数，计算累乘并将值返回，在主函数中调用该函数。编程实现，要求输出如下信息。

```
******************
请输入一个整数：4
4! =24
```

****

（1）训练分析

n！为阶乘，表示从 1～n 累乘（例：4！=4×3×2×1）。该训练中要求用函数调用的方法计算累乘积。值得注意的是，阶乘的过程需要反复调用函数，每次调用结束形参都要释放存储单元，无法保留上一次的累乘积，这时可以考虑使用静态存储变量，类变量的存储单元一旦分配就会固定下来，所以可以利用这一特点实现累乘积的保存。

（2）操作步骤

① 功能划分：主函数内输入一个正整数，函数 f 实现计算累乘积并返回其值（函数 f 内定义静态存储变量用来保存累乘积）。

② 调用方法：主函数调用函数 f。

③ 参数：将 n，n-1，…，1 作为实参传递给形参。

④ 函数 f 实现累乘积的流程图如图 7-6 所示。

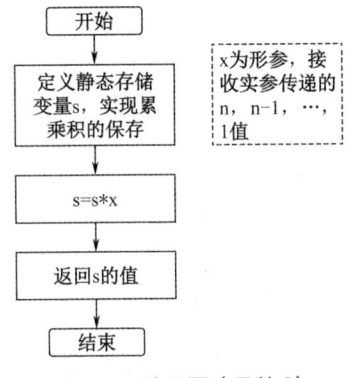

图 7-6 流程图（函数 f）

⑤ 编写主函数的代码，按要求将程序代码补充完整。

```
1)   #include <stdio.h>
2)   main()
3)   { int a,i,w;                              /*定义变量a代表一个正整数*/
4)     printf("*****************\n");
5)     printf("请输入一个整数：");
6)     scanf("%d",&a);
7)     for(i=_____;i>0;_____)   w=_____;   /*循环调用函数f实现累乘积*/
8)     printf("%d!=%d\n",a,w);
9)     printf("*****************\n");
10)  }
```

⑥ 编写函数 f 定义部分的代码，按要求将程序代码补充完整。

```
int  f(int x)                                  /*函数f的定义部分*/
{


}
```

⑦ 将主函数与函数 f 定义部分的代码组合成完整的程序。

```
#include <stdio.h>
```

任务测试

根据任务 3 所学内容，完成下列测试

1. 以下说法中正确的是（　　）。
   A．全局变量的作用域一定比局部变量的作用域大
   B．静态 static 类型变量的生存周期贯穿于整个程序的运行期间
   C．函数的形参都属于全局变量
   D．未在定义语句中赋初值的 auto 变量和 static 变量的初值都是随机值

2. 以下程序的输出结果是（　　）。

```
1)    #include <stdio.h>
2)    f()
3)    { int a=2;
4)      static int b,c=3;
5)      b=b+1;  c=c+1;
6)      return a+b+c;
7)    }
8)    main()
9)    { int i;
10)     for(i=0;i<3;i++) printf("%d ",f());
11)   }
```

   A．7 7 7   B．7 9 11
   C．7 8 9   D．7 9 10

3. 以下程序的输出结果是（　　）。

```
1)    #include <stdio.h>
2)    int a=3,b=5;
3)    max(int a,int b)
4)    { int c;
5)      c=a>b?a:b;
6)      return c;
7)    }
```

```
8)    main()
9)    { int  a=8;
10)      printf("%d",max(a,b));
11)   }
```
A. 8 B. 5 C. 3 D. 0

任务评价

项目 7 使用函数实现模块化程序设计		任务 3：变量的作用域和存储类别		
班级		姓名	综合得分	
知识学习情况评价（30%）				
评价内容	分值	自评（30%）	师评（70%）	得分
局部、全局变量作用域的区分	15			
静态、动态存储方式的区别	15			
能力训练情况评价（60%）				
评价内容	分值	自评（30%）	师评（70%）	得分
掌握全局变量的定义方法	5			
掌握局部、全局变量作用域的划分方法	10			
掌握静态存储变量的定义方法	5			
掌握使用全局变量在函数调用过程中解决带回多个值的方法	20			
掌握使用静态存储变量在循环调用函数过程中保留数据的方法	20			
素质养成情况评价（10%）				
评价内容	分值	自评（30%）	师评（70%）	得分
出勤及课堂秩序	2			
严格遵守实训操作规程	4			
团队协作及创新能力养成	4			

项目小结及测试 7

分析小结

通过对函数定义、实参、形参、返回值等相关知识的学习，对模块化程序设计思想有了直观且全面的认识。在此基础上，在对变量的作用域和存储方式的学习中，通过训练熟悉了将问题分解、共享代码、利用函数实现功能复用的思想，学习者应具备了一定的模块化程序计能力。

学习笔记

·重点知识·

·易错点·

思考实践

如何利用系统提供的函数来解决问题是接下来要思考的问题。
- C 语言中提供了哪些库函数？
- 怎样才能够使用系统提供的库函数？
- 除了利用函数来简化代码，还有其他方式吗？
- 如何提高程序的可读性？

这一系列的问题会在后续的任务中详细解答，请在学习中寻找答案。

项目测试

根据项目所学内容，完成下列测试

1. 请完成以下单项选择题

（1）在 C 语言中，函数返回值的类型是由（　　）决定的。
　　A．调用函数　　　　　　　　B．系统临时
　　C．定义函数时　　　　　　　D．return 语句

（2）以下定义函数形式，正确的是（　　）。
　　A．int　sum(int a,int b) {c=a+b; return c;}
　　B．float　sum(int a,int b) {float c; c=a+b; return c;}
　　C．sum(int a,b) {int c; return c;}
　　D．sum(a,b) {int a,b;return a+b;}

（3）定义函数：
```
int sum(int a,int b)
{   float s;
    s=a+b;
```

```
    return s;
}
```
函数的返回值类型是（　　）。

　　A．float　　　　B．double　　　　C．int　　　　D．不确定

（4）下面说法中正确的是（　　）。

　　A．函数的函数体可以是空语句

　　B．若定义的函数没有参数，则函数名后的一对圆括号可以省略

　　C．在 C 语言中，函数调用不能出现在表达式语句中

　　D．在 C 语言中，函数返回值的类型由 return 语句中的表达式的类型决定

（5）关于函数参数，说法正确的是（　　）。

　　A．实参与对应的形参共用存储空间

　　B．实参与对应的形参占用不同的存储空间

　　C．形参不占用存储空间

　　D．实参与对应的形要用相同的变量名

（6）在 C 语言中，声明全局变量需要添加的关键字是（　　）。

　　A．define　　　　B．auto　　　　C．static　　　　D．extern

（7）全局变量和局部变量名字相同，调用时（　　）。

　　A．全局变量优先调用　　　　　　B．局部变量优先调用

　　C．都不会调用　　　　　　　　　D．都会调用

（8）关于函数参数，下面说法中正确的是（　　）。

　　A．形参可以是变量、常量或表达式　　B．实参与对应的形参数据类型要一致

　　C．实参与对应的形参个数可以不同　　D．函数不能没有参数

2．请完成以下填空题

（1）函数的数据类型是指_____。

（2）执行 C 语言程序时是从_____开始的。

（3）静态存储变量定义时需要使用关键字_____。

（4）形参的作用域是_____。

（5）如果函数没有返回值，定义函数时可以用_____表示。

3．课后实战，完成下列演练

【实战 1】定义一个判断奇数的函数，在主函数中输入一个整数，调用函数并输出该数是否为奇数。

【实战 2】定义四个函数，分别实现两个数的加、减、乘、除运算，并在主函数中模拟实现一个简单的计算器。

项目 8

编译预处理命令

在 C 语言中，编译预处理指令是给编译器的工作指令，这些编译预处理指令通知编译器在编译工作开始之前对源程序进行某些处理。本项目将从宏定义入手，从文件包含和条件编译等方面介绍有关编译预处理的一些知识，通过训练使学习者可快速掌握编译预处理的使用方法及常见错误和注意事项。

学习目标

- 掌握无参数宏定义和有参数宏定义的使用方法
- 掌握有参数宏定义与函数调用的区别
- 掌握文件包含命令的使用方法
- 了解头文件的分类
- 了解条件编译命令的使用方法

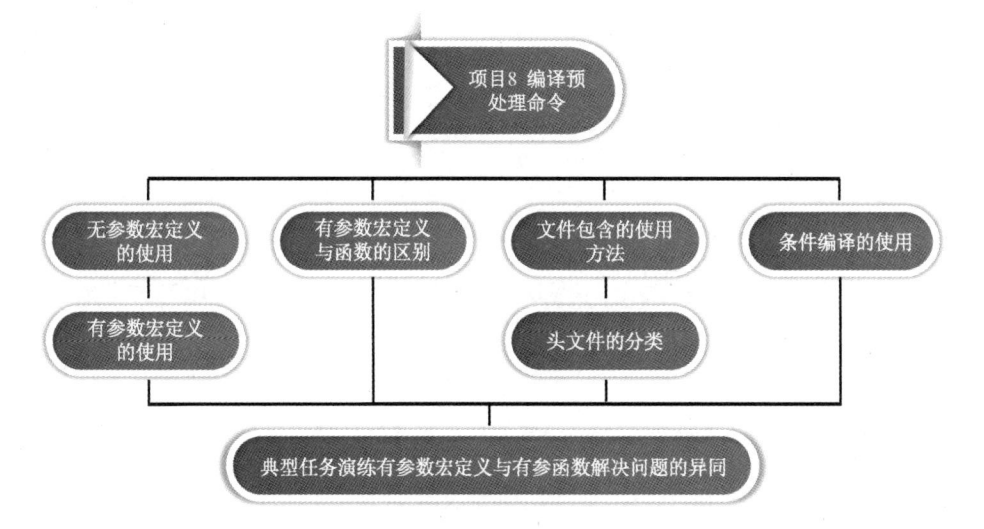

知识导图

项目8 编译预处理命令

- 无参数宏定义的使用
- 有参数宏定义的使用
- 有参数宏定义与函数的区别
- 文件包含的使用方法
- 头文件的分类
- 条件编译的使用

典型任务演练有参数宏定义与有参函数解决问题的异同

项目导入　体验"化繁为简"

预处理是 C 语言的一项重要功能，它由预处理器完成。宏定义是较常用的编译预处理命令之一，下面就通过实例，体验一下使用宏定义的便捷性。

【实例】以下程序的功能是输出两名学生的姓名、学号和成绩。用宏定义简化程序代码。

```
1)   #include <stdio.h>
2)   main()
3)   { int  a1,a2;
4)     float  b1,b2;
5)     printf("****************************\n");
6)     printf("请输入A学生学号：");
7)     scanf("%d",&a1);
8)     printf("请输入A学生成绩：");
9)     scanf("%f",&b1);
10)    printf("****************************\n");
11)    printf("请输入B学生学号：");
12)    scanf("%d",&a2);
13)    printf("请输入B学生成绩：");
14)    scanf("%f",&b2);
15)    printf("****************************\n");
16)    printf("%-10s%8d%8.2f\n","Wangli",a1,b1);
17)    printf("%-10s%8d%8.2f\n","Zhangfan",a2,b2);
18)    printf("****************************\n");
19)  }
```

1．目标分析

按照题目描述，要简化程序代码，通过观察会发现程序中确实有一些输入较为烦琐的语句在重复使用，可以以此为抓手，解决问题。

2．问题思考

- 找出程序中相同的语句。

_____

_____

- 除了语句，程序中还有哪些地方较为烦琐呢？

_____

_____

3．学习小测

根据预习，在后续任务中尝试找到用宏定义化繁为简的方法，完成操作步骤的文字描述。

_____

_____

任务 1 宏定义及文件包含的使用

任务描述

本任务将从无参数宏定义入手，从定义形式、结构特点等方面介绍 C 语言程序中有关宏定义的一些必备知识，同时通过头文件的引用，介绍文件包含的用法，在此基础上，重点对有参数宏定义进行分析，从而使学习者掌握有参数宏定义与函数调用的区别。

任务准备

1. 无参数宏定义

无参数宏定义就是用一个指定的标识符来代表一个字符串，即给字符串起个名字，其格式如下。

```
#define  宏名  字符串
```

其中，"#"表示这是一条预处理命令，"define"为宏定义命令，"宏名"为符号常量，"字符串"可以是常数、表达式或格式字符串等。

无参数宏定义在使用中有以下几点说明。

① 宏名遵循标识符规定，习惯用大写字母表示。

② 宏定义不是语句，在行末不要以分号结束，否则分号也会被作为字符串的一部分。

③ 宏定义必须写在函数之外，宏名的作用范围从定义命令开始直到源程序结束。如要终止其作用域可以使用"#undef"终止宏名的作用域。

④ 宏定义允许嵌套，在宏定义中可以出现已经定义的宏名，在宏展开时由预处理程序层层置换。

⑤ 每条预处理命令必须独占一行。

【实例 1】无参数宏定义示例。

```
1)    #include <stdio.h>
2)    #define PI  3.14
3)    #define R   5
4)    #define C   2*PI*R        /*PI和R是已定义的宏名*/
5)    main()
6)    { printf("%f\n",C);       /*替换后为：printf("%f\n",2*3.14*5)*/
7)    }
```

运行结果如下。

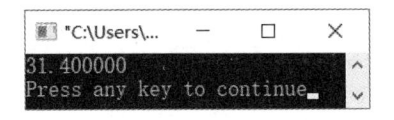

```
31.400000
Press any key to continue
```

想一想

将上例中的 printf 函数微调，如下所示，运行结果会有什么变化吗？

```
1)    #include <stdio.h>
```

```
2)  #define  PI  3.14
3)  #define  R   5
4)  #define  C   2*PI*R
5)  main()
6)  { printf("C=%f\n",C);
7)  }
```

- 写出程序的运行结果。

_____

- 思考一下，printf("C=%f\n",C);语句中，两个C有什么区别？

_____

2. 有参数宏定义

有参数宏定义不只是进行简单的字符串替换，还要进行参数替换，其格式如下。

```
#define  宏名(参数表)   字符串
```

例如：

```
#define  F(a,b)  a*b
```

其中 F 为宏名，a 和 b 为参数。

【实例2】有参数宏定义示例。

```
1)  #include <stdio.h>
2)  #define F(x,y)  (x+y)
3)  main()
4)  { int a,b,s;
5)    scanf("%d,%d",&a,&b);
6)    s=2*F(a,b);              /*F(a,b)为带参数的宏定义，a和b为参数*/
7)    printf("%d\n",s);
8)  }
```

运行结果如下。

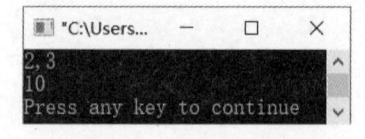

```
"C:\Users...
2,3
10
Press any key to continue
```

小贴士

上例中语句 s=2*F(a,b);被替换为 s=2×(2+3);，计算结果等于 10。

想一想

将上例中的有参数宏定义微调，删除 x+y 两侧的小括号，如下所示，运行结果会有什么变化？

```
1)  #include <stdio.h>
2)  #define  F(x,y)   x+y
3)  main()
4)  { int a,b,s;
5)    scanf("%d,%d",&a,&b);
6)    s=2*F(a,b);
7)    printf("%d\n",s);
8)  }
```

● 写出程序的运行结果。

_____

_____

● 思考一下，语句 s=2*F(a,b);被替换成了什么内容？

_____

_____

有参数宏定义和有参函数相似，但本质完全不同，在程序运行时函数调用会发生参数传递，而有参数的宏定义只在编译时进行简单的字符置换。有参数的宏定义与有参函数的区别如表 8-1 所示。

表 8-1 有参数宏定义与有参数函数的区别

	有参数的宏定义	有参函数
处理时间	预编译时	程序运行时
参数类型	无类型问题	定义实参、形参类型
处理过程	不分配内存 简单的字符置换	给形参分配内存，实参到形参发生值传递或地址传递
运行速度	不占运行时间	调用和返回占时间
返回值	不涉及	可通过 return 带回返回值

【实例 3】两个数求和。观察用有参数宏定义方法和有参函数方法书写的程序的异同点。

（1）有参数宏定义方法

```
1)  #include <stdio.h>
2)  #define  S(a,b)   a+b
3)  main()
4)  { int x,y;
5)    scanf("%d,%d",&x,&y);
6)    printf("%d\n",S(x,y));
7)  }
```

（2）有参函数方法

```
1)  #include <stdio.h>
2)  int  s(int a,int b)
3)  { int m;
4)    m=a+b;
```

```
5)      return(m);
6)   }
7)   main()
8)   { int  x,y;
9)     scanf("%d,%d",&x,&y);
10)    printf("%d\n",s(x,y));
11)  }
```

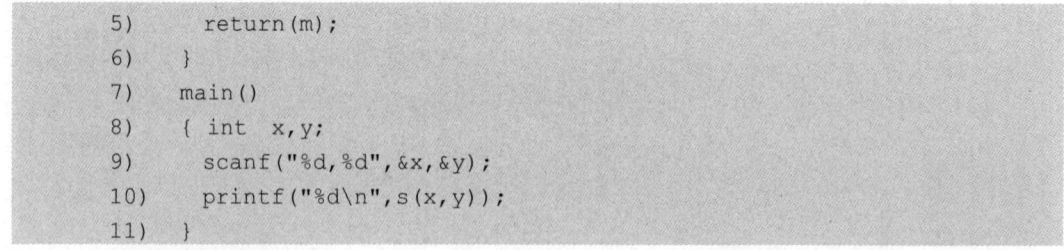

3. 文件包含的使用

一个 C 源文件可以使用文件包含命令将另一个 C 源文件的全部内容包含进来，其格式如下。

```
#include  "文件名"
```

或

```
#include  <文件名>
```

文件包含使用时有以下几点说明。

① 被包含的文件称为头文件，头文件可以是系统头文件、用户源文件或用户头文件。

② 一条"#include"能包含一个头文件，若要包含多个头文件，则使用多条"#include"命令。

③ 编译时不是对几个文件分别编译，而是在编译预处理时首先将被包含文件包含到主文件中，得到一个新的源程序，然后再对这个新的源程序进行编译，得到一个目标文件。

④ 修改包含文件后，对包含该文件的源程序必须重新进行编译和连接。

【实例 4】文件包含示例。（已知正方形的面积求边长。）

```
1)   #include <stdio.h>
2)   #include <math.h>              /*数学函数头文件*/
3)   main()
4)   { double s=16,k;
5)     k=sqrt(s);                   /*使用库函数sqrt()，实现开方计算*/
6)     printf("正方形的面积为%lf,边长为%lf\n",s,k);
7)   }
```

运行结果如下。

```
正方形的面积为16.000000,边长为4.000000
Press any key to continue_
```

小贴士

库函数与头文件对应关系参见附录。

任务实现

训练 1：以下程序的功能是输出两名学生的姓名、学号和成绩，用宏定义简化程序代码。

```
1)   #include <stdio.h>
2)   main()
```

```
3)    { int  a1,a2;
4)      float b1,b2;
5)      printf("****************************\n");
6)      printf("请输入A学生学号：");
7)      scanf("%d",&a1);
8)      printf("请输入A学生成绩：");
9)      scanf("%f",&b1);
10)     printf("****************************\n");
11)     printf("请输入B学生学号：");
12)     scanf("%d",&a2);
13)     printf("请输入B学生成绩：");
14)     scanf("%f",&b2);
15)     printf("****************************\n");
16)     printf("%-10s%8d%8.2f\n","Wangli",a1,b1);
17)     printf("%-10s%8d%8.2f\n","Zhangfan",a2,b2);
18)     printf("****************************\n");
19)    }
```

（1）训练分析

在"项目导入"中，已经对该问题进行了初步分析，按照题目描述，要简化程序代码，就必须找到输入较为烦琐且重复使用的语句。

（2）操作步骤

① 确定输入烦琐且重复使用的语句：printf("****************************\n")。

② 确定其他输入烦琐且重复使用的部分："%-10s%8d%8.2f\n"。

③ 设定无参数宏定义如下：

```
#define M  printf("****************************\n")
#define N  "%-10s%8d%8.2f\n"
```

④ 改写源程序代码，将程序补充完整。

```
1)   #include <stdio.h>
2)   #define M  printf("****************************\n")
3)   #define N  "%-10s%8d%8.2f\n"
4)   main()
5)   { int  a1,a2;
6)     float b1,b2;
7)     _____
8)     printf("请输入A学生学号：");
9)     scanf("%d",&a1);
10)    printf("请输入A学生成绩：");
11)    scanf("%f",&b1);
12)    _____
13)    printf("请输入B学生学号：");
14)    scanf("%d",&a2);
15)    printf("请输入B学生成绩：");
16)    scanf("%f",&b2);
17)    _____
18)    printf(_____,"Wangli",a1,b1);
19)    printf(_____,"Zhangfan",a2,b2);
```

20)　_____
21)　}

训练2：分别用有参函数方法和有参数宏定义方法编程，实现从三个整数中找出最大者并输出如下信息。

****

输入三个整数：5 9 22

输出三个整数中最大的数：22

****

1) 训练分析

完成编程的关键问题是要理解函数调用过程和宏定义替换过程，在此基础上注意书写的语法格式即可。

2) 操作步骤

（1）有参函数法

① 功能划分：主函数内输入三个整数，函数 f 实现比较大小。

② 调用方法：主函数调用函数 f。

③ 参数：将三个整数作为实参传递给形参。

④ 函数 f 实现比较大小的流程图如图 8-1 所示。

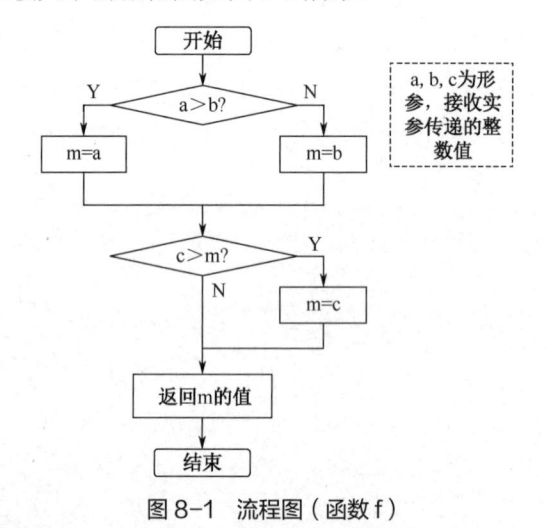

图 8-1　流程图（函数 f）

⑤ 编写主函数代码。

```
1)  #include <stdio.h>
2)  main()
3)  { int x,y,z;
4)    printf("**************************\n");
5)    printf("输入三个整数：");
6)    scanf("%d%d%d",&x,&y,&z);
7)    printf("输出三个整数中最大的数:%d\n",f(x,y,z));   /*调用函数f*/
8)    printf("**************************\n");
9)  }
```

⑥ 编写函数f定义部分代码，按要求将程序代码补充完整。

```
    int  f(int a,int b,int c)                           /*函数f的定义部分*/
    {


    }
```

⑦ 将主函数与函数f定义部分组合成完整的程序。

```
    #include <stdio.h>
```

（2）有参数宏定义法

① 设定有参数宏定义，用问号表达式实现三个整数最大值算法，填写如下：

```
    #define  F(x,y,z) _____
```

② 编写主函数代码，将代码补充完整。

```
1)    main()
2)    { int  a,b,c,m;
3)      printf("*************************\n");
4)      printf("输入三个整数：");
5)      scanf("%d%d%d",&a,&b,&c);
6)      m=_____          /*有参数宏定义作为赋值表达式的
一部分*/
7)      printf("输出三个整数中最大的数：%d\n",m);
8)      printf("*************************\n");
9)    }
```

③ 将主函数与有参数宏定义部分组合成完整的程序。

```
    #include <stdio.h>
```

任务测试

根据任务 1 所学内容，完成下列测试

1. 在宏定义 #define A 3.897678 中，宏名 A 代替一个（　　）。
   A．单精度数　　　　　　　　B．双精度数
   C．常量　　　　　　　　　　D．字符串
2. 以下叙述中正确的是（　　）。
   A．预处理命令行必须位于源文件的开头
   B．在源文件的一行上可以有多条预处理命令
   C．宏名必须用大写字母表示
   D．宏定义不占用程序的运行时间
3. C 语言的编译系统对宏定义的处理是（　　）。
   A．在程序运行时进行的
   B．在程序连接时进行的
   C．和 C 语言程序中的其他语句同时进行的
   D．在对源程序中其他语句正式编译之前进行的
4. 下面程序的输出结果是（　　）。

```
1)  #include <stdio.h>
2)  #define M 5
3)  #define N M+M
4)  main()
5)  { int k;
6)    k=N*N*5;
7)    printf("%d\n",k);
8)  }
```

   A．55　　　　　　　　　　　B．500
   C．50　　　　　　　　　　　D．550
5. 下面程序的运行结果为（　　）。

```
1)  #include <stdio.h>
2)  #define A 3.897678
3)  main()
4)  { printf("A=%f", A);
5)  }
```

   A．3.897678=3.897678　　　　B．3.897678=A
   C．A=3.897678　　　　　　　D．无结果

任务评价

项目8：编译预处理命令			任务1：宏定义的使用	
班级		姓名	综合得分	
知识学习情况评价（30%）				
评价内容	分值	自评（30%）	师评（70%）	得分
无参数宏定义、有参数宏定义的语法格式	10			
有参数宏定义与有参函数的比较	10			
文件包含语法格式	10			
能力训练情况评价（60%）				
评价内容	分值	自评（30%）	师评（70%）	得分
掌握无参数宏定义替换的方法	10			
掌握有参数宏定义替换的方法	20			
掌握有参数宏定义替换过程与有参函数调用过程的区别	20			
掌握调用库函数过程中头文件的正确包含方法	10			
素质养成情况评价（10%）				
评价内容	分值	自评（30%）	师评（70%）	得分
出勤及课堂秩序	2			
严格遵守实训操作规程	4			
团队协作及创新能力养成	4			

任务 2 条件编译的使用

任务描述

一般情况下，C 语言源程序中的每一行代码都要参加编译。但有时出于对程序代码优化的考虑，希望只对其中一部分内容进行编译，此时就需要在程序中加上条件，让编译器只对满足条件的代码进行编译，将不满足条件的代码舍弃，这就是条件编译。本任务将通过对条件编译格式的分析，使学习者掌握正确使用条件编译的方法。

任务准备

常用的条件编译指令有#if 指令、#endif 指令、#ifdef 指令、#ifndef 指令、#else 指令等。根据不同的条件编译指令的组合，条件编译有如下三种格式。

1. #if 格式

#if 格式如下：

```
#if 表达式
    程序段1
#else
    程序段2
#endif
```

当表达式的值为真时，编译程序段 1，否则编译程序段 2。其中，#else 也可以不写，类似于程序的选择结构。

【实例 1】应用#if 示例。

```
1)   #include  <stdio.h>
2)   #define  P  1
3)   main()
4)   {
5)    #if P                    /*如果P为真，编译下面语句*/
6)    printf("***\n");
7)    #else                    /*如果P为假，编译下面语句*/
8)    printf("###\n");
9)    #endif
10)  }
```

运行结果如下。

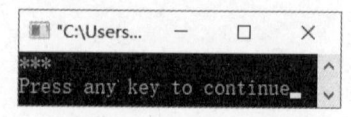

```
***
Press any key to continue
```

程序开始已经宏定义 P 为 1，在条件编译时，表达式的值为真，输出星号。

> **小贴士**
>
> 该条件编译指令的功能也可以用条件语句来实现，但是用条件语句会对整个源程序进行编译，生成的目标代码程序很长，而条件编译允许只编译源程序中满足条件的程序段，使生成的目标程序段很短，从而减少了内存的开销，提高了程序的效率。

2. #ifdef 格式

#ifdef 格式如下：

```
#ifdef 表达式
    程序段1
#else
    程序段2
#endif
```

当表达式已被宏定义时（用#define 定义），编译程序段 1，否则编译程序段 2。其中，#else 也可以不写。

【实例 2】条件编译，应用#ifdef。

```
1)  #include <stdio.h>
2)  main()
3)  {
4)      #ifdef  P                  /*如果P已经被宏定义，编译下面语句*/
5)      printf("***\n");
6)      #else                      /*如果P没有被宏定义，编译下面语句*/
7)      printf("###\n");
8)      #endif
9)  }
```

运行结果如下。

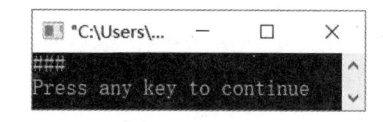

```
###
Press any key to continue
```

上例中因为 P 没有被宏定义，所以输出#号。

3. #ifndef 格式

#ifndef 格式如下：

```
#ifndef 表达式
    程序段1
#else
    程序段2
#endif
```

这种形式与第 2 种形式很相似，但是作用截然相反。它的作用是：如果表达式未被宏定义，则编译执行程序段 1，否则编译执行程序段 2。

想一想

运行下列程序，注意与实例2的区别。

```
1)  #include <stdio.h>
2)  main()
3)  {
4)    #ifndef P            /*如果P未被宏定义,编译下面语句*/
5)    printf("***\n");
6)    #else                /*如果P已经被宏定义,编译下面语句*/
7)    printf("###\n");
8)    #endif
9)  }
```

● 写出运行结果。

_____

_____

任务实现

训练：应用#if条件编译，完成对于任意正整数的奇偶数判断。编程实现，例如该数为6，要求输出如下信息。

****

6是偶数

****

（1）训练分析

对于正整数的奇偶数判断，在选择结构中已经训练过，使用 if 语句即可实现。本训练中要求使用#if条件编译来完成，这种方法可以使生成的目标程序段很短，从而减少了内存的开销，提高了程序的效率。

（2）操作步骤

① 写出用 P 替换待判断的正整数的宏定义语句。

```
#define P 6
```

② 写出用 M 替换判断奇偶数表达式的宏定义语句。

```
#define M _____
```

③ 写出使用#if条件编译实现的程序。

```
1)  #include <stdio.h>
2)  #define P 6
3)  #define M _____
4)  main()
5)  { printf("************\n");
6)    #if _____           /*如果表达式为真,编译下面语句*/
7)    _____
8)    #else                 /*如果表达式为假,编译下面语句*/
```

```
9)      _____
10)     #endif
11)     printf("************\n");
12) }
```

④ 优化程序，使用宏定义，简化 printf("************\n");的使用，写出完整的程序。

```
#include <stdio.h>
```

任务测试

根据任务 2 所学内容，完成下列测试

1. 下面哪个不是 C 语言提供的预处理功能？（　　）
   A．宏定义　　　　B．枚举　　　　C．条件编译　　　　D．文件包含
2. 下列哪个编译指令属于条件编译指令？（　　）
   A．#include　　　B．#define　　　C．#else　　　　　D．#pragma
3. 下面不是常用的条件编译指令的是（　　）。
   A．#include　　　B．#ifdef　　　　C．#ifndef　　　　D．#else
4. 如果程序中有#ifdef 表达式，意味着（　　）。
   A．分支语句　　　　　　　　　　B．宏定义一个函数
   C．判定条件　　　　　　　　　　D．文件包含
5. 下列说法中正确的是（　　）。
   A．#if 是预处理命令
   B．#ifdef 和#ifndef 意义相同，用法一致
   C．#else 可以单独使用
   D．编译器对程序的所有代码都会编译

任务评价

项目8：编译预处理命令		任务2：条件编译的使用		
班级		姓名		综合得分	

知识学习情况评价（30%）				
评价内容	分值	自评（30%）	师评（70%）	得分
#if 的格式	10			
#ifdef 的格式	10			
#ifndef 的格式	10			

能力训练情况评价（60%）				
评价内容	分值	自评（30%）	师评（70%）	得分
掌握三种条件编译的使用方法	30			
掌握使用条件编译和使用 if 语句解决问题的区别	30			

素质养成情况评价（10%）				
评价内容	分值	自评（30%）	师评（70%）	得分
出勤及课堂秩序	2			
严格遵守实训操作规程	4			
团队协作及创新能力养成	4			

项目小结及测试 8

分析小结

通过对宏定义、文件包含、条件编译等知识的学习，使学习者掌握了无参数宏定义和有参数宏定义的使用方法，理解了有参数宏定义与有参函数的不同，掌握了文件包含的使用方法，尤其是在选用库函数时，明确了要引用哪个头文件，掌握了条件编译命令的使用方法。通过训练，学习者具备了在程序编译预处理过程中综合运用所学知识解决问题的能力。

学习笔记

·重点知识·

·易错点·

思考实践

在此基础上，如何运用指针进行程序设计是接下要思考的问题。
- 什么是指针？
- 指针在数组中怎么应用？
- 指针在函数中怎么应用？
- 指针在程序设计中怎么应用？

这一系列的问题会在后续的任务中详细介绍，请在学习中寻找答案。

项目测试

根据项目所学内容，完成下列测试

1. 请完成以下单项选择题

（1）在宏定义#define PI 3.14159 中，用宏名 PI 代替一个（　　）。
　　A．单精度数　　　B．双精度数　　　C．常量　　　D．字符串

（2）有如下程序，该程序中的 for 循环执行的次数是（　　）。

```
1)    #define  N    2
2)    #define  M    N+1
3)    #define  NUM  2*M+1
4)    main()
5)    { int  i;
6)       for(i=1;i<=NUM;i++)  printf("%d\n",i);
7)    }
```
　　A．5　　　　　　B．6　　　　　　C．7　　　　　　D．8

（3）执行下面的程序后，a 的值是（　　）。

```
1)    #define  SQR(X)   X*X
```

```
2)    main( )
3)    { int  a=10,k=2,m=1;
4)      a/=SQR(k+m)/SQR(k+m);
5)      printf("%d\n",a);
6)    }
```

  A. 10　　　　　B. 1　　　　　　C. 9　　　　　　D. 0

（4）设有以下宏定义：

```
#define  N  3
#define  Y(n)  ((N+1)*n)
```

执行语句：

```
z=2*(N+Y(5+1));
```

后，z 的值为（　　）。

  A. 出错　　　　B. 42　　　　　C. 48　　　　　D. 54

（5）下面程序运行后的输出结果是（　　）。

```
1)    #include <stdio.h>
2)    #define  PT  5.5
3)    #define  S(x)  PT*x*x
4)    main()
5)    { int  a=1,b=2;
6)      printf("%4.1f\n",S(a+b));
7)    }
```

  A. 49.5　　　　B. 9.5　　　　　C. 22.0　　　　D. 45.0

（6）下面程序运行后的输出结果是（　　）。

```
1)    #define  f(x)  x*x
2)    main( )
3)    { int  a=6,b=2,c;
4)      c=f(a)/f(b);
5)      printf("%d\n",c);
6)    }
```

  A. 9　　　　　　B. 6　　　　　　C. 36　　　　　D. 18

2．课后实战，完成下列演练

【实战1】用宏定义实现球的体积的计算。

【实战2】用宏定义实现两个整数的交换。

项目 9

应用指针程序设计

指针是 C 语言中一种重要的数据类型，也是 C 语言的一个重要特色，正确理解和掌握指针的概念及其使用方法，可以使得程序更加简洁、运行效率更高。通过指针不仅可以实现对变量的间接访问，还可以方便地操作数组、字符串及函数，可以说指针是 C 语言程序设计的精华。本项目将从指针的概念入手，从不同类型的指针变量定义讲解指针访问不同变量的方法，在此基础上，通过对使用指针访问数组、字符串、函数等内容的讲解，可掌握应用指针程序设计的方法。通过训练使学习者掌握指针的经典用法及注意事项，为后续学习结构体、链表操作、文件操作等打下基础。

学习目标

- 掌握指针的特性和应用方法
- 掌握指针变量的定义和使用方法
- 掌握数组的指针及使用方法
- 掌握行指针变量的定义和使用方法
- 掌握指针数组的定义和使用方法
- 掌握运用指针变量对字符串操作的方法
- 掌握函数的指针及使用方法
- 了解返回值是指针的函数的使用方法

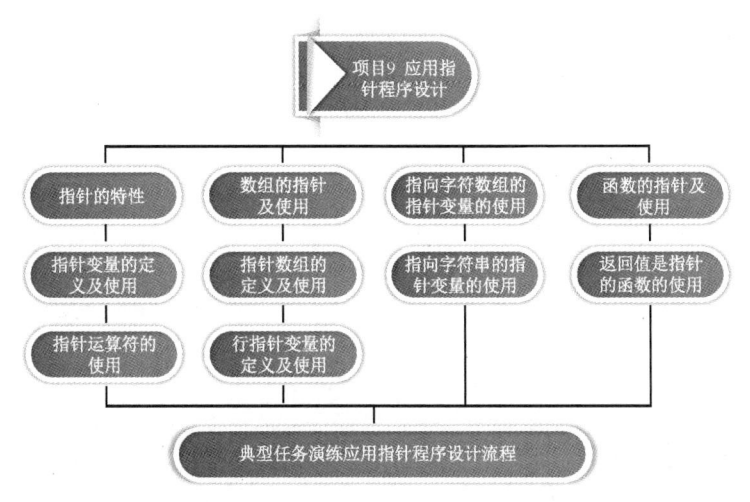

知识导图

项目9 应用指针程序设计

- 指针的特性
  - 指针变量的定义及使用
  - 指针运算符的使用
- 数组的指针及使用
  - 指针数组的定义及使用
  - 行指针变量的定义及使用
- 指向字符数组的指针变量的使用
  - 指向字符串的指针变量的使用
- 函数的指针及使用
  - 返回值是指针的函数的使用

典型任务演练应用指针程序设计流程

项目导入　投递准确的快递员 >>>

电商购物已经成为现代人们非常普遍的一种购物方式，很多人都有收发快递的经历，在极个别的情况下，可能会出现投递错误的情况，比如两个人打开快递后发现不是自己的，而是对方的，出错的原因很可能是寄件人把两个人的地址看错了。如果把收件人的收件箱比作变量，把快递比作变量值，收件人的地址就是指针，而存储指针的就是指针变量。下面就通过一个实例，感受一下通过指针访问变量的方法。

【实例】 食品店有鲜牛奶、酸奶、鲜榨果汁等商品，可提供"每月优惠订购，每日送货到家"服务，小红订购了一种商品，快递员在小红家安装了一个收件箱，每日按时送货。用函数调用的方法来模拟一下这个收发商品的过程吧。

1. 目标分析

按照题目描述，梳理一下订购、收发商品的过程，首先选购商品，填写地址，快递员到家安装收件箱，订购人和快递员各一把收件箱的钥匙，快递员每天开柜投递商品，订购人每天开柜取商品。这个实例的核心点是快递员和订购人共用收件箱，快递员是"放入"，订购人是"取出"（访问）。解决问题的关键是把题目中提到的信息抽象成 C 语言程序中的元素。

2. 问题思考

● 收件箱、订购的商品、收件箱的钥匙，这些信息相当于 C 语言程序中的哪些元素？

_____

● 根据订购、收发商品的过程，看一看哪个环节能独立成函数模块？

_____

● 什么数据可以作为函数参数？

_____

● 指针该如何使用？

_____

3. 学习小测

写出程序步骤的文字描述。

_____

任务 1 指针访问变量

任务描述

本任务将从地址、存储单元等方面向学习者介绍有关指针的一些必备知识，在此基础上，通过对多级指针的分析，使学习者掌握 C 语言程序中指针访问变量的方法。

任务准备

1. 指针的特性

（1）地址

在计算机中，所有的数据都存放在存储器中，一般把存储器中的每一字节称为一个存储单元。为了方便对内存的访问，每个存储单元都有一个编号，这个编号就是地址。

不同数据所占用的存储单元的个数是不同的，例如，短整型数据占用 2 字节存储单元，字符型数据占用 1 字节存储单元。

【实例 1】数据占用存储单元示例。

```
1)  #include <stdio.h>
2)  main()
3)  { char b[2]={'M','N'};
4)    short a[2]={2,3};
5)    printf("%x\n",&a[0]);
6)    printf("%x\n",&a[1]);
7)    printf("%x\n",&b[0]);
8)    printf("%x\n",&b[1]);
9)  }
```

该实例的运行结果为：

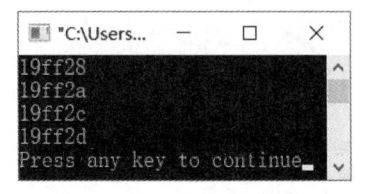

```
19ff28
19ff2a
19ff2c
19ff2d
Press any key to continue_
```

在存储器中数组 a 的地址为 19ff28～19ff2b，其中首地址为 19ff28。数组 b 的地址为 19ff2c～19ff2d，其中首地址为 19ff2c。如图 9-1 所示，可以看出不同数据所占用的存储单元的个数不同。

> **小贴士**
>
> 在程序中，所有的变量都要先定义后使用，目的就是在编译时会为它们在存储器中分配相应的存储单元。

(2) 指针

在计算机中，对一个存储单元的访问是通过地址来实现的，即地址"指向"需要操作的存储单元，因此把地址形象地称为指针。如图 9-2 所示，变量 a 的指针为 19ff30，变量 a 的值（内容）为 5。

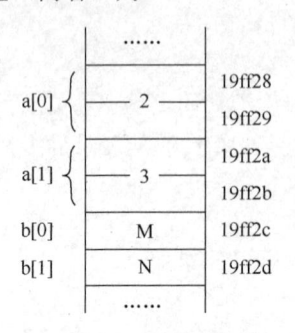

图 9-1 数据占用存储单元

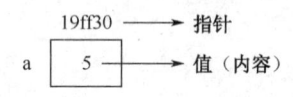

图 9-2 变量 a 的内容和指针

(3) 直接访问与间接访问

变量的访问方式有两种：直接访问和间接访问。

直接访问：按变量地址存取变量值（内容）的方式称为直接访问，如图 9-3 所示。

间接访问：如果变量的地址存储在另一个变量的存储单元中，如图 9-4 所示，变量 a 的地址存储在变量 p 的存储单元中，此时，需要先访问变量 p，取得变量 p 的值（变量 a 的地址），通过该地址再存取变量 a 的值，这种方式称为间接访问。

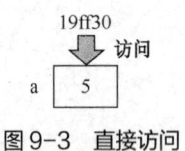

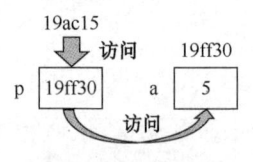

图 9-3 直接访问

图 9-4 间接访问

(4) 指针变量的含义

地址本身也是数据，当某一变量的地址作为数据被存放在另一个变量中时，那么用来存放指针数据的变量就叫作指针变量。如图 9-4 所示，变量 a 的地址作为数据被存放在变量 p 中，那么变量 p 就是一个指针变量。

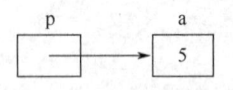

图 9-5 "指向"关系图

为了简便起见，用箭头来表示这种通过地址进行间接访问的"指向"关系，因此图 9-4 就可以简化为如图 9-5 所示的关系图，可以称为"指针变量 p 指向变量 a"。在后续的任务中，都用这种简单关系图来描述问题。

2. 指向变量的指针变量

(1) 指针变量的定义

C 语言规定程序中使用的变量必须先定义，指定其类型，编译程序会根据变量的类型分配存储单元，指针变量是用来存放指针的，必须定义成"指针类型"。

指针变量的定义形式为：

　　类型 *指针变量名;

这里的"类型"表示指针变量所指向的变量的类型；"*"是一个标志，表示定义的是指针变量。例如：

```
int *p;
```

表示定义一个指针变量 p，它是指向整型变量的，所以变量 p 只能用来存放整型变量的地址。再如：

```
float *p1,*p2;
```

定义了两个指针变量 p1 和 p2，它们是指向实型变量的，所以 p1 和 p2 只能用来存放实型变量的地址。

（2）指针变量的赋值

可以给指针变量赋地址值，C 语言提供了取地址运算符"&"，它的作用是取得变量所占用存储单元的首地址。

例如：

```
int a,*p;
p=&a;
```

该语句就是将变量 a 的地址赋给指针变量 p。

小贴士

变量 a 的类型和指针变量 p 的类型必须一致，可以在定义指针变量的同时对其初始化。例如：

```
int a;
int *p=&a;
```

想一想

下列赋值方式正确吗？

```
float a;
int *p;
p=&a;
```

● 分析原因，改正错误。

_____

_____

小贴士

也可以给指针变量赋空值，例如：p=NULL;，NULL 的代码值为零。所以上述语句等价于：p=0;或 p= '\0';，这时指针 p 并不是指向 0 的存储单元，而是一个空值，或者说它不指向任何内存单元。

（3）通过指针变量访问变量

通过指针变量访问变量要借助于 C 语言提供的指针运算符，也称为间接访问运算符，它的写法为"*"。指针运算符优先级较高，可查阅附录与其他运算符进行比较。它的作用是通过指针变量间接访问所指向的变量。

指针运算符是单目运算符,它的运算对象是一个地址值,其与运算对象组成的表达式格式为:

  *运算对象

例如:有定义 int x,*p=&x;,则*p 就等于 x。

【实例2】通过指针变量访问变量示例。

```
1)    #include <stdio.h>
2)    main()
3)    { int  x,*p;
4)      x=10;
5)      p=&x;                    /*将变量x的地址赋给指针变量p*/
6)      printf("%d\n",*p);       /*计算表达式*p的值(x)作为输出项*/
7)      *p=20;                   /*计算表达式*p的值(x),将20赋给x*/
8)      printf("%d\n",x);
9)    }
```

该实例的运行结果为:

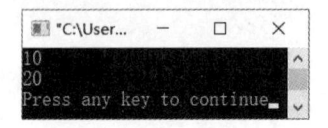

```
10
20
Press any key to continue_
```

想一想

在上例中,*p 出现了 3 次(程序中的第 3 行、第 6 行、第 7 行),试说出它们的异同点。

- 请写出 3 处出现的*p异同点。

_____

- 试总结 '*' 的不同用法。

_____

3. 指向指针的指针变量

如果一个指针变量存放的是另一个指针变量的地址,则称这个指针变量为指向指针的指针变量。

假设有一个 int 类型的变量 a,p1 是指向 a 的指针变量,p2 又是指向 p1 的指针变量,它们的关系如图 9-6 所示。

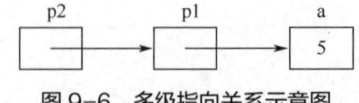

  p2 → p1 → a = 5

图 9-6 多级指向关系示意图

从图 9-6 可以看出,这是一个"多级指向"的关系,其中指针变量 p1 称为一级指针变量，指针变量 p2 称为二级指针变量。

二级指针变量就被称为指向指针的指针变量，其定义形式为：

　　类型　**指针变量名；

例如：

　　int **p;

【实例3】将图 9-6 所示的多级指向关系转换为 C 语言代码。

```
1)    #include <stdio.h>
2)    main()
3)    { int  a=5,*p1,**p2;
4)      p1=&a;
5)      p2=&p1;
6)      printf("%d\n",*p1);    /*计算表达式*p1的值（a）作为输出项*/
7)      printf("%d\n",*p2);    /*计算表达式*p2的值（a的地址）作为输出项*/
8)      printf("%d\n",&a);     /*输出变量a的地址*/
9)      **p2=10;               /*计算表达式**p2的值（a），将10赋给a*/
10)     printf("%d\n",a);
11)   }
```

该实例的运行结果为：

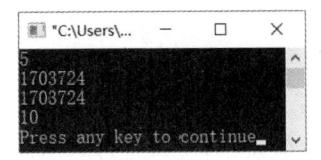

```
5
1703724
1703724
10
Press any key to continue_
```

想一想

在上例中多次出现了'*'，试说出它们的作用。

● 请写出程序中'*'的不同作用。

_____

_____

● 写出表达式 **p2=10 的计算过程。

_____

_____

_____

任务实现

训练：食品店有鲜牛奶、酸奶、鲜榨果汁等商品，可提供"每月优惠订购，每日送货到家"服务，小红订购了一种商品，快递员在小红家安装了一个收件箱，每日按时送货。用函数调用的方法来模拟一下这个收发商品的过程吧。编程实现，要求输出如下信息。

*******欢迎光临******

1.鲜牛奶

2.酸奶

3.鲜榨果汁

（0.结束）

****

请输入订购商品编码：2

快递员已送货！

订购人开箱取商品：2

****

请输入订购商品编码：6

编码错，订购失败！

订购人开箱取商品：0

****

请输入订购商品编码：0

*********谢谢********

（1）训练分析

在"项目导入"中，已经对该问题进行了初步分析，按照题目描述，梳理一下订购、收发商品的过程。首先选购商品，填写地址，快递员到家安装收件箱，订购人和快递员各有一把收件箱的钥匙，快递员每天开柜投递商品，订购人每天开柜取商品。这个任务的核心点是快递员和订购人共用收件箱，快递员是"放入"，订购人是"取出"（访问）。解决问题的关键是把题目中提到的信息抽象成 C 语言程序中的元素。

另外，根据给出的输出结果，可以发现程序可以重复输入订购编号，当输入错误时，会提示错误信息，输入 0 时结束。

（2）操作步骤

① 将训练中提到的信息抽象成 C 语言程序中的元素：收件箱相当于变量，订购的商品相当于变量值，收件箱的钥匙相当于变量的指针。

② 功能划分。

a. 主函数内定义一个变量（代表收件箱，赋初值为 0，说明收件箱初始状态为空）、实现订购商品的选择（可以设定全局变量来存储订购商品的编号）和输出变量值（代表订购人每天开柜取商品这一过程）。

b. 函数 f 实现给变量赋值（代表快递员每天开柜投递商品这一过程）。

③ 调用方法：主函数调用函数 f。

④ 参数：将变量的地址值作为实参传递给形参（代表收件箱的钥匙订购人和快递员各一把）。

⑤ 函数 f 实现给变量赋值，流程图如图 9-7 所示。

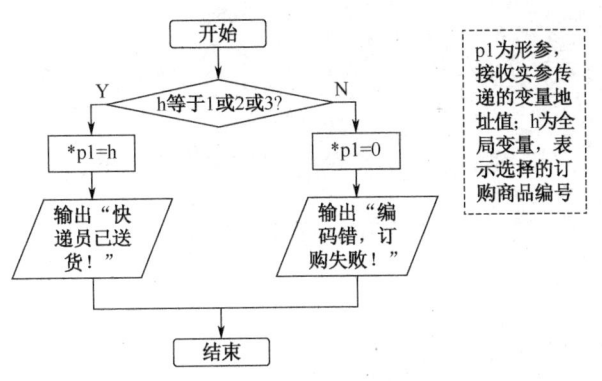

图9-7 函数f实现给变量赋值流程图

⑥ 编写主函数代码（包括全局变量定义）。

```
1)  #include <stdio.h>
2)  int h=0;                              /*全局变量h存储订购商品编号*/
3)  main()
4)  { int  a=0;
5)       printf("*******欢迎光临******\n");
6)    printf("1.鲜牛奶\n2.酸奶\n3.鲜榨果汁\n（0.结束）\n");
7)    for(;1;)                            /*永真循环实现重复输入订购商品编号*/
8)    { printf("********************\n");
9)      printf("请输入订购商品编码：");
10)     scanf("%d",&h);
11)     if(h==0)  break;                  /*如果h==0为真，跳出for循环*/
12)     f(&a);           /*调用函数f，实参为变量a的地址（指针值作实参）*/
13)     /*以下printf语句验证调用函数f是否在该地址的存储单元中放入值*/
14)     printf("订购人开箱取商品：%d\n",a);
15)    }
16)    printf("*********谢谢********\n");
17) }
```

⑦ 编写函数f定义部分代码，按要求将程序代码补充完整。

```
    void   f(int *p1)                     /*函数f的定义部分*/
    {


    }
```

⑧ 将主函数代码与函数f定义部分的代码组合成完整的程序。

```
#include <stdio.h>
```

任务测试

根据任务1所学内容，完成下列测试

1. 指针变量是把数据的（　　）作为其值的变量。
   A．数据值　　　　　　　　　　　B．地址
   C．变量名　　　　　　　　　　　D．数据名

2. 定义一个整型变量 i，并定义一个指向 i 的指针变量 p，正确的语句是（　　）。
   A．int i,*p;p=&i;　　　　　　　B．int i,*p;p=i;
   C．int i,*p;p=*i;　　　　　　　D．int i,*p;*p=&i;

3. 定义指针变量 p，使其可以指向指针变量 p1 的正确语句组是（　　）。
   A．int *p1,**p; p=p1;　　　　　B．int *p1,*p; p=&p1;
   C．int *p1,**p; p=&p1;　　　　 D．int *p1,**p; p=*p1;

4. 以下程序中调用 scanf 函数给变量 a 输入数值的方法是错误的，其错误原因是（　　）。

   ```
   1)    #include <stdio.h>
   2)    main()
   3)    { int *p,*q,a,b;
   4)      p=&a;
   5)      printf("input a:");
   6)      scanf("%d",*p);
   7)      ……
   8)    }
   ```

   A．*p 表示的是指针变量 p 的地址
   B．*p 表示的是变量 a 的值，而不是变量 a 的地址
   C．*p 表示的是指针变量 p 的值
   D．*p 只能用来说明 p 是一个指针变量

5. 有以下程序：

   ```
   1)    #include <stdio.h>
   2)    main()
   3)    { int  a=1,b=3,c=5;
   4)      int *p1=&a,*p2=&b,*p=&c;
   5)      *p=*p1*(*p2);
   6)      printf("%d\n",c);
   7)    }
   ```

   执行后的输出结果是（　　）。
   A．1　　　　　　　　　　　　　B．15
   C．3　　　　　　　　　　　　　D．4

任务评价

项目 9 应用指针程序设计			任务 1：指针访问变量		
班级		姓名		综合得分	
知识学习情况评价（30%）					
评价内容		分值	自评（30%）	师评（70%）	得分
地址与内容		10			
直接访问与间接访问		10			
指针的特性		10			
能力训练情况评价（60%）					
评价内容		分值	自评（30%）	师评（70%）	得分
掌握指针变量的定义方法		10			
掌握指针变量的赋值及使用方法		10			
掌握指针运算符的特性及计算方法		10			
掌握二级指针变量的定义及使用方法		10			
掌握指针作参数进行函数调用的方法		20			
素质养成情况评价（10%）					
评价内容		分值	自评（30%）	师评（70%）	得分
出勤及课堂秩序		2			
严格遵守实训操作规程		4			
团队协作及创新能力养成		4			

任务2　指针访问数组

任务描述

指针不仅可以指向基本类型变量，还可以指向数组等结构类型的数据。本任务将从数组的指针入手，从存储方式、指针移动等方面介绍有关指针访问数组的一些必备知识。在此基础上，通过对语句的分析，使学习者掌握指针访问数组的方法。

任务准备

C 语言中指针与数组之间存在密切关系，数组在内存中占用一块连续的空间，而指针的算术运算特别适合处理存储在连续内存空间中的同类型数据，所以利用指针可以更方便、更灵活地表示数组元素，从而提高运行效率。

1．数组的指针

数组是一系列具有相同类型的数据的集合，例如：

```
char b[]={"Hello!"};
```

该数组在存储器中的存储方式如图9-8所示。在 C 语言中，将第 0 个元素的地址称为数组的首地址，也可以用数组名来表示数组的首地址，因此数组名可以看作一个指针。

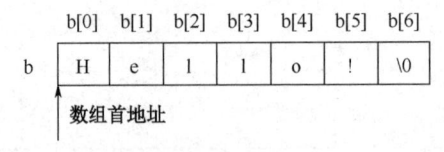

图 9-8　数组存储方式

2．指向数组的指针变量

（1）通过指针变量的加、减运算访问数组

指针变量可以存放数组首地址，并通过该指针变量的加减运算可以访问数组的各个元素。例如：

```
char b[]={"Hello!"};
char *p;
p=b;
```

以上定义表示将数组 b 的首地址赋值给指针变量 p，p 等于元素 b[0]的地址。如果计算 p+1，那么结果为下一个数组元素 b[1]的地址，以此类推，如图 9-9 所示。

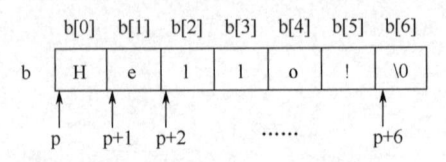

图 9-9　移动方式示意图

有一个运算要重点说明一下，在上例的基础上，求：*p 等于？

因为 p 等于元素 b[0]的地址，根据指针运算符"*"的运算法则，*p 应该等于 b[0]。以此类推，*(p+1)等于 b[1]、*(p+2)等于 b[2]……那么可以总结如下：

```
*(p+i)等于b[i]
```

【实例 1】使用指针来遍历数组元素。

```
1)   #include <stdio.h>
2)   main()
3)   { int a[5]={99,15,100,888,252};
4)     int i,*p=a;
5)     for(i=0;i<5;i++)  printf("%d ",*(p+i));
6)     printf("\n");
7)   }
```

该实例的运行结果为：

```
99 15 100 888 252
Press any key to continue
```

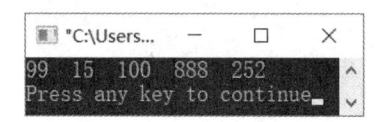

想一想

上例中是将数组的首地址赋值给指针变量 p，如果将元素 a[2]的地址赋值给指针变量 p，程序如下所示，那么运行结果是什么呢？

```
1)   #include <stdio.h>
2)   main()
3)   { int a[5]={99,15,100,888,252};
4)     int *p=&a[2];
5)     printf("%d ",*(p+2));
6)     printf("%d ",*(p-2));
7)     printf("\n");
8)   }
```

- 写出程序的运行结果。

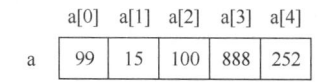

_____

_____

- 在图 9-10 中，分别标出 p、p+2、p-2 指向的位置。

	a[0]	a[1]	a[2]	a[3]	a[4]
a	99	15	100	888	252

图 9-10 数组 a 指针指向关系的示意图

（2）通过指针变量的自增、自减运算访问数组

如果对指针变量使用自增、自减运算，那么指针变量本身的位置是要发生改变的，例如：

```
char b[]={"Hello!"};
char *p;
```

```
p=b;
p++;
```

以上定义表示将数组 b 的首地址赋值给指针变量 p，然后指针变量自增 1，即 p=p+1，指针变量 p 前移一个元素的位置，指向下一个数组元素，如图 9-11 所示。

初始状态：

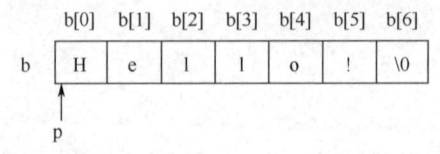

	b[0]	b[1]	b[2]	b[3]	b[4]	b[5]	b[6]
b	H	e	l	l	o	!	\0

↑
p

执行 p=p+1 后：

	b[0]	b[1]	b[2]	b[3]	b[4]	b[5]	b[6]
b	H	e	l	l	o	!	\0

↑
p

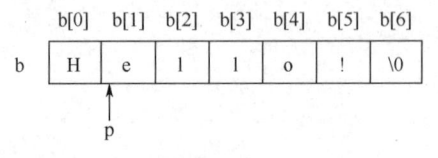

图 9-11　指针变量 p 的位置移动

【实例 2】借助自增运算符来遍历数组元素。

```
1)   #include <stdio.h>
2)   main()
3)   { int  a[5]={99,15,100,888,252};
4)     int  i,*p=a;
5)     for(i=0;i<5;i++)  printf("%d ",*(p++));
6)     printf("\n");
7)   }
```

该实例的运行结果为：

```
99 15 100 888 252
Press any key to continue_
```

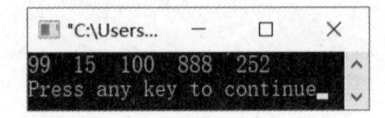

3. 指针数组

如果一个数组中的所有元素保存的都是指针，那么就称它为指针数组。指针数组的定义形式一般为：

　　类型　*数组名[数组长度];

例如：

　　int　*a[5];

[ ] 的优先级高于 *，该定义形式应该理解为：

　　类型　*(数组名[数组长度]);

以 int *a[5]; 为例进行说明：a 是一个数组，包含了 5 个元素，每个元素的类型都为 int *。

> **小贴士**
>
> 除了每个元素的数据类型不同，指针数组和普通数组在其他方面都是一样的。

【实例 3】 指针数组示例。

```
1)  #include <stdio.h>
2)  main()
3)  {  int  a=16,b=932,c=100;
4)     int  *w[3]={&a,&b,&c};
5)     int  **p=w;
6)     printf("%d,%d,%d\n",*w[0],*w[1],*w[2]);
7)     printf("%d\n",**(p+1));
8)  }
```

该实例的运行结果为：

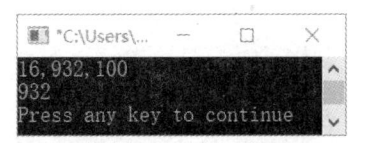

```
16,932,100
932
Press any key to continue
```

厘清这个实例思路的关键是要梳理出数组、变量之间的关系图，如图 9-12 所示。

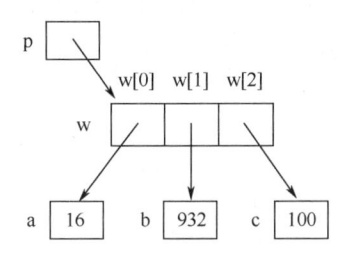

图 9-12　指针数组示意图

从图中看出，w 是一个指针数组，它包含了 3 个元素，每个元素都是一个指针，在定义 w 的同时，使用变量 a、b、c 的地址对它进行了初始化。p 是指向数组 w 的指针（指向数组 w 第 0 个元素的指针），它是一个二级指针变量。

程序中有两个表达式需要计算，第一个表达式如下：

w[0]等价于(&a)，根据指针运算符运算法则，*(&a)等于 a。

以此类推：

w[1]等价于(&b)，等于 b。

w[2]等价于(&c)，等于 c。

第二个表达式如下：

```
**(p+1)
=*(*(p+1))
=*(*(&w[1]))
=*(w[1])
=*(&b)
=b
```

想一想

在实例 3 中增加语句 p=p+1，如下面程序所示，运行结果是什么？

```
1)  #include <stdio.h>
```

```
2)    main()
3)    { int   a=16,b=932,c=100;
4)      int   *w[3]={&a,&b,&c};
5)      int   **p=w;
6)      printf("%d,%d,%d\n",*w[0],*w[1],*w[2]);
7)      p=p+1;                                    /*增加语句p=p+1*/
8)      printf("%d\n",**(p+1));
9)    }
```

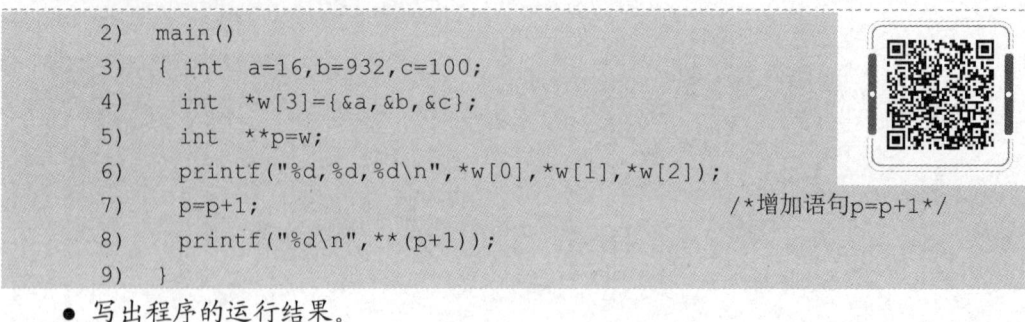

● 写出程序的运行结果。

_____

_____

4．二维数组的行指针

（1）指向二维数组的一般指针变量

在项目 6 中讲解过二维数组，二维数组有行和列，例如：

```
short  arr[2][3]={{12,3,0},{23,0,0}};
```

二维数组 arr 的行、列关系示意图如图 9-13 所示。

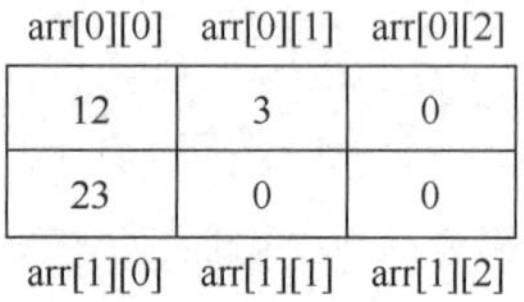

arr[0][0]	arr[0][1]	arr[0][2]
12	3	0
23	0	0
arr[1][0]	arr[1][1]	arr[1][2]

图 9-13　二维数组 arr 的行、列关系示意图

在内存中，二维数组元素是连续存储的，各个元素按行依次存储，每个元素占用的字节都由定义数组时的数据类型决定，如图 9-14 所示。

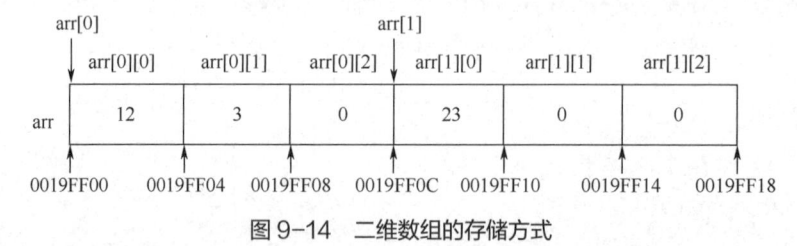

图 9-14　二维数组的存储方式

从上图中可以看出，C 语言中的二维数组是按行排列的，先存放 arr[0] 行，再存放 arr[1] 行，每行中的 3 个元素也是依次存放的。数组 arr 为 short 类型，每个元素均占用 2 字节，整个数组共占用 2×（2×3）=12 字节。

如果定义一个指针变量，可将二维数组首地址赋给此变量，例如：

```
short  arr[2][3]={{12,3,0},{23,0,0}};
short  *p;
p=arr;
```

【实例 4】指向二维数组的指针变量示例。

```
1)    #include <stdio.h>
```

```
2)    main()
3)    { short  arr[2][3]={{12,3,0},{23,0,0}};
4)      short  *p=arr;
5)      printf("%d ",*p);
6)      printf("%d ",*(p+1));
7)      printf("\n");
8)    }
```

该实例的运行结果为:

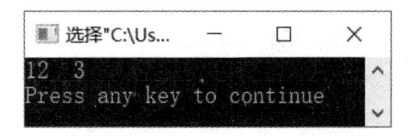

```
选择"C:\Us...    —    □    ×
12  3
Press any key to continue
```

(2) 指向二维数组的行指针变量

C 语言允许把一个二维数组分解成多个"一维数组"来处理。例如:

　　int a[2][3];

对于数组 a, 它可以分解成两个"一维数组", 即 a[0]、a[1]。每个"一维数组"又包含了 3 个元素, 如 a[0]包含 a[0][0]、a[0][1]、a[0][2]。

假设数组 a 中第 0 个元素的地址为 1000, 那么每个数组元素的首地址如图 9-15 所示。

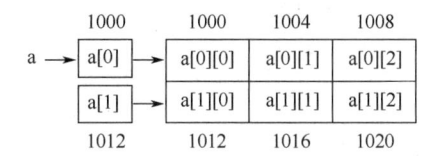

图 9-15　数组 a 中各元素的首地址示意图

为了更好地理解指针和二维数组的关系, 引入"行指针"变量这一概念, 定义形式为:

　　类型 (*行指针变量名)[二维数组列值];

以 int a[2][3];为例, 定义一个指向 a 的行指针变量 p:

　　int (*p)[4]=a;

括号中的*表明 p 是一个指针变量, 它指向一个二维数组。对行指针进行加法 (减法) 运算时, p+1 会使得指针指向二维数组的下一行, p-1 会使得指针指向数组的上一行。

【实例 5】行指针变量示例。

```
1)    #include <stdio.h>
2)    main()
3)    { int  a[3][4]={0,1,2,3,4,5,6,7,8,9,10,11};
4)      int  (*p)[4];
5)      int  i,j;
6)      p=a;
7)      for(i=0;i<3;i++)
8)      { for(j=0;j<4;j++)  printf("%2d ",*(*(p+i)+j));
9)        printf("\n");
10)     }
11)   }
```

该实例的运行结果为:

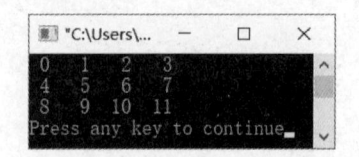

```
0    1    2    3
4    5    6    7
8    9   10   11
Press any key to continue_
```

小贴士

指针数组和行指针在定义时非常相似。
```
    int   *p1[5];       /*指针数组*/
    int   (*p2)[5];     /*行指针变量*/
```

任务实现

训练:将一个数插入按升序排列的数列中,新数列仍然有序。编程实现,要求输出如下信息。

****

原数组为:13   17   24   38   56

请输入要插入的数:20

新的数组为:13   17   20   24   38   56

****

(1)训练分析

要将一个数插入一个有序的数列中,首先要找到该数在新数列中的位置(确定插入点),然后将插入点后的所有数,在数列中向后移一个位置,空出插入点即可。完成编程的关键问题是使用数组作为数列的存储结构,分别用两个指针 p 和 q,指向数组的 a[4] 位置和 a[5]位置。从数组 a[4]元素开始逐个比较,如果 a[4]元素大于插入元素,该元素后移一个位置,如此重复,直到找到第一个不大于该数的元素的位置,然后将插入的数据填入该位置之后即可。

(2)操作步骤

① 定义数组 a[6],并赋值 13,17,24,38,56。

② 定义一个变量 x,表示待插入数据,并赋值 20。

③ 分别用两个指针 p 和 q,指向数组的 a[4]和 a[5]两个元素,如图 9-16 所示。

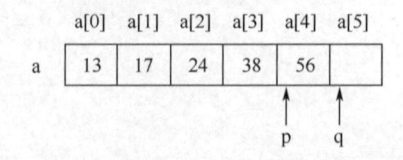

	a[0]	a[1]	a[2]	a[3]	a[4]	a[5]
a	13	17	24	38	56	
					↑	↑
					p	q

图 9-16 指针变量 p、q 的指向关系示意图

④ 从 a[4]开始逐个判断是否大于插入数,如果大于,则后移一位,然后指针向前移动,直到找到第一个不大于该数的元素,此位置即插入点,如图 9-17 所示。

第1次比较，20＜56，将56复制到*q，p和q向左移动，继续测试38

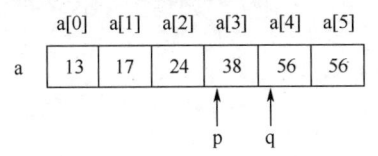

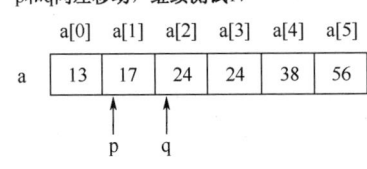

	a[0]	a[1]	a[2]	a[3]	a[4]	a[5]
a	13	17	24	38	56	56

　　　　　　　　　　　p　　q

第2次比较，20＜38，将38复制到*q，p和q向左移动，继续测试24

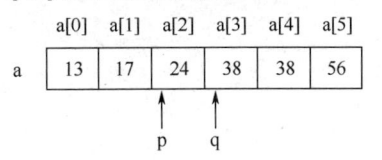

	a[0]	a[1]	a[2]	a[3]	a[4]	a[5]
a	13	17	24	38	38	56

　　　　　　　　　p　　q

第3次比较，20＜24，将24复制到*q，p和q向左移动，继续测试17

	a[0]	a[1]	a[2]	a[3]	a[4]	a[5]
a	13	17	24	24	38	56

　　　　　　　p　　q

第4次比较，20＞17，*q（a[2]）为新元素插入点

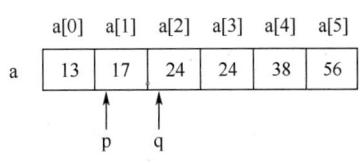

	a[0]	a[1]	a[2]	a[3]	a[4]	a[5]
a	13	17	24	24	38	56

　　　　　p　　q

图 9-17　数据比较时的指针移动示意图

⑤ 将上述数据比较、指针变量移动过程绘制成如图 9-18 所示的流程图片段。

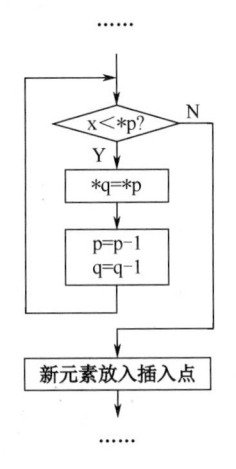

图 9-18　流程图

⑥ 按要求将程序代码补充完整。

```
1)    #include <stdio.h>
2)    main()
3)    { int a[6]={13,17,24,38,56},i,x;
4)      int *p,*q;
5)      printf("*********************************\n");
6)      printf("原数组为：");
7)      for(i=0;i<5;i++)    printf("%d ",a[i]);
8)      printf("\n请输入要插入的数：");
9)      scanf("%d",&x);
10)     p=a+4;                              /*指针变量p指向a[4]元素*/
11)     _____                         /*指针变量q指向a[5]元素*/
12)     while(_____)
13)     { _____                       /*数组中的数据向后移一位*/
14)       _____                       /*指针p前移*/
15)       _____                       /*指针q前移*/
```

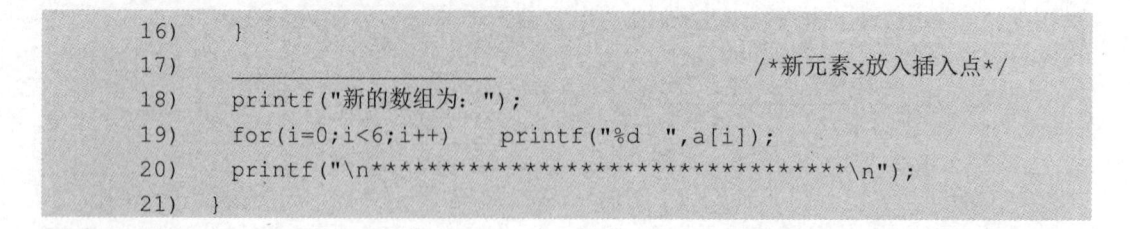

```
16)         }
17)         _____                    /*新元素x放入插入点*/
18)         printf("新的数组为：");
19)         for(i=0;i<6;i++)    printf("%d ",a[i]);
20)         printf("\n*********************************\n");
21)     }
```

任务测试

根据任务 2 所学内容，完成下列测试

1. 有以下程序段 int a[10]={1,2,3,4,5,6,7,8,9,10},*p=&a[3], b; b=p[5];，b 中的值是（　　）。

    A．5   B．6
    C．8   D．9

2. 若有以下定义，则 p+5 表示（　　）。
```
    int  a[10],*p=a;
```
    A．元素 a[5]的地址   B．元素 a[5]的值
    C．元素 a[6]的地址   D．元素 a[6]的值

3. 若有定义语句：int a[4][10],*p,*q[4];，且 0<=i<4，则错误的赋值是（　　）。

    A．p=a   B．p=&a[2][1]
    C．q[i]=a[i][0]   D．p=a[i]

4. 执行下列语句后的结果为（　　）。
```
    1)      int x=3,y;
    2)      int *px=&x;
    3)      y=*px++;
    4)      printf("x=%d,y=%d\n",x,y);
```
    A．x=3,y=3   B．x=4,y=4
    C．x=3,y 不知   D．x=3,y=4

任务评价

项目 9 应用指针程序设计			任务 2：指针访问数组		
班级		姓名		综合得分	
知识学习情况评价（30%）					
评价内容		分值	自评 （30%）	师评 （70%）	得分
数组的指针		10			
指针数组定义形式		10			
行指针变量定义形式		10			

续表

能力训练情况评价（60%）					
评价内容	分值	自评（30%）	师评（70%）	得分
掌握指针变量访问数组元素的方法	20			
掌握指针变量自增、自减移动的方法	20			
掌握指针数组的定义及使用方法	20			
素质养成情况评价（10%）					
评价内容	分值	自评（30%）	师评（70%）	得分
出勤及课堂秩序	2			
严格遵守实训操作规程	4			
团队协作及创新能力养成	4			

任务3 指针访问字符串和函数

任务描述

本任务将从字符串的指针入手，通过对语句的分析，掌握指针访问字符串的方法。同时进一步研究函数的存储方式，从函数的指针入手，通过对语句的分析，掌握指针访问函数的方法。

任务准备

1. 指向字符串的指针变量（字符串存储于字符数组）

字符串的指针就是字符串的首字符元素的地址。C 语言中没有特定的字符串类型，通常是将字符串放在一个字符数组中。

如果一个指针变量存放的是一个字符数组的首地址，那么这个指针变量就是指向字符串的指针变量。

【实例1】 指向字符串的指针变量示例。

```
1)   #include <stdio.h>
2)   #include <string.h>
3)   main()
4)   { char  str[]="welcome";
5)     char  *p=str;
6)     int  len=strlen(str),i;
7)     for(i=0;i<len;i++)   printf("%c", *(p+i));   /*逐个输出字符串中的字符*/
8)     printf("\n");
9)     printf("%s",p);                              /*一次性输出字符串*/
10)    printf("\n");
11)  }
```

该实例的运行结果为：

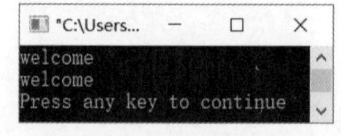

```
welcome
welcome
Press any key to continue
```

2. 指向字符串的指针变量（字符串直接赋值给指针变量）

除了字符数组，C 语言还支持另外一种表示字符串的方法，就是直接使用一个指针变量指向字符串，例如：

```
char *p="welcome";
```

或者

```
char *p;
p="welcome";
```

字符串中的所有字符在内存中都是连续排列的，p 指向的是字符串的第 0 个字符，通常将第 0 个字符的地址称为字符串的首地址。字符串中每个字符的类型都是 char，所以 p 的类型也必须是 char *。

【实例 2】输出字符串。

```
1)  #include <stdio.h>
2)  #include <string.h>
3)  main()
4)  { char *p="welcome";
5)    int len=strlen(p),i;
6)    for(i=0;i<len;i++)  printf("%c", *(p+i));
7)    printf("\n");
8)    printf("%s",p);
9)    printf("\n");
10) }
```

该实例的运行结果为：

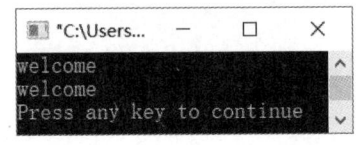

```
welcome
welcome
Press any key to continue
```

想一想

如果使用下列方式对指针变量 p 定义和赋值，那么上例中的程序需要做哪些改动呢？

```
char *p;
p="welcome";
```

- 将程序的变量定义和赋值部分补充完整。

```
#include <stdio.h>
#include <string.h>
main()
{




    for(i=0;i<len;i++)  printf("%c", *(p+i));
    printf("\n");
    printf("%s",p);
    printf("\n");
}
```

3. 函数的指针

函数的指针即该函数在存储器中所占存储空间的首地址，一个函数总是占用一段连续的存储空间，函数名同数组名的作用类似，表示该函数所在存储空间的首地址。

4. 指向函数的指针变量

可以把函数的首地址赋给一个指针变量，使指针变量指向函数所在的存储空间，然后通过指针变量就可以找到并调用该函数。

指向函数的指针变量的定义形式为：

返回值类型　(*变量名)(参数类型列表);

例如：

int　(*p)(int,int);

> **小贴士**
>
> 参数列表中可以同时给出参数的类型和名称，也可以只给出参数的类型，省略参数的名称。

【实例3】用指针来实现对函数的调用。

```
1)   #include <stdio.h>
2)   int max(int a,int b)
3)   {  return a>b?a:b;
4)   }
5)   main()
6)   { int x,y,m;
7)     int (*p)(int,int)=max;        /*定义指针变量p,将函数首地址赋值给p*/
8)     scanf("%d %d",&x,&y);
9)     m=(*p)(x,y);                  /*等价于m=max(x,y);*/
10)    printf("%d\n",m);
11)  }
```

该实例的运行结果为：

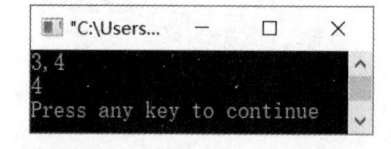

```
3,4
4
Press any key to continue
```

5. 返回指针值的函数

返回指针值的函数，本质是一个函数，函数返回值类型是某一类型的指针。该类函数定义形式为：

类型　*函数名(参数列表);

例如：

int　*f(x,y);

首先它是一个函数，只不过这个函数的返回值是一个地址值。函数返回值必须用同类型的指针变量来接收。

【实例4】返回指针值的函数示例。

```
1)   #include <stdio.h>
2)   int *f()                        /*函数f的返回值为整型变量的地址*/
3)   { static int a;
4)     a=10;
5)     printf("%d\n",a);
6)     return &a;                    /*返回值为整型变量a的地址*/
7)   }
8)   main()
9)   { int *p=NULL;
```

```
10)     p=f();                  /*指针变量p用来存放函数f的返回值*/
11)     printf("%d\n",*p);      /*指针变量p中存放了静态存储类别变量a的地址*/
12) }
```

该实例的运行结果为：

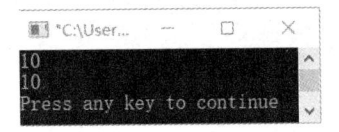

```
10
10
Press any key to continue
```

想一想

如果将上例程序中的 static 删除，如下面程序所示，那么程序运行结果会发生什么变化？

```
1)  #include <stdio.h>
2)  int *f()
3)  { int a;                    /*删除static*/
4)    a=10;
5)    printf("%d\n",a);
6)    return &a;
7)  }
8)  main()
9)  { int *p=NULL;
10)   p=f();
11)   printf("%d\n",*p);
12) }
```

● 写出程序的运行结果。

_____

_____

任务实现

训练：从终端输入密码，编写一个密码检测程序，要求输出如下信息。

****

请输入密码：shdwa1234

密码位数错！

****

请输入密码：pwd_43

密码错！

****

请输入密码：pwd_12

密码正确，欢迎！

****

或

****

请输入密码：shdwa1234

密码位数错！

****

请输入密码：pwd_43

密码错！

****

请输入密码：pdkuie

密码错！

密码输入错误超过三次，结束！

****

(1) 训练分析

密码检测过程实际上是输入一个字符串，并把它与已知字符串比较的过程，这种比较有三次机会，如果字符串完全一致，则表示密码输入成功，否则表示密码输入失败。完成编程的关键问题是，如何使用指针变量进行比较。采用的比较方法是，用两个字符指针分别指向两个字符串，首先比较两个字符串的长度，如果相等，再逐个进行字符比较，直到字符串结束。当两个字符串完全一致，表示密码输入成功，否则表示密码输入失败。可以设置三次比较机会，如果密码输入三次都不成功，则退出程序。

(2) 操作步骤

① 给定一个字符串代表密码原文，定义一个字符数组用来存放待输入的密码。

② 定义三个指向字符串的指针变量 p、p1 和 q，分别指向已知字符串和输入的字符串，如图 9-19 所示。

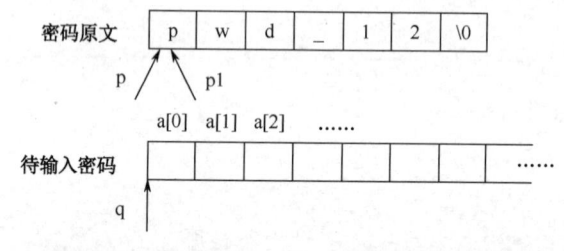

图 9-19 指针变量 p、p1、q 的指向关系示意图

③ 比较两个字符串。先比较两个字符串的长度，如果长度相等再比较每个字符。比较两个字符串长度时可使用以下表达式：

```
strlen(p)==strlen(q)                    /*比较两个字符串的长度*/
```

④ 在字符串长度相等的前提下，通过指针变量的移动逐一比较每个字符是否相等，如果遇到字符不相等的情况，说明输入的密码不正确，此时需要重新输入密码，同时指针变量要回到每个字符串的开始位置，过程如图 9-20 所示。

⑤ 设置三次输入密码的机会，如果在三次机会内密码比对成功，表示密码输入成功，否则表示密码输入失败。

① 第1次比较，*p1等于*q，p1和q向右移动　　② 第2次比较，*p1等于*q，p1和q向右移动

密码原文

| p | w | d | _ | 1 | 2 | \0 |

p ↑ ↑ p1

输入的密码 a[0] a[1] a[2] a[3] a[4] a[5] a[6] ……

| p | w | h | _ | 5 | 2 | \0 |

q ↑

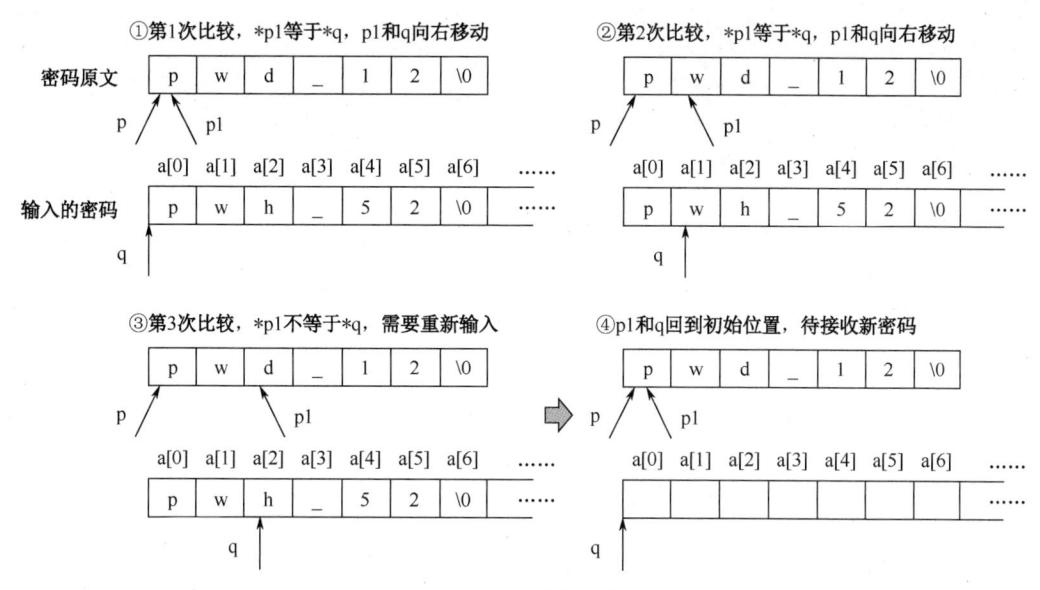

③ 第3次比较，*p1不等于*q，需要重新输入　　④ p1和q回到初始位置，待接收新密码

图9-20　字符串比较过程示意图

⑥ 将上述密码比较过程绘制成如图9-21所示的流程图片段。

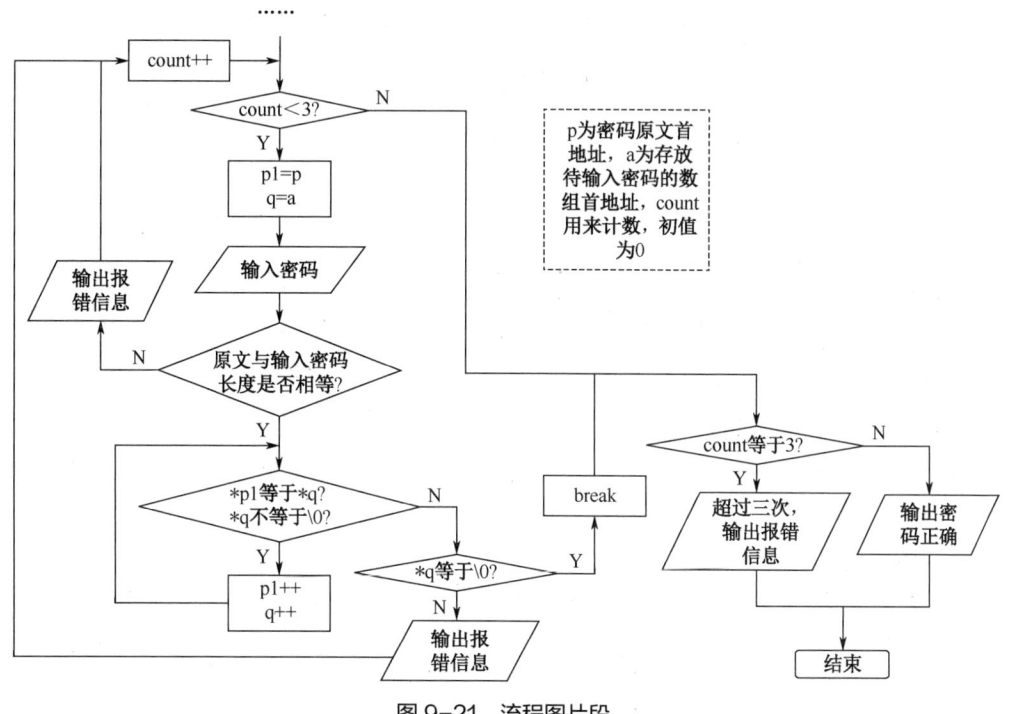

图9-21　流程图片段

⑦ 按要求将程序代码补充完整。

```
1)   #include <stdio.h>
2)   #include <string.h>
3)   main()
4)   { char *p="pwd_12",*q,*p1;
5)     char a[20];                    /*用来存放待输入的密码*/
```

```
6)      int  count=0;
7)      printf("*****************************\n");
8)      while(count<3)                          /*控制比对次数不超过三次*/
9)      { _____                      /*p1指向密码原文首地址*/
10)       _____                      /*q指向新输入密码首地址*/
11)       printf("请输入密码：");
12)       scanf("%s",_____);         /*通过q输入密码*/
13)       if(strlen(p1)==strlen(q))             /*比较两个字符串的长度*/
14)       { while(*q!='\0'&&*p1==*q)
15)           { _____                /*p1向右移动*/
16)             _____                /*q向右移动*/
17)           }
18)         if(*q=='\0')   break;               /*密码比较成功跳出循环*/
19)         else  printf("密码错！\n");
20)       }
21)       else printf("密码位数错！\n");
22)       count++;
23)     }
24)     if(count==3)  printf("密码输入错误超过三次，结束！\n");
25)     else   printf("密码正确，欢迎！\n");
26)     printf("*****************************\n");
27) }
```

任务测试

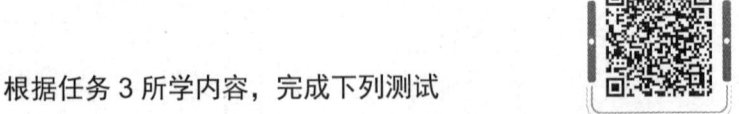

根据任务 3 所学内容，完成下列测试

1. 已有定义 int (*p)();，则指针 p 可以（   ）。
   A．代表函数的返回值
   B．指向函数的入口地址
   C．代表函数的类型
   D．表示函数的返回值类型

2. 已有函数 max(a,b)，为了让函数指针变量 p 指向函数 max，正确的赋值方法是（   ）。
   A．p=max;   B．p=max();
   C．*p=max;   D．*p=max(a,b);

3. 已知有定义 char a[]="program"，*p=a+1;，则执行以下语句不会输出字符 a 的是（   ）。
   A．putchar(*p+4);   B．putchar(*(p+4));
   C．putchar(a[sizeof(a)-3]); D．putchar(*(a+5));

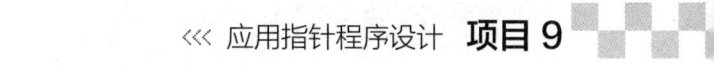

4. 下面程序的功能是将字符串 s 中所有的字符 c 删除，横线处的语句应为（　　）。

```
1)  #include <string.h>
2)  #include <stdio.h>
3)  main()
4)  { char s[80];
5)    int i,j;
6)    gets(s);
7)    for(i=j=0;s[i]!='\0';i++)
8)      if(s[i]!='c') _____ ;
9)    s[j]='\0';
10)   puts(s);
11) }
```

A．s[j++]=s[i]　　　　　　　　B．s[++j]=s[i]
C．s[j]=s[i];j++　　　　　　　　D．s[j]=s[i]

5. 若有定义 char s[]="123456",*p=s+1;，则 printf("%c\n",*p+1);的输出结果是（　　）。
A．1　　　　　　　　　　　　B．2
C．3　　　　　　　　　　　　D．4

任务评价

项目 9 应用指针程序设计			任务 3：指针访问字符串和函数		
班级		姓名		综合得分	
知识学习情况评价（30%）					
评价内容		分值	自评（30%）	师评（70%）	得分
指向字符串的指针变量的定义方法		10			
指向函数的指针变量的定义方法		10			
返回值是指针的函数的定义方法		10			
能力训练情况评价（60%）					
评价内容		分值	自评（30%）	师评（70%）	得分
掌握将字符串首地址赋值给指针变量的方法		10			
掌握测量字符串长度的方法		10			
掌握比较字符串是否相同的方法		20			
掌握使用指针变量调用函数的方法		20			
素质养成情况评价（10%）					
评价内容		分值	自评（30%）	师评（70%）	得分
出勤及课堂秩序		2			
严格遵守实训操作规程		4			
团队协作及创新能力养成		4			

项目小结及测试 9

分析小结

通过对指针变量等相关知识的学习，使学习者全面认识了对指针及指针的访问，在此基础上对指针在数组、字符串、函数等数据类型及相关程序中的应用也有了进一步的了解。通过训练使学习者掌握了在程序中如何正确使用指针变量访问整型变量、数组、字符串、函数等，具备了通过指针进行编程以解决实际问题的能力。

学习笔记

·重点知识·

·易错点·

思考实践

指针还有哪些典型应用是接下来要思考的问题。
- 结构体是什么类型数据？
- 如何通过指针访问结构体变量？
- 指针是如何应用到结构体形成链表的？
- 链表的主要操作有哪些？

项目测试

根据项目所学内容，完成下列测试

1. 请完成以下单项选择题

（1）以下程序的输出结果是（ ）。

```
1)    #include <stdio.h>
```

```
2)    main()
3)    { printf("%d\n",NULL);
4)    }
```
    A．因变量无定义输出不定值   B．0
    C．-1   D．1

（2）程序段的运行结果是（   ）。
```
char *p="abcdefgh";
p+=3;
printf("%s\n",p);
```
    A．abc   B．abcdefgh
    C．defgh   D．efgh

（3）若已定义 int a[]={0,1,2,3,4,5,6,7,8,9},*p=a,i;，其中 0<=i<=9，则对 a 数组元素的引用不正确的是（   ）。
    A．a[p-a]   B．*(&a[i])
    C．p[i]   D．*(*(a+i))

（4）以下程序的输出结果是（   ）。
```
1)    #include <stdio.h>
2)    main()
3)    { int  a[10]={1,2,3,4,5,6,7,8,9,10},*p=a;
4)      printf("%d",*(p+2));
5)    }
```
    A．3   B．4
    C．1   D．2

（5）以下程序的输出结果是（   ）。
```
1)    #include <stdio.h>
2)    void prtv(int *x)
3)    { printf("%d\n",++*x);
4)    }
5)    main()
6)    { int a=24;
7)      prtv(&a);
8)    }
```
    A．23   B．4
    C．25   D．26

2．请完成以下填空题

（1）变量的指针，其含义是指变量的_____。
（2）若有定义 int i,j,*p=&i;，请写出与 i==j 等价的比较表达式_____。
（3）以下程序运行结果是_____。
```
1)    #include <stdio.h>
2)    main()
3)    { char a[]="language",*p;
4)      p=a;
5)      while(*p!='u')
6)      { printf("%c",*p-32);
```

```
7)        p++;
8)      }
9)    }
```

3. 课后实战,完成下列演练

【实战 1】定义 3 个整型变量及整型指针变量,用指针的方式将整数按由小到大的顺序输出。

【实战 2】输入一个 2×3 的整型矩阵,使用指针实现输出矩阵中最大值。

项目 10
应用结构体与共用体程序设计

  C 语言的数据类型中除了基本数据类型，还包括了构造类型。在现实生活中，一些密切相关且数据类型不一样的数据在被处理时，用基本数据类型无法实现便捷操作，因此 C 语言引入了构造类型，结构体和共用体就属于构造类型。本项目将从结构体的定义入手，从结构体类型变量的定义及引用等方面介绍有关结构体的一些必备知识，在此基础上，通过对链表和共用体两方面内容的讲解，通过训练，可使学习者快速掌握结构体和共用体的使用方法及注意事项，为后续学习打下基础。

学习目标

- 掌握结构体的定义方法
- 掌握结构体的类型变量、数组、指针变量的定义和使用方法
- 掌握共用体的定义方法
- 掌握共用体类型变量的定义和使用方法
- 理解结构体与共用体的区别
- 掌握链表的构成要素及实现方法

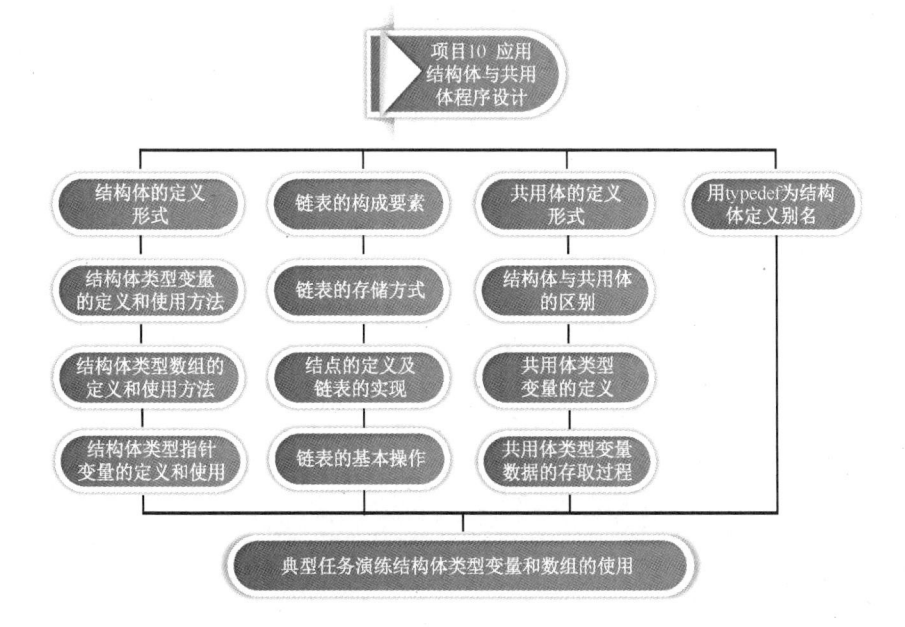

知识导图

项目10 应用结构体与共用体程序设计

- 结构体的定义形式
- 结构体类型变量的定义和使用方法
- 结构体类型数组的定义和使用方法
- 结构体类型指针变量的定义和使用

- 链表的构成要素
- 链表的存储方式
- 结点的定义及链表的实现
- 链表的基本操作

- 共用体的定义形式
- 结构体与共用体的区别
- 共用体类型变量的定义
- 共用体类型变量数据的存取过程

- 用 typedef 为结构体定义别名

典型任务演练结构体类型变量和数组的使用

项目导入　家庭话费小档案

在实际生活中，一组数据往往有很多种不同的数据类型。例如，登记学生的信息时，可能需要用到 char 型的姓名、int 型或 char 型的学号、int 型的年龄、char 型的性别、float 型的成绩；如果记录一本书的信息时，则需要 char 型的书名、char 型的作者名、float 型的价格。

在这种情况下，使用基本数据类型或数组都无法实现便捷操作，而使用结构体则可以有效地解决这个问题。程序员根据需求分析，为数据定义不同数据类型，并将其组合为结构体。下面就通过一个实例，练习用结构体解决问题的方法。

【实例】建立 1 月份家庭成员话费小档案，显示 1 月份每人话费情况，并统计当月家庭话费总额。

1. 目标分析

按照题目描述，分析数据的特点。程序中涉及的家庭成员话费档案，应该以每位家庭成员为基本数据单位，每位成员又包括若干信息，如姓名、电话号码、话费等。解题的关键是要分析每类数据的数据类型及如何组织这些数据。题目要求计算话费总额，因此只要将每位成员的话费累加即可。

2. 问题思考

● 根据题目描述，列出每位成员的基本信息（如姓名等），并写出它们的数据类型。

_____

_____

● 根据描述，档案以每位家庭成员为基本数据单位，可以用一维数组实现，试写出数组定义语句。

_____

_____

● 一维数组的每个元素都代表一位家庭成员，那么每位成员的若干信息该如何存入数组元素呢？预习结构体定义的方法，试将每位成员的信息都定义成一个结构体类型。

_____

_____

3. 学习小测

尝试完成程序步骤的文字描述。

_____

_____

任务 1 结构体及共用体类型的使用

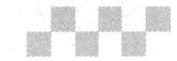

任务描述

本任务将从结构体的特点、结构体类型变量的定义和使用、结构体类型数组的定义和使用、共用体与结构体区别等方面介绍有关结构体和共用体的一些必备知识。在此基础上，通过对语句的分析，可使学习者掌握使用结构体类型编写基本程序的方法。

任务准备

1. 结构体类型变量

（1）结构体的定义

结构体是将不同类型的数据按照一定的功能需求进行整体封装，封装的数据类型与大小均由用户指定。因此，结构体本身也需要定义。

结构体的定义形式如下：

```
struct    结构体名
{ 数据类型1   成员名1;
  数据类型2   成员名2;
  ......
  数据类型3   成员名3;
};
```

定义结构体时有以下几点注意事项。

① struct 是结构体的关键字，不能省略。

② 结构体名是用户自定义的。

③ 结构体成员可以是基本数据类型，也可以是构造数据类型，因此，结构体可以嵌套使用，即一个结构体类型变量可以成为另一个结构体的成员。

④ 结构体的定义可以在主函数的内部，也可以在主函数的外部。在主函数内部定义的结构体，只对主函数内部可见；在主函数外部定义的结构体，从定义位置到程序结束之间的所有函数均可见。

例如：

```
struct    stu
{ int    num;
  char   name[5];
  char   g;
  float  s;
};
```

struct 是关键字，stu 是结构体名，该结构体包含了 4 个成员，分别是 num，name，g，s。

> **小贴士**
> 结构体成员的定义方式与普通变量的定义方式相同，但是不能初始化。

struct stu 是用户定义的一种新的数据类型，相当于一个模型，不能直接使用，系统也不会分配实际的存储空间，它的功能相当于 int、float 等，可以用 struct stu 定义相应的结构体类型变量。

（2）结构体类型变量的定义

结构体类型是一种自定义数据类型，其变量的定义方式与其他数据类型的类似，结构体类型变量的定义方式主要有以下两种。

① 先定义结构体再定义变量。

语法格式如下：

```
struct   结构体名
{ 数据类型1  成员名1;
  数据类型2  成员名2;
  ...
  数据类型3  成员名3;
};
结构体类型变量定义;
```

例如：

```
struct  stu
{ int    num;
  char   name[5];
  char   g;
  float  s;
};
struct  stu  s1,s2;
```

该例中定义了两个变量 s1、s2，均为结构体 stu 类型。这种方式将结构体定义和结构体类型变量定义分开。

② 定义结构体的同时定义变量。

语法格式如下：

```
struct   结构体名
{ 数据类型1  成员名1;
  数据类型2  成员名2;
  ......
  数据类型3  成员名3;
}结构体类型变量名列表;
```

例如：

```
struct  stu
{ int    num;
  char   name[5];
  char   g;
  float  s;
}s1,s2;
```

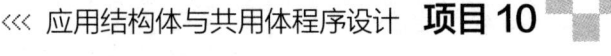

该例中将定义结构体类型变量 s1、s2 和定义结构体放在一起进行。

> **小贴士**
>
> 如果采用这种方式定义结构体类型变量，结构体名也可以省略不写，如下所示。
> ```
> struct
> { int     num;
>   char    name[5];
>   char    g;
>   float   s;
> }s1,s2;
> ```

（3）结构体类型变量的初始化

结构体类型变量初始化的一般格式为：

  struct 结构体名 结构体类型变量名={值1,值2,…};

例如：
```
struct stu
{ int     num;
  char    name[5];
  char    g;
  float   s;
};
struct stu s1={1001,"Liu",'M',95};
```

结构体类型变量 s1 包含 4 个值，分别对应 4 位成员，变量 s1 的存储结构如图 10-1 所示，初始化后的示意图如图 10-2 所示。

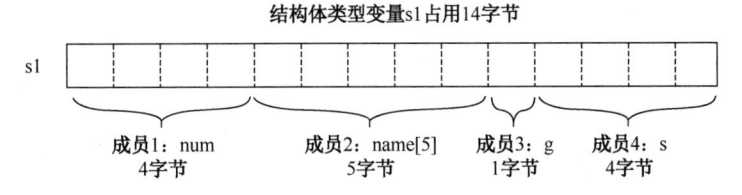

图 10-1　结构体类型变量 s1 的存储结构示意图

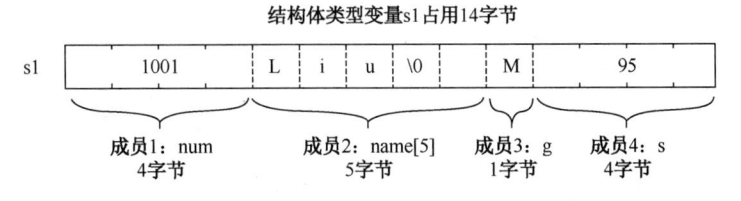

图 10-2　结构体类型变量 s1 初始化后的示意图

（4）结构体类型变量的引用

结构体类型变量的引用本质上是指对于成员的引用。引用结构体类型变量成员的一般形式如下：

  结构体类型变量名.成员名

例如：
```
s1.num
```

其中"."代表成员运算符，其优先级及结合性见附录。

【实例1】结构体类型变量的输出。

```
1)  #include <stdio.h>
2)  #include <string.h>
3)  main()
4)  { struct stu
5)    { int    num;
6)      char   name[5];
7)      float  s;
8)    };
9)    struct stu s1={1001,"Liu",95};
10)   printf("%d,%.2f\n",s1.num,s1.s);    /*输出变量s1两位成员的值*/
11) }
```

该实例的运行结果如下。

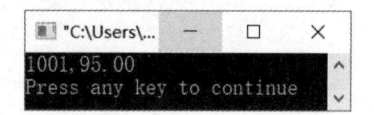

```
"C:\Users\...
1001,95.00
Press any key to continue
```

想一想

如果要使用%s控制输出成员name[5]，试将程序补充完整并运行。
- 将printf语句补充完整。

printf("%d,%s,%.2f\n",s1.num,_____,s1.s);

- 写出程序运行结果。

_____

_____

2. 结构体类型数组

（1）结构体类型数组的定义

结构体类型数组的定义与结构体类型变量的定义形式类似，也有两种形式。

形式1：

```
struct   结构体名
{ 数据类型1  成员名1;
  数据类型2  成员名2;
  ……
  数据类型3  成员名3;
};
结构体类型数组定义;
```

例如：

```
struct  stu
{ int   num;
  char  name[5];
  char  g;
```

```
    float   s;
};
struct  stu  s[3];
```

形式2：
```
struct    结构体名
{ 数据类型1  成员名1;
  数据类型2  成员名2;
  ……
  数据类型3  成员名3;
}结构体类型数组名列表;
```

例如：
```
struct  stu
{ int    num;
  char   name[5];
  char   g;
  float  s;
}s[3];
```

小贴士

采用形式2定义结构体类型数组时，结构体名也可以省略不写，如下所示。
```
struct
{ int    num;
  char   name[5];
  char   g;
  float  s;
}s[3];
```

（2）结构体类型数组的初始化

结构体类型数组的初始化与结构体类型变量的初始化类似，例如：
```
struct  stu
{ int    num;
  char   name[5];
  float  s;
};
struct  stu  s[3]={{1001,"Liu",92},{1002,"Li",90},{1003,"Wu",95}};
```

结构体类型数组 s 包含 3 个元素 s[0]、s[1]、s[2]，所有元素都是结构体类型，结构体类型数组 s 的存储结构示意图如图 10-3 所示，初始化后的存储结构示意图如图 10-4 所示。

（3）结构体类型数组的引用

结构体类型数组的引用本质上是指对于数组元素所包含成员的引用。引用结构体类型数组元素成员的一般形式如下：

结构体类型数组名[下标].成员名

例如：

s[1].num

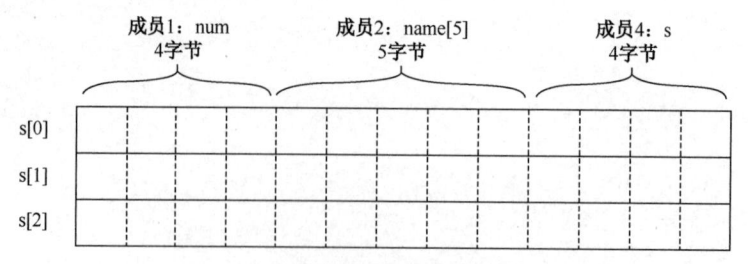

图 10-3　结构体类型数组 s 的存储结构示意图

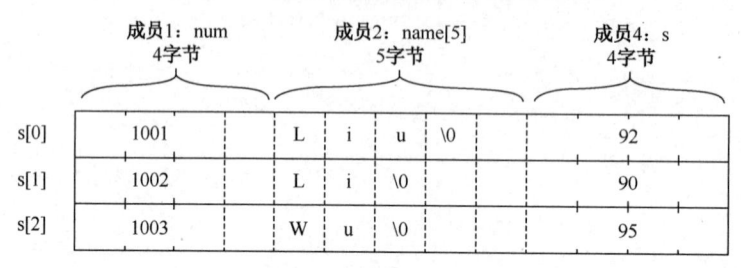

图 10-4　结构体类型数组 s 初始化后的存储结构示意图

【实例 2】结构体类型数组的输出。

```
1)  #include <stdio.h>
2)  #include <string.h>
3)  main()
4)  { struct stu
5)    { int  num;
6)      char name[5];
7)      float s;
8)    };
9)    int i;
10)   struct stu s[3]={{1001,"Liu",92},{1002,"Li",90},{1003,"Wu",95}};
11)   for(i=0;i<3;i++)
12)     printf("%d,%s,%.2f\n",s[i].num,s[i].name,s[i].s);
13) }
```

该实例的运行结果如下。

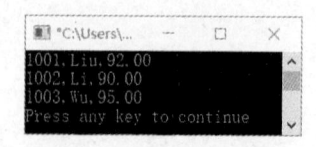

```
1001,Liu,92.00
1002,Li,90.00
1003,Wu,95.00
Press any key to continue
```

3. 结构体类型指针变量

结构体类型指针变量是指向结构体类型变量的指针变量，结构体类型指针变量的值是结构体类型变量的地址。

（1）结构体类型指针变量的定义及赋值

结构体类型指针变量的定义及赋值与结构体类型变量定义及赋值形式相同，例如：

```
struct stu
```

```
{ int     num;
  char    name[5];
  char    g;
  float   s;
};
struct  stu  s1={1001,"Liu",'M',95};
struct  stu  *p;
p=&s1;
```

其示意图如图 10-5 所示。

结构体类型变量s1占用14字节

| s1 | 1001 | L | i | u | \0 | M | 95 |

p→

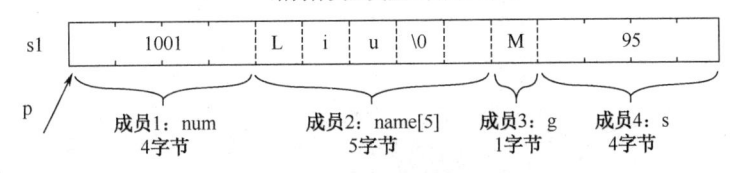

成员1: num   成员2: name[5]   成员3: g   成员4: s
4字节   5字节   1字节   4字节

图 10-5 结构体类型指针变量的示意图

（2）结构体类型指针变量的引用

通过结构体类型指针变量引用结构体成员的方法有两种。

方法一：

结构体类型指针变量名->成员名

方法二：

(*结构体类型指针变量名).成员名

这里，"->"为结构体指针运算符，其优先级及结合性见附录。

例如：

```
s1.num=1001;             /*通过变量s1引用成员num*/
(*p).num=1001;           /*通过指针变量p引用成员num*/
p->num=1001;             /*通过指针变量p引用成员num*/
```

小贴士

成员运算符"."比指针运算符"*"优先级高，因此，*p 必须使用一对小括号括起来。

【实例3】结构体类型指针变量示例。

```
1)   #include <stdio.h>
2)   main()
3)   { struct stu
4)     { int    num;
5)       char   name[5];
6)       float  s;
7)     };
8)     struct stu s1={1001,"Liu",95},*p,*q;
9)     struct stu s[2]={{1002,"Li",90},{1003,"Wu",92}};
10)    int i;
11)    p=&s1;
```

```
12)     printf("%d,%s,%.2f\n",s1.num,(*p).name,p->s);
13)     q=s;
14)     for(i=0;i<2;i++,q++)
15)        printf("%d,%s,%.2f\n",q->num,q->name,q->s);
16)  }
```

该实例的运行结果如下。

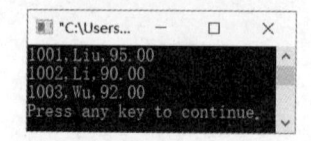

```
"C:\Users...      —    □   ×
1001,Liu,95.00
1002,Li,90.00
1003,Wu,92.00
Press any key to continue.
```

4．共用体的定义

定义一个共用体的方法与定义结构体的方法相似，关键字为 union，其一般形式如下：

```
union   共用体名
{ 数据类型1  成员名1;
  数据类型2  成员名2;
  ……
  数据类型3  成员名3;
};
```

例如：

```
union data
{ int  i;
  char c;
  float f;
};
```

union 是关键字，data 是共用体名，该共用体包含了 3 个成员，分别是 i，c，f。

在共用体中，同一个存储空间可用来存放几种不同类型的成员，但是每一次只能存放其中一种，而不是同时存放所有的类型。

5．共用体类型变量的定义

共用体类型变量的定义与结构体类型变量的定义类似，共用体类型变量的定义方式主要有两种。

（1）先定义共用体再定义变量

语法格式如下：

```
union   共用体名
{ 数据类型1  成员名1;
  数据类型2  成员名2;
  ……
  数据类型3  成员名3;
};
共用体类型变量定义;
```

例如：

```
union data
{ int  i;
  char c;
  float f;
};
```

```
    union  data  m,n;
```
该例中定义了两个变量 m、n，均为共用体 data 类型。这种方式将共用体定义和共用体类型变量定义分开。

（2）定义共用体的同时定义变量

语法格式如下：
```
union   共用体名
{ 数据类型1   成员名1;
  数据类型2   成员名2;
  ……
  数据类型3   成员名3;
}
共用体类型变量名列表;
```

例如：
```
union  data
{ int  i;
  char  c;
  float  f;
}m,n;
```

该例中将定义共用体类型变量 m、n 和定义共用体放在一起进行。

> **小贴士**
>
> 如果采用这种方式定义共用体类型变量，共用体名也可以省略不写，如下所示。
> ```
> union
> { int  i;
>   char  c;
>   float  f;
> }m,n;
> ```

6．共用体类型变量的使用

共用体与结构体相似，在具体操作时也不能直接引用共用体类型变量，只能引用其成员。例如：
```
union  data
{ short  i;
  char  c;
}m;
m.i=321;
```

共用体类型变量 m 包含两个成员，两个成员共用一段存储空间，变量 m 的存储结构如图 10-6 所示。从图中可看出，共用体类型变量所占存储空间的字节数等于成员所占的字节数的最大值，成员 i 占用 2 字节，成员 c 占用 1 字节，所以变量 m 占用 2 字节。

在此基础上，执行完 m.i=321;后变量 m 的存储空间示意图如图 10-7 所示。

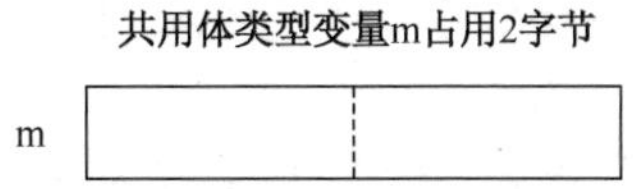

图 10-6 共用体类型变量 m 的存储结构示意图 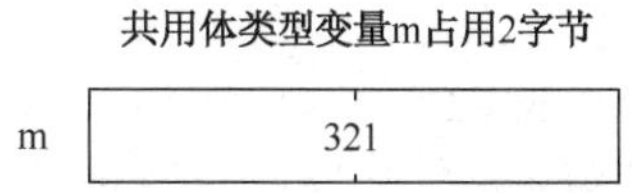　　图 10-7 共用体类型变量 m 赋值后的存储结构示意图

想一想

有以下两个程序段,分析各自结构特点并比较。

程序段 1:
```
union data
{ short i;
  char c;
}m1;
m1.i=321;
```

程序段 2:
```
struct data
{ short i;
  char c;
}m2;
m2.i=321;
```

- 写出变量 m1、m2 各自所占的字节数。

- 试画出各自成员 i 被赋值后,变量 m1、m2 的存储空间的示意图。

【实例4】结构体类型变量的输出。

```
1)   #include <stdio.h>
2)   main()
3)   { union data
4)     { short i;
5)       char c;
6)     }m;
7)     m.i=321;
8)     printf("%d\n",m.i);      /*输出变量m成员i的值*/
9)     printf("%c\n",m.c);      /*输出变量m成员c的值*/
10)  }
```

该实例的运行结果如下。

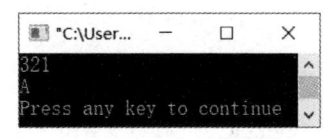

```
"C:\User...    —   □   ×
321
A
Press any key to continue
```

在这个实例中，printf("%c\n",m.c);是一个关键性语句。很多初学者认为该条语句有误，认为成员 c 从未被赋值，怎么还能输出字符'A'呢？

要解释这一疑问，就得从共用体的特性出发，了解共用体类型变量数据的存取过程，下面逐一解释。

① 当 m.i=321;执行后，变量 m 赋值后的存储空间示意图如图 10-7 所示，这 2 字节的存储空间是成员 i 和成员 c 共用的。

② 当执行 printf("%d\n",m.i);时，存储空间归成员 i 所有，此时就要读取 2 字节存储空间里的数据进行输出，即 321。

③ 当执行 printf("%c\n",m.c);时，存储空间归成员 c 所有，此时就要读取 1 字节存储空间里的数据进行输出，这 1 字节该如何取舍呢？为了清楚地分析这个问题，现将 321 的补码形式标注在如图 10-8 所示的示意图中，即各成员读取数据范围。

```
          成员：i
         2字节（16）位
m  0 0 0 0 0 0 0 1 0 1 0 0 0 0 0 1
                   成员：c
                  1字节（8位）
```

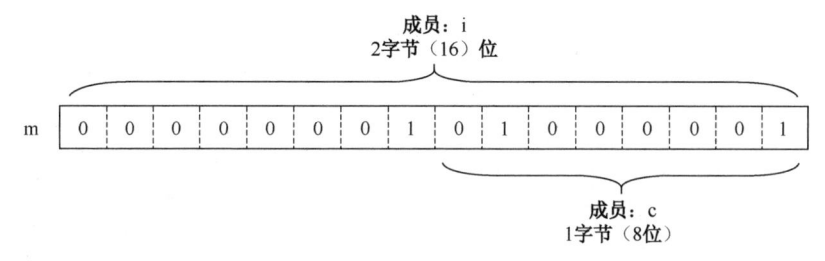

图 10-8　各成员读取数据范围的示意图

从图中可以看出，在成员 c 读取数据时，只读取了低八位，舍掉了二进制的一个 1，低八位中的二进制补码恰好是整数 65，因此 printf("%c\n",m.c);的输出结果为字符'A'。

任务实现

训练：建立 1 月份家庭成员话费小档案，显示 1 月份每人话费情况，并统计当月家庭话费总额。编程实现，要求输出如下信息。

*******1 月份话费小档案*******
****
姓名：王丽
手机号码：13510000000
消费金额：55.5
****
姓名：张强
手机号码：13520000000
消费金额：45

```
******************************
姓名：张建国
手机号码：13530000000
消费金额：35.6
******************************
姓名：李红
手机号码：13540000000
消费金额：25

------------------------------
|王丽      |13510000000    |55.50|
|张强      |13520000000    |45.00|
|张建国    |13530000000    |35.60|
|李红      |13540000000    |25.00|
------------------------------
家庭消费总额：161.10
******************************
```

（1）训练分析

在"项目导入"中，已经对该问题进行了初步分析，按照题目描述，分析数据的特点，程序中涉及的家庭成员话费档案，应该是以每位家庭成员为基本数据单位，每位成员又包括若干信息，如姓名、电话号码、话费等。解题的关键是要确定每类数据的数据类型以及用结构体组织这些数据。题目要计算话费总额，只要使用循环语句将每位成员话费累加即可。

（2）操作步骤

① 确定每位家庭成员信息类型，定义结构体。

```
struct a
{ char  name[10];              /*姓名*/
  char  num[15];               /*电话号码*/
  float c;                     /*消费金额*/
};
```

② 定义结构体类型数组 n[4]，用来存放每个人的信息，代码如下：

_____

③ 使用循环语句给数组 n[4]赋值。
④ 使用循环语句输出个人信息及家庭消费总额。
⑤ 赋值、输出及求消费总额的流程图片段如图 10-9 所示。
⑥ 将程序代码补充完整。

```
1)    #include  <stdio.h>
2)    struct a
3)    { char   name[10];                        /*姓名*/
4)      char   num[15];                         /*电话号码*/
5)      float  c;                               /*消费金额*/
6)    };
```

```
7)    main()
8)    { _____              /*定义结构体a类型数组n[4]*/
9)      int  i;
10)     float  sum=0;
11)     printf("*******1月份话费小档案*******\n");
12)     for(i=0;i<4;i++)
13)     { printf("******************************\n");
14)       printf("姓名: ");
15)       scanf("%s",_____);      /*为成员name赋值*/
16)       printf("手机号码: ");
17)       scanf("%s",_____);      /*为成员num赋值*/
18)       printf("消费金额: ");
19)       scanf("%f",&n[i].c);
20)     }
21)     printf("------------------------------\n");
22)     for(i=0;i<4;i++)
23)     { printf("|%s\t|%s\t|%.2f|\n",n[i].name,n[i].num,n[i].c);
24)       sum+=n[i].c;
25)     }
26)     printf("------------------------------\n");
27)     printf("家庭消费总额: %.2f\n",sum);
28)     printf("******************************\n");
29)   }
```

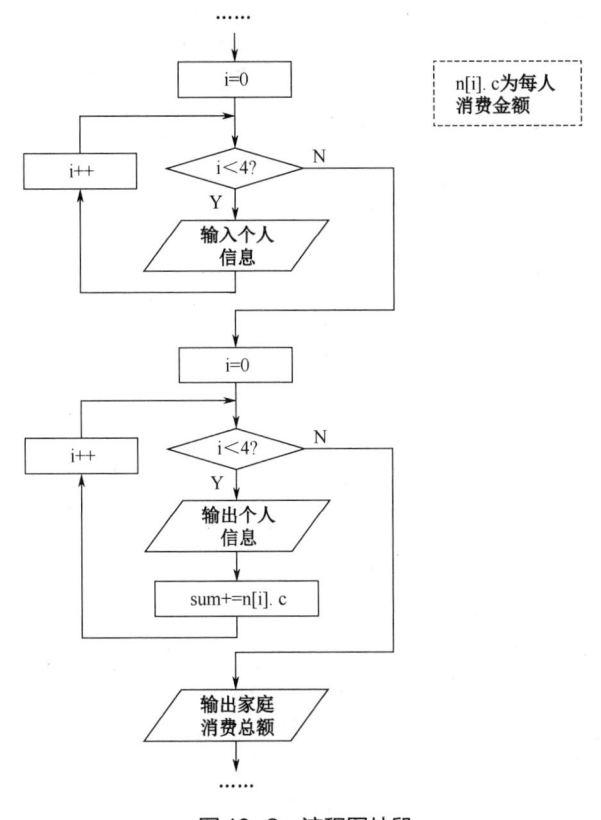

图 10-9 流程图片段

任务测试

根据任务 1 所学内容，完成下列测试

1. 当定义一个结构体类型变量时，系统为它分配的内存空间是（　　）。
   A. 结构体中最后一个成员所需的内存容量
   B. 结构体中第一个成员所需的内存容量
   C. 结构体中占内存容量最大者所需的容量
   D. 结构体中各成员所需内存容量之和

2. 变量 a 所占内存字节数是（　　）。
   ```
   union U
   { char st[4];
     int i;
     long l;
     };
   struct A
   { int c;
     union U u;
   }a;
   ```
   A. 4　　　　　　　　　　　　B. 5
   C. 6　　　　　　　　　　　　D. 8

3. 若有以下说明语句：
   ```
   struct student
   { int num;
     char name[ ];
     float score;
   }stu;
   ```
   则下面的叙述不正确的是（　　）。
   A. struct 是结构体的关键字
   B. struct student 是用户定义的结构体
   C. num、score 都是结构体成员名
   D. stu 是用户定义的结构体名

4. 设有如下定义：（int 4 字节，char 1 字节，float 4 字节）
   ```
   struct
   { int i;
     char c;
     float a;
   }test;
   ```
   则 sizeof(test)的值是（　　）。
   A. 6　　　　　　　　　　　　B. 7
   C. 8　　　　　　　　　　　　D. 9

任务评价

项目 10 应用结构体与共用体程序设计			任务 1：结构体及共用体类型的使用		
班级		姓名		综合得分	
知识学习情况评价（30%）					
评价内容		分值	自评（30%）	师评（70%）	得分
结构体的特点		5			
结构体的定义形式		10			
结构体类型变量、数组的存储空间		10			
共用体与结构体的区别		5			
能力训练情况评价（60%）					
评价内容		分值	自评（30%）	师评（70%）	得分
掌握结构体类型变量的定义方法		10			
掌握结构体类型变量的使用方法及对成员的引用		10			
掌握结构体类型数组的定义方法		10			
掌握结构体类型数组的使用方法及对成员的引用		10			
掌握结构体类型指针变量的使用方法及对成员的引用		10			
掌握共同体类型变量的使用方法及对成员的引用		10			
素质养成情况评价（10%）					
评价内容		分值	自评（30%）	师评（70%）	得分
出勤及课堂秩序		2			
严格遵守实训操作规程		4			
团队协作及创新能力养成		4			

任务2 使用指针处理链表

任务描述

在数组中存储数据时，必须事先定义好长度，如果难以确定长度时，则必须把数组定义得足够大，以便存放数据，这样做显然会浪费很多存储空间。这时需要一种存储方式以实现存储元素的个数不受限制及可根据需要分配存储单元，这种存储方式就是链表。本任务将通过对链表的构成要素的分析，掌握正确创建链表并使用的方法。

任务准备

1. 链表的构成要素

链表是由结点和指针组成的。

（1）结点

结点是用来存放数据的，它分为两部分——数据域和指针域，如图10-10所示。

从图中可以看出，数据域用来存放待处理的数据，指针域用来存放下一个结点的首地址。如果待处理的数据信息较多，如每位学生的基本信息是一个结点，数据域就会存放多个类型各异的数据，如图10-11所示。

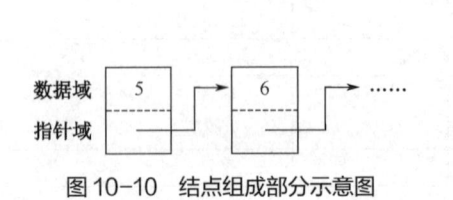

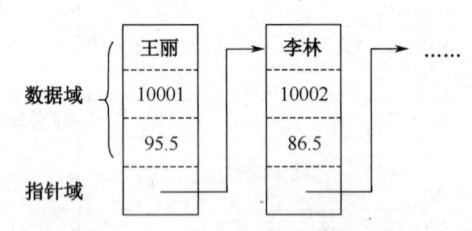

图10-10 结点组成部分示意图　　图10-11 表示学生基本信息的结点示意图

> **想一想**
>
> 观察结点的结构，思考在程序设计中应该用什么结构来实现结点？
> - 试写出你的观点。

（2）指针

链表中的指针包括头指针和普通指针两类，头指针常用 head 来表示，存放的是链表的首地址，普通指针就是结点指针域中存放的指针（下一个结点的首地址）。

结点和指针组成了链表，如图10-12所示是一种最简单的链表（单向链表）结构。

```
head → 5 → 6 → 7 → 8
                    NULL
```

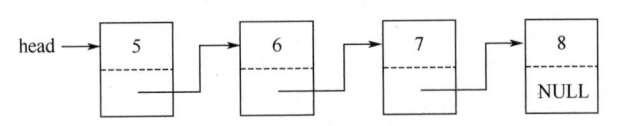

图 10-12　最简单的链表结构

从图中可以看出，头指针 head 存放链表首地址，链表中有 4 个结点，待处理数据是 5、6、7、8，结点之间由指针相连，最后一个结点的指针域为"NULL"，表示链表到此结束。

2．链表的存储

链表中的数据在存储器中既可以连续存放也可以不连续存放，这与数组的存储正好相反。如图 10-13 所示，要寻找一个数据，必须从链表的头指针开始，通过结点的指针域依次寻找，直至找到，因此头指针对于一个链表来说至关重要。

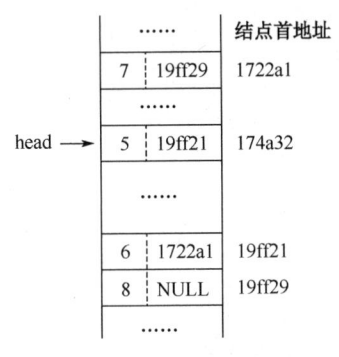

		结点首地址
……		
7	19ff29	1722a1
……		
head → 5	19ff21	174a32
……		
6	1722a1	19ff21
8	NULL	19ff29
……		

图 10-13　链表存储示意图

3．链表的实现

（1）结点的定义

链表中的结点因为包含了数据域和指针域，所以可用"结构体"来实现。例如：

```
struct  node
{ int   a;                    /*数据域*/
  struct  node  *next;        /*指针域*/
};
```

想一想

参照图 10-11，写出图中结点的结构体定义语句。
● 试写出结构体定义语句。

> **小贴士**
>
> 定义表示指针域的指针变量 next，数据类型应和结构体一致（struct node *），这样就可以代表指针变量 next 可以存放下一个结点的首地址。

（2）用关键字 typedef 为结构体定义别名

用关键字 typedef 可以为结构体起别名，这有利于增强程序的通用性与可移植性。数据类型的别名通常使用首字母大写的方式表示，以便与系统提供的标准类型标识符区别。定义形式如下。

```
typedef  结构体  别名;
```

例如：

```
typedef   struct   node
          { int a;
            struct  node  *next;
          }LinkList;
```

此时可以直接用 LinkList *p;定义结构体类型指针变量 p。

（3）链表初始化

初始化一个链表有三项工作：一是给结点分配存储空间，二是给数据域赋值，三是用头指针和普通指针将结点相连。

在讲解程序段之前，先做如下定义：

```
#define  NULL  0
#define  LEN   sizeof(LinkList)
typedef   struct   node
          { int  a;
            struct  node  *next;
          }LinkList;
```

链表初始化有两种方法：一种是在表尾插入新结点的方法，另一种是在表头插入新结点的方法。

① 表尾插入新结点。

以 3 个结点的链表初始化为例，程序段如下：

```
1)    LinkList  *p1,*p2,*head;
2)    int  i;
3)    p1=p2=(LinkList  *)malloc(LEN);        /*动态分配存储空间*/
4)    scanf("%d",&p1->a);
5)    head=NULL;
6)    for(i=0;i<2;i++)
7)    { if(i==0)  head=p1;
8)      else  p2->next=p1;
9)      p2=p1;
10)     p1=(LinkList  *)malloc(LEN);
11)     scanf("%d",&p1->a);
12)   }
13)   p2->next=p1;
14)   p1->next=NULL;
```

例如：

该程序段运行时输入：1[回车]2[回车]3[回车]

得到的链表：1,2,3

> **小贴士**
>
> 在程序段中，关键性的语句有两个：
> ```
> 语句1：p1=p2=(LinkList *)malloc(LEN);
> 语句2：p2->next=p1;
> ```
> ① 语句 1。
> 该语句的功能是动态分配存储空间，将其首地址作为函数 malloc 的返回值，赋值给指针变量 p1 和 p2。
> ② 语句 2。
> 该语句可以实现通过指针域的赋值将两个结点相连。

② 表头插入新结点。

以-1 作为输入结束标记，结点数不限，程序段如下：

```
1)    LinkList *head=NULL,*s;
2)    int  x;
3)    scanf("%d",&x);
4)    while(x!=-1)                    /*设-1为数据元素的结束标志*/
5)    { s=(LinkList *)malloc(LEN);
6)      s->a=x;
7)      s->next=head;
8)      head=s;
9)      scanf("%d",&x);
10)   }
```

例如：

该程序段运行时输入：1[回车]2[回车]3[回车]-1[回车]

得到的链表：3,2,1

（4）删除链表中的结点

删除链表某一结点的原理如图 10-14 所示。假设要删除指针变量 w 指向的结点，就要把该结点的前驱结点和后继结点连接到一起，即 p->next=w->next;，然后放出待删除结点存储空间，即 free(w)。

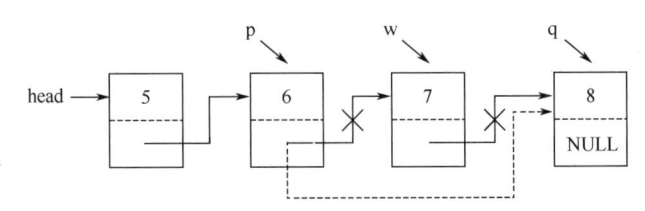

图 10-14　删除链表结点的原理

（5）链表中插入新结点

在链表中插入新结点的原理如图 10-15 所示。假设插入指针变量 q 所指向的新结点，就要用插入点前面的结点指针域链接上新结点 p->next=q;，再用新结点指针域连接插入点后的结点 q->next=w;。

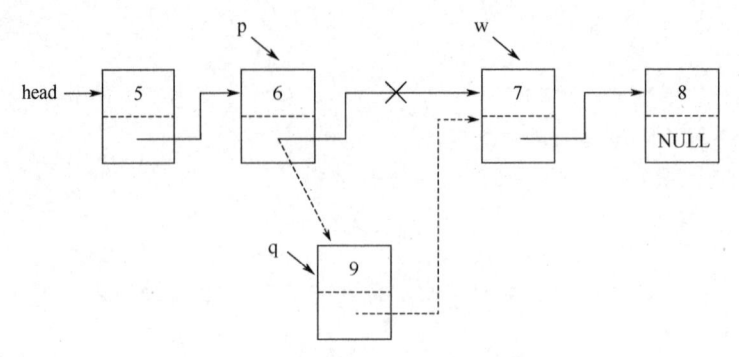

图 10-15　在链表中插入新结点的原理

任务实现

训练：某班有一组期末成绩，求出总成绩。要求用链表实现，输出如下信息。

****

请输入一组成绩：

60　89.5　78　64　96.5　100　-1

班级成绩列表为：

100.00　96.50　64.00　78.00　89.50　60.00

总成绩=488.00

****

（1）训练分析

根据题目描述，要求用链表来实现程序设计，因此首先要定义结点的结构体，然后利用已学知识将链表的初始化、结点数据求和逐一实现，实现过程中的关键问题是指针变量在链表中的应用。

（2）操作步骤

① 定义结点的结构体，并使用关键字 typedef 定义别名。

```
typedef struct node
{ float a;                      /*数据域代表成绩*/
  struct node *next;            /*指针域指向下一个结点首地址*/
}LinkList;
```

② 定义结构体类型的头指针变量 head 和一般指针变量 s、p。

③ 定义的 float 型变量 sum 代表求和，float 型变量 x 用来接收输入的成绩。

④ 链表的初始化，输入若干成绩，以-1 为输入结束标记（参考前述知识）。

⑤ 将指针变量 p 指向链表表头，通过移动 p 访问每个结点，将数据域累加求和，流程图片段如图 10-16 所示。

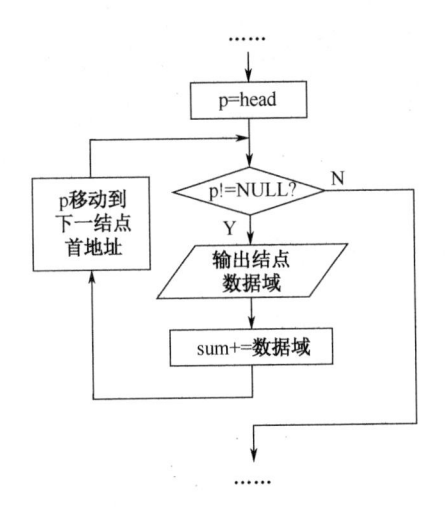

图 10-16 流程图片段

⑥ 将程序代码补充完整。

```
1)  #include "stdio.h"
2)  #include "malloc.h"
3)  #define LEN sizeof(LinkList)
4)  #define NULL 0
5)  main()
6)  { typedef struct node
7)    { float a;
8)      struct node *next;
9)    }LinkList;
10)   _____         /*定义指针变量head、s、p,给head 赋空值*/
11)   float sum=0;
12)   float x;
13)   printf("*******************************************\n");
14)   printf("请输入一组成绩：\n");
15)   scanf("%f",&x);
16)   while(x!=-1)                      /*设-1为数据输入的结束标志*/
17)   { s=(LinkList *)malloc(LEN);
18)     s->a=x;
19)     s->next=head;
20)     head=s;
21)     scanf("%f",&x);
22)   }
23)   printf("班级成绩列表为：\n");
24)   p=head;
25)   while(p!=NULL)
26)   { _____        /*输出结点数据域,注意格式*/
27)     _____        /*数据域求和*/
28)     _____        /*指针变量p移动到下一个结点*/
29)   }
30)   printf("\n总成绩=%.2f\n",sum);
```

```
32)     printf("*****************************************\n");
33)   }
```

任务测试

根据任务 2 所学内容，完成下列测试

1. 下面程序运行后的输出结果是（   ）。

```
1)   #include <stdlib.h>
     #include <stdio.h>
2)   struct NODE
3)   { int num;
4)     struct NODE *next;
5)   };
6)   main( )
7)   { struct NODE *p,*q,*r;
8)     int sum=0;
9)     p=(struct NODE *)malloc(sizeof(struct NODE));
10)    q=(struct NODE *)malloc(sizeof(struct NODE));
11)    r=(struct NODE *)malloc(sizeof(struct NODE));
12)    p->num=1;q->num=2;r->num=3;
13)    p->next=q;q->next=r;r->next=NULL;
14)    sum+=q->next->num;
15)    sum+=p->num;
16)    printf("%d\n",sum);
17)  }
```

A. 3　　　　　　　　　　　　B. 4
C. 5　　　　　　　　　　　　D. 6

2. 下面程序运行后的输出结果是（   ）。

```
1)   #include <stdio.h>
2)   main()
3)   { struct node
4)     { int n;
5)       struct node *next;
6)     }*p;
7)     struct node x[3]={{2,x+1},{4,x+2},{6,NULL}};
8)     p=x;
9)     printf("%d, ",p->n);
10)    printf("%d",p->next->n);
11)  }
```

A. 2,3　　　　　　　　　　　B. 2,4
C. 3,4　　　　　　　　　　　D. 4,6

任务评价

项目 10 应用结构体与共用体程序设计		任务 2：使用指针处理链表		
班级		姓名		综合得分

知识学习情况评价（30%）

评价内容	分值	自评（30%）	师评（70%）	得分
链表的要素	10			
结点的结构	10			
链表的存储	10			

能力训练情况评价（60%）

评价内容	分值	自评（30%）	师评（70%）	得分
掌握定义结点结构体类型的方法	10			
掌握链表初始化的方法	20			
掌握在链表中插入新结点的方法	20			
掌握在链表中删除结点的方法	10			

素质养成情况评价（10%）

评价内容	分值	自评（30%）	师评（70%）	得分
出勤及课堂秩序	2			
严格遵守实训操作规程	4			
团队协作及创新能力养成	4			

项目小结及测试 10

分析小结

通过对构造类型等相关知识的学习，使学习者掌握了结构体及共用体的定义、相关变量的定义及使用的方法，掌握了链表的相关操作，具备了处理复杂数据问题的能力。

学习笔记

·重点知识·

·易错点·

思考实践

如何运用文件操作是接下来要思考的问题。
- 文件应该怎样打开和关闭？
- 文件是怎样进行读写的？
- 文件有哪些相关的函数？

这一系列的问题会在后续的任务中详细介绍，请在学习中寻找答案。

项目测试

根据项目所学内容，完成下列测试

1. 请完成以下单项选择题

(1) 以下叙述错误的是（　　）。
 A. 可以用 typedef 定义的别名来定义变量
 B. typedef 定义的别名必须使用大写字母，否则会出现编译错误
 C. 用 typedef 可以为基本数据类型定义一个别名
 D. 用 typedef 定义别名的作用是用一个新的标识符来代表已存在的类型

(2) 下面程序运行后的输出结果是（　　）。

```
1)   #include <stdio.h>
2)   struct S
3)   { int  a;
4)     int  b;
5)   }data[2]={10,100,20,200};
6)   main()
7)   { struct  S  p=data[1];
```

```
8)     printf("%d\n",++(p.a));
9)   }
```

A. 10 B. 11
C. 20 D. 21

（3）设有以下程序段，若要引用结构体类型变量 std 中的 color 成员，写法错误的是（　　）。

```
struct MP3
{ char name[20];
  char color;
  float price;
}std,*ptr;
ptr=&std;
```

A. std.color B. ptr->color
C. std->color D. (*ptr).color

（4）下面程序运行后的输出结果是（　　）。

```
1)   #include <stdio.h>
2)   struct stu
3)   { int mun;
4)     char name[10];
5)     int age;
6)   };
7)   void fun(struct stu *p)
8)   { printf("%s\n",p->name);}
9)   main()
10)  { struct stu x[3]={{01,"zhang",20},{02,"wang",19},{03,"zhao",18}};
11)    fun(x+2);
12)  }
```

A. zhang B. zhao
C. wang D. 19

（5）下面程序运行后的输出结果是（　　）。

```
1)   main()
2)   { union
3)     { unsigned int n;
4)       unsigned char c;
5)     }u1;
6)     u1.c='A';
7)     printf("%c\n",u1.n);
8)   }
```

A. 产生语法错 B. 随机值
C. A D. 65

2. 请完成以下填空题

（1）以下定义的结构体包含两个成员，其中：成员变量 info 用来存放整型数据，成员变量 link 是指向自身结构体的指针。请将定义补充完整。

```
struct node
{ int info;
  _____link;
};
```

（2）设有定义如下，请写出一条定义语句，该语句定义 d 为上述结构体类型变量，并同时为其成员 year、month、day 依次赋初值 2006、10、1。

```
struct DATE {int year;int month;int day;};
```

_____

（3）设有定义如下，请将语句补充完整，使其能够为结构体类型变量 p 的成员 ID 正确读入数据。

```
struct person
{ int ID;
  char name[12];
}p;
......
scanf("%d",_____);
```

3. **课后实战，完成下列演练**

【实战1】结构体类型数组中存有 5 人的姓名和年龄，要求输出年龄最大者的姓名和年龄。

【实战2】从键盘输 n（n<10）位学生的学号、成绩并存入结构体类型数组中，按成绩从低到高排序并输出学生的信息。

项目 11

文件操作

C 语言提供了文件指针的数据类型及文件操作的相关函数,可以通过文件指针对文件进行各种读/写操作,从而实现程序的数据处理。本项目将从文件指针、文件的打开和关闭、文件的读/写等方面入手,通过文件的相关函数及应用案例的讲解,使学习者通过训练,掌握文件操作的程序设计的流程、方法及注意事项,实现程序的数据处理与文件操作的结合,丰富程序设计的方式。

学习目标

- 理解文件的含义
- 掌握文件打开和关闭的方法
- 掌握文件读/写操作的多种方式
- 掌握文件操作常用函数的用法

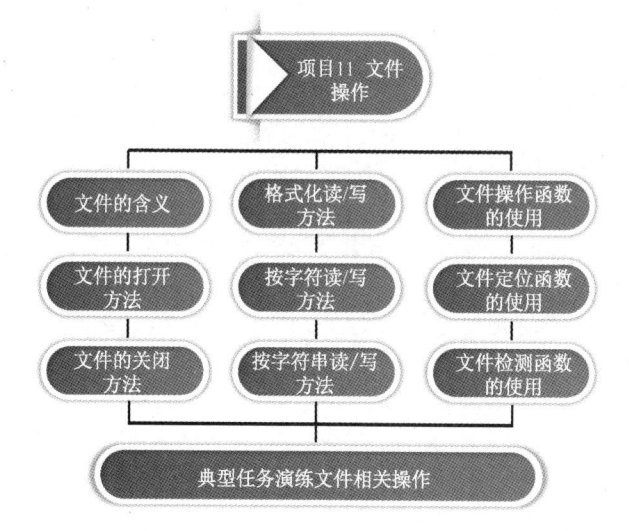

知识导图

```
                    项目11 文件操作
        ┌───────────────┬───────────────┐
   文件的含义        格式化读/写方法     文件操作函数的使用
   文件的打开方法    按字符读/写方法     文件定位函数的使用
   文件的关闭方法    按字符串读/写方法   文件检测函数的使用
        └───────────────┴───────────────┘
              典型任务演练文件相关操作
```

项目导入　读写文件，计算长方形的面积

计算机在处理数据可以是来自文件的，程序处理的结果数据也是可以保存在文件中的。这样便利的数据管理方式在 C 语言中是如何实现的呢？这就涉及文件操作，C 语言针对这些操作提供了很多相关函数。具体来说，如果要从一个文件中读出两个数并进行相加，再把处理的结果数据写入另一个文件中，该如何设计程序呢？总体上说，需要以下 3 个步骤。

第 1 步：从文件输入数据（读文件）。

第 2 步：数据的处理。

第 3 步：把数据输出到文件（写文件）。

这里输入和输出的数据是文件里的数据，这就是文件的读/写操作。文件操作就是通过文件指针打开文件，然后对文件进行读/写操作，最后关闭文件。在实际编程过程中，通过分析题目，能正确打开文件、读入数据、写入数据、最后关闭文件是程序的关键。下面就通过一个实例，练习文件的读/写方法。

【实例】有一个文件保存了两个数据，它们是一个长方形的长和宽，要求通过程序来计算长方形的面积，并把结果输出到另一个文件。

1. 目标分析

按照题目描述，可以分为两个文件操作过程：首先是读文件，打开数据文件，读出两个数据值，计算长方形面积；然后是写文件，把计算结果输出到另一个文件。

2. 问题思考

- 根据题目描述，如何操作打开数据文件？

　

　

- 如何实现写入操作？

　

　

- 需要用到哪些操作函数？

　

　

3. 学习小测

尝试完成程序步骤的文字描述。

任务1 文件的打开、关闭与读写

任务描述

目前对 C 语言程序的输入/输出数据都是通过终端完成的。从键盘输入数据，经过程序处理，再把结果输出到显示屏上，在这种方式下，数据是暂时的，是没有保存的。如果要把数据永久保存，就需要把它们存储到外存的文件上，即磁盘文件。本任务将从文件的基本概念入手，从 ASCII 码文件和二进制文件、文件指针等方面介绍有关文件的必备知识，在此基础上，通过对文件的打开和关闭、读/写操作的分析，使学习者掌握 C 语言程序中文件的相关操作方法。

任务准备

1. 文件的含义

文件是指存储在外部存储介质上的数据的集合。这些数据类型可能是字符型、整型、实型等类型。在 C 语言中，按文件的内容可将其分为两类：程序文件和数据文件。

如果文件中存放的是源程序清单或是编译后形成的可执行程序，这样的文件统称为程序文件。如果文件中存放的都是数据，通常称之为数据文件。

（1）ASCII 码文件和二进制文件

从文件的编码方式来看，文件可分为 ASCII 码文件和二进制文件。ASCII 码文件，也称文本文件，每个字符都以其 ASCII 码存储在文件中，一个字符占一字节。

例如：整数 1234 的存储的形式为 00110001 00110010 00110011 00110100，一共占 4 字节，其中 00110001 就是 1 的 ASCII 编码，以此类推，每个 ASCII 对应一个字符。文本文件的优点是可以用各种文本编码器直接阅读，但文本文件占用的存储空间较多，计算机进行数据处理时，需要转换为二进制形式，程序效率比较低。

二进制文件是按照数据值的二进制代码存放的文件。以 1234 为例，1234 的二进制存储形式为 00000001 00000010 00000011 00000100，占用 4 字节。二进制文件占用存储空间上数据可以不必转换，直接在程序中使用，程序执行效率高，但二进制文件不可阅读和打印。

（2）文件的读和写

在程序中，当调用输入函数从外部文件中输入数据赋值给程序中的变量时，这种操作称为输入或读。

当调用输出函数把程序中变量的值输出到外部文件时，这种操作称为输出或写。

（3）顺序存取文件和随机存取文件

当打开某文件进行读写操作时，总是从头到尾地对文件进行读和写，这种方式被称为顺序存取文件。

也可以通过调用 C 语言的库函数，指定读/写操作的位置，然后直接对此位置上的数据进行读或写，称之为随机存取文件。

（4）缓冲区文件

缓冲区是系统在内存为某个文件开辟的一片存储区，当对某个文件进行输出时，系统首先把输出的数据填入该文件开辟的缓冲区内。当缓冲区被填满时，就把缓冲区中的内容一次性输入对应文件中。

当某个文件输入数据时，首先输入该文件的缓冲区中，再从缓冲区中依次读取数据，当该缓冲区中的数据被读取完时，再从输入文件中输入一批数据在缓冲区中。这种操作方式，使得读/写操作不必频繁地访问外设，从而提高了读/写操作的速度。

（5）文件指针

文件指针实际上是指向一个结构体类型的指针。这个结构体就是用来存放文件的有关信息的，如文件的名字、文件的状态和文件当前的位置等。每个文件在使用时都会在内存中开辟一个区域用来存放文件的有关信息，文件指针就是指向文件信息的指针。

在头文件 stdio.h 中，通过 typedef 把此结构命名为 FILE，用于存放文件当前有关信息。当程序使用一个文件时，系统就为此文件开辟一个 FILE 类型变量，存放文件的相关信息。

通常对 FILE 结构体的访问是通过 FILE 类型指针变量完成的，文件指针变量指向文件类型变量，简单地说，文件指针指向文件。

定义文件指针变量的一般形式如下：

```
FILE  *指针变量名;
```

例如：

```
FILE  *fp1,*fp2;
```

2. 文件的打开和关闭

在对文件进行读/写操作之前要先打开文件，使用完毕后再关闭文件。所谓打开文件，实际上是建立文件的各种有关信息，并使文件指针指向该文件，以便进行其他操作。关闭文件则是断开指针与文件之间的联系，也就停止再对该文件进行的操作。

（1）文件的打开

文件的打开是通过调用函数实现的，格式如下：

```
文件指针名=fopen(文件名,使用文件方式);
```

其中"文件指针名"必须被说明为 FILE 类型的指针变量；"文件名"是被打开文件的文件名；"使用文件方式"是指文件的类型和操作要求。

小贴士

"文件名"是字符串常量或字符串数组。

例如：

```
FILE  *fp;
fp=fopen("d:\\test.txt","r");
```

该语句的作用是要打开 d:\text.txt 文件，文件操作方式"读入"，函数返回值为 text.txt 文件的指针，并赋给 fp，因此 fp 指向 text.txt 文件。如果文件没有被成功打开，那么函数将返回 NULL。

在 C 语言中，使用文件的常用方式见表 11-1。

表 11-1 使用文件的常用方式

使用文件方式	读	写	追加	创建	读/写位置
r 或 rb	√				文件开头
r+或 rb+	√	√			文件开头
w 或 wb		√		√	文件开头
w+或 wb+	√	√		√	文件开头
a 或 ab		√	√	√	文件末尾
a+或 ab+	√	√	√	√	文件末尾

说明：

① r 代表读数据，用 r 方式打开一个文件时，文件和目录必须已经存在。

② w 代表写入数据，若目录不存在，则打开出错；若文件不存在，则创建文件；若文件存在，则删除原来文件，在此目录下建立新的文件，从文件开头写内容进去。

③ a 代表追加数据，若目录不存在，则打开文件时出错；若文件不存在，则创建文件，若文件存在，则在原来内容的后面加入新内容。

④ b 代表操作的是二进制文件，省略不写时代表是文本文件。

⑤ +代表可读/可写，wb+和 rb+都是可读/可写，而 wb+在写的时候会完全删除原文件，而 rb+在写的时候只是覆盖写的部分。

为了确保文件操作的正常进行，有必要在程序中检测文件是否正常打开，这时常用下面的程序段来打开一个文件，并检查是否打开成功。

```
FILE    *fp;
if((fp=fopen("d:\\test.txt","r"))==NULL)
{
    printf("file can not open!\n");
    exit(1);
}
```

说明：该程序段调用了 fopen 函数，以只读方式打开文件 d:\test.txt。打开后其返回值赋给 fp，如果打开失败，则输出信息"file can not open!"，然后调用 exit，终止运行。如果打开成功，fp 指向该文件，就可以通过 fp 对文件进行相应的操作了。

小贴士

打开文件后，文件内部指针指向文件中的第一个数据，读取它后，指针会自动指向下一个数据。当文件写入数据时，写完后，指针也会自动指向下一个要写入的数据位置。

当 C 语言程序开始运行时，系统自动打开三个标准文件：标准输入文件、标准输出文件和标准出错文件，这三个标准文件对应的文件指针分别是 stdin、stdout、stderr，它们在头文件 stdio.h 中进行了说明，通常情况下 stdin 与键盘连接，stdout 和 stderr 与终端屏幕连接。

（2）文件的关闭

文件的关闭是通过调用 fclose 函数来实现的，关闭函数的格式如下：

```
fclose(文件指针);
```

文件成功关闭后，函数返回值为零，否则返回非零值，表示有错误发生。

一般而言，只有驱动器中无磁盘或者磁盘空间不够时，函数 fclose 执行会失败。编写 C 语言文件系统相关程序时，应该养成在程序终止之前关闭所有文件的习惯。

3. 格式化读/写

（1）格式化读函数 fscanf()

函数调用格式如下：

```
fscanf(文件指针,格式字符串,输入表列);
```

例如：

```
fscanf(fp,"%d%s",&i,s);
```

表示从 fp 所指向的文件中读取一个整数和一个字符串。如果读取出错或读到文件尾，返回 EOF。

【实例 1】已知存在一个 file1.txt 文件，其内容为 1.234，3.145，4.567，共三个数据，数据间用逗号隔开。要求用格式化读的方式把文件 file1.txt 中的内容读出并输出。

程序代码如下：

```
1)   #include <stdio.h>
2)   main()
3)   { FILE *fp;
4)     float f1,f2,f3;
5)     if((fp=fopen("file1.txt","r"))==NULL)
6)       printf("can not open the file1.txt\n");
7)     fscanf(fp,"%f,%f,%f",&f1,&f2,&f3);
8)     printf("文件file1.txt的数据是：\n%f,%f,%f\n",f1,f2,f3);
9)   }
```

该实例的运行结果为：

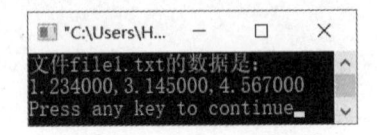

```
文件file1.txt的数据是：
1.234000,3.145000,4.567000
Press any key to continue_
```

想一想

在不改变实例 1 程序代码的基础上，修改 file1.txt 文件的文件名或存储路径，观察程序运行结果，体会程序与文件的关联作用。

● 写出程序运行结果。

（2）格式化写函数 fprintf()

调用格式如下：

```
fprintf(文件指针,格式字符串,输出表列);
```

功能：和 printf 函数类似，但不是向屏幕输出，而是把格式字符串所指定的信息，输出到文件指针所指向的文件。

返回值：返回值为实际写入文件中的字节数。输出出错时，则返回 EOF(-1)。

例如：

```
fprintf(fp,"%f%c",a,ch);
```

这条语句的作用是把变量 a 和 ch，按照%f 和%c 的格式输出到 fp 指向的文件中。

【实例 2】 从键盘上输入一个学生的数学成绩、语文成绩、英语成绩和计算机成绩，利用公式求得总分和平均分之后，使用 fprintf()函数把成绩和计算结果保存到 file2.txt 中。

程序代码如下：

```
1)   #include <stdio.h>
2)   main()
3)   { FILE   *fp;
4)     float  a,b,c,d;
5)     float  ave,sum;
6)     printf("请输入数学、语文、英语和计算机四门成绩：\n");
7)     scanf("%f%f%f%f",&a,&b,&c,&d);
8)     sum=a+b+c+d;
9)     ave=sum/4;
10)    if((fp=fopen("file2.txt","w"))==NULL)
11)      printf("can not open the file2.txt\n");
12)    fprintf(fp,"%f,%f,%f,%f,%f,%f",a,b,c,d,sum,ave);
13)  }
```

该实例的运行结果为：

```
"C:\Users\HP\Desktop\Debug\1.exe"
请输入数学、语文、英语和计算机四门成绩：
85 95.5 76 86.5
Press any key to continue

file2 - 记事本
文件(F) 编辑(E) 格式(O) 查看(V) 帮助(H)
85.000000,95.500000,76.000000,86.500000,343.000000,85.750000

第1行，第52列    100%    Windows (CRLF)    UTF-8
```

4．按字符读/写文件

（1）写字符函数 fputc

该函数实现向指定的文本文件写入一个字符的操作。

调用写字符函数的格式如下：

```
fputc(要输出的字符,文件指针);
```

其中"要输出的字符"就是要写入文件中的字符，它可以是一个字符常量，也可以是一个字符变量。"文件指针"指向接收字符的文件，若输出成功，函数返回输出的字符，输出失败，返回 EOF(-1)。每次写入一个字符，文件位置指针自动指向下一字节。

【实例 3】 从键盘输入一个字符串，将其保存到 file3.txt 文件中。

程序代码如下：

```
1)   #include <stdio.h>
2)   #include <stdlib.h>
3)   main()
4)   { FILE   *fp;
5)     int  k;
```

```
6)     char  str[80];
7)     gets(str);
8)     if((fp=fopen("file3.txt","w"))==NULL)
9)      { printf("file can not open!\n");
10)       exit(1);
11)      }
12)     for(k=0;str[k]!= '\0';k++)
13)        fputc(str[k],fp);
14)     fclose(fp);
15)   }
```

该实例的运行结果为：

（2）读字符函数 fgetc

该函数用于从指定的文本文件中读取一个字符。

调用函数的格式如下：

```
fgetc(文件指针);
```

函数返回值为输入的字符，若遇到文件结束或出错时，则返回 EOF(-1)。

关于读/写字符函数的说明如下。

① 每次读入一个字符，文件位置指针自动指向下一字节。

② 文本文件的内部全部是 ASCII 码字符，其值不可能是 EOF(-1)，所以可以使用 EOF(-1)确定文件结束；但是对于二进制文件不能这样做，因为可能在文件中间某字节的值恰好等于-1，如果此时使用-1 判断文件结束是不恰当的。为了解决这个问题，ANSI C 提供了 feof(fp)函数判断文件是否真正结束。

【实例 4】将实例 3 保存到 file3.txt 中的内容读出并显示。

程序代码如下：

```
1)    #include <stdio.h>
2)    #include <stdlib.h>
3)    main()
4)    { FILE *fp;
5)      if((fp=fopen("file3.txt","r"))==NULL)
6)       { printf("file can not open!\n");
7)         exit(1);
8)       }
9)      while(!feof(fp))  putchar(fgetc(fp));
10)     fclose(fp);
11)   }
```

该实例的运行结果为：

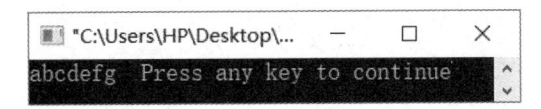

```
abcdefg Press any key to continue
```

5. 按字符串读写文件

（1）写字符串函数 fputs

该函数的功能是向指定的文件写入一个字符串。

其调用形式如下：

```
fputs(字符串,文件指针)
```

其中，字符串可以是字符串常量，也可以是字符数组名或指针变量。

【实例 5】将一组字符串写到文件 file4.txt 中。

程序代码如下：

```
1)    #include <stdio.h>
2)    #include <stdlib.h>
3)    main()
4)    { FILE *fp;
5)      int i;
6)      char ch[][10]={"Beijing","Tianjin","Shanghai","Chongqing"};
7)      if((fp=fopen("file4.txt","w"))==NULL)
8)       { printf("file can not open!\n");
9)         exit(1);
10)      }
11)     for(i=0;i<=3;i++)   fputs(ch[i],fp);
12)     fclose(fp);
13)   }
```

该实例的运行结果为：

```
Press any key to continue
BeijingTianjinShanghaiChongqing
```

（2）读字符串函数 fgets()

函数的功能是从指定的文件中读一个字符串到字符数组中。

函数的调用形式如下：

```
fgets(字符数组名,n,文件指针);
```

其中，n 是一个正整数，表示从文件中读出字符串不超过 n-1 个字符。在读入的最后一个字符后加上串结束标志 '\0'。

对 fgets()函数有两点说明：

① 在读出 n-1 个字符之前，如果遇到换行符或 EOF，则读出结束。

② fgets()函数也有返回值，其返回值是字符数组的首地址。

任务实现

训练：有一个文件保存了两个数据，分别是一个长方形的长和宽，要求通过程序来计算长方形的面积，并把结果输出到另一个文件中。要求文件和程序输出结果参考图 11-1 所示。

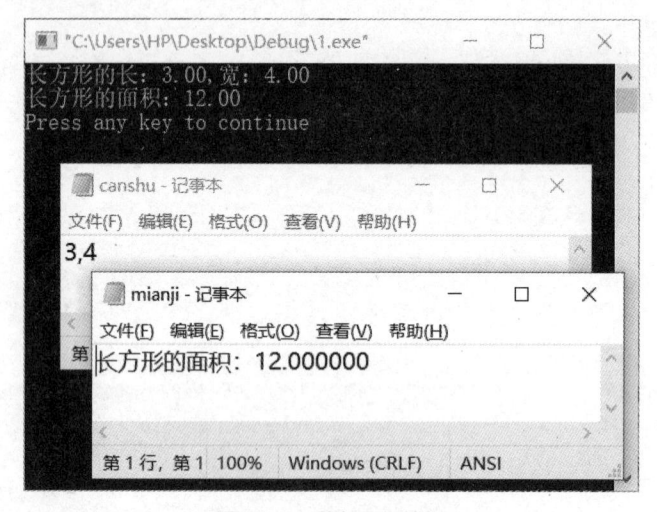

图 11-1 参考运行结果

（1）训练分析

在"项目导入"中，已经对该问题进行了初步分析，可以分为两个文件操作过程，首先是读第 1 个文件，要打开数据文件，读出两个数据值，计算长方形面积，关闭文件；然后是写第 2 文件，打开文件，把计算结果输出到另一个文件中，关闭文件。

（2）操作步骤

① 定义文件指针 fp。

② 定义变量表示长方形的长、宽、面积。

③ 打开文件 canshu.txt。

④ 将文件中已有的长方形的长和宽，格式化读取赋值给 f1 和 f2。

⑤ 关闭文件。

⑥ 输出长方形的长和宽。

⑦ 打开文件 mianji.txt。

⑧ 计算面积。

⑨ 将面积值格式化写入文件 mianji.txt 中。

⑩ 输出面积。

⑪ 将程序代码补充完整。

```
1)   #include <stdio.h>
2)   main()
3)   { _____                    /*定义文件指针fp*/
4)     float  f1,f2,f3;                    /*表示长方形长、宽、面积*/
```

```
5)      if((fp=fopen("canshu.txt","r"))==NULL)
6)          printf("can not open the canshu.txt\n");
7)      fscanf(fp,"%f,%f",_____);      /*格式化读取赋值给f1和f2*/
8)      _____                           /*关闭文件*/
9)      printf("长方形的长：%.2f,宽：%.2f\n",f1,f2);
10)     if((fp=fopen("mianji.txt","w"))==NULL)
11)         printf("can not open the mianji.txt\n");
12)     f3=f1*f2;                               /*计算长方形面积*/
13)     fprintf(fp,"长方形的面积：%f",_____);  /*格式化将面积值f3写入文件*/
14)     _____                           /*关闭文件*/
15)     printf("长方形的面积：%.2f\n",f3);
16) }
```

任务测试

根据任务 1 所学内容，完成下列测试

1. 在 C 语言中，文件指针是（　　）。
   A．一种字符型的指针变量　　　　B．一种结构型的指针变量
   C．一种共用型的指针变量　　　　D．一种枚举型的指针变量

2. 下面的变量表示文件指针变量的是（　　）。
   A．FILE *fp　　　　　　　　　　B．FILE fp
   C．FILER *fp　　　　　　　　　D．file *fp A

3. 在 C 语言中，常用如下方法打开一个文件

```
if((fp=fopen("file.txt","r"))==NULL)
{ printf("can not open the file!");
  exit(1);
}
```

其中 exit(1)函数的作用是（　　）。
   A．退出 C 环境
   B．退出所在的复合语句
   C．当文件不能正常打开时，关闭所有的文件，并终止正在调用的过程
   D．当文件正常打开时，终止正在调用的过程

4. 如果要将存放在双精度型数组 a[10]中的 10 个双精度型实数写入文件型指针 fp1 指向的文件中，正确的语句是（　　）。
   A．for(i=0;i<10;i++) fputc(a[i],fp1);
   B．for(i=0;i<10;i++) fputc(&a[i],fp1);
   C．for(i=0;i<10;i++) fwrite(&a[i],8,1,fp1);
   D．fwrite(fp1,8,10,a);

任务评价

项目 11 文件操作			任务 1：文件的打开、关闭与读写		
班级		姓名		综合得分	
知识学习情况评价（30%）					
评价内容		分值	自评（30%）	师评（70%）	得分
ASCII 码文件和二进制文件		10			
顺序存取文件和随机存取文件		10			
顺序存取文件和随机存取文件		10			
能力训练情况评价（60%）					
评价内容		分值	自评（30%）	师评（70%）	得分
掌握定义文件指针的方法		10			
掌握文件的打开和关闭方法		10			
掌握格式化读/写方法		20			
掌握按字符读/写文件的方法		10			
掌握按字符串读/写文件的方法		10			
素质养成情况评价（10%）					
评价内容		分值	自评（30%）	师评（70%）	得分
出勤及课堂秩序		2			
严格遵守实训操作规程		4			
团队协作及创新能力养成		4			

任务 2　相关函数的使用

任务描述

文件指针的定位对文件的读写至关重要，除了前面讲述的各种读写函数，还需要一些文件定位函数来配合，以便对文件的操作更加灵活和完善。本任务将通过对两大类函数的分析，使学习者掌握文件操作中相关函数的使用方法。

任务准备

1. 文件定位函数

（1）rewind 函数

功能：用指针重返文件的开头，正确返回 0，错误返回非 0。其调用格式如下：

```
rewind(文件指针);
```

【实例 1】有一个文本文件，第一次使它显示在屏幕上，第二次把它复制到另一个文件中。

程序代码如下：

```
1)   #include <stdio.h>
2)   main()
3)   { FILE  *fp1,*fp2;
4)     fp1=fopen("string1.txt","r");
5)     fp2=fopen("string2.txt","w");
6)     while(!feof(fp1))   putchar(fgetc(fp1));
7)     rewind(fp1);
8)     while(!feof(fp1))   fputc(fgetc(fp1),fp2);
9)     fclose(fp1);
10)    fclose(fp2);
11)  }
```

（2）fseek 函数

fseek 函数用于移动文件读写位置指针，以便随机读写。一般用于二进制文件。其语法格式如下：

```
fseek(FILE *fp,long offset,int whence);
```

说明：

① fp 是文件指针。

② whence 用于计算起始点。起始点的取值如表 11-2 所示。

表 11-2　文件内部起始点表示方法

符号常量	值	含义
SEEK_SET	0	文件头
SEEK_CUR	1	文件指针当前位置
SEEK_END	2	文件尾

③ offset 是以字节为单位的偏移量。从起始点开始偏移 offset，得到新的文件指针位置，offset 为正，向前偏移，offset 为负，向后偏移。

（3）ftell 函数

ftell 函数用于得到文件当前指针的位置。其调用格式如下：

```
long ftell(FILE *fp);
```

返回值是长整型数，相对于当前文件指针的位置距离文件头的字节数，出错时返回 -1L。

2. 文件检测函数

C 语言中常用的文件检测函数有以下几个：

（1）文件结束检测函数 feof

调用格式：

```
feof(FILE *fp);
```

功能：判断文件是否处于文件结束位置，如文件结束的返回为 1，否则为 0。

（2）读写文件出错检测函数 ferror

调用格式：

```
ferror(FILE *fp);
```

功能：检查 fp 所指向的文件在最近一次的操作时是否发生错误（用各种输入输出函数进行读/写）如返回值为 0，表示未出错，否则表示有错，并保存这个状况到下一次操作。

（3）文件出错标志和文件结束标志置 0 函数 clearer

调用格式：

```
clearer(文件指针);
```

功能：本函数用于清除出错标志和文件结束标志，使它们为 0 值。

任务实现

训练：有两个文件 A 和 B，各存放一行字母，要求把这两个文件的信息合并，按照字母顺序排列，输出到一个新文件 C 中。要求文件和程序输出结果参考图 11-2 所示。

（1）训练分析

该训练中已知的数据是两个文件里的字符串，需要把它们处理后，输出到另一个文件中，完成编程的关键问题是如何读出这两个文件 A 和 B 里的字符串，又如何把读出的字符串进行排序，最后把排好序的字符串输出到 C 文件中。其中可以把两个文件中的数据读入一个字符串中，然后通过排序算法把字符串的顺序排好，最好把它输出到新文件中。

（2）操作步骤

① 读出文件 A 的字符，保存到一个数组中。
② 读出文件 B 的字符，追加到数组中。
③ 采用"冒泡"排序法对数组元素进行排序。
④ 打开 C 文件。
⑤ 把数组元素逐一输入到 C 文件中并将结果输出到终端。
⑥ 关闭文件。

图11-2 参考运行结果

⑦ 程序代码如下。

```
1)   #include <stdio.h>
2)   #include <stdlib.h>
3)   main()
4)   { FILE *fp;                                      /*定义文件指针*/
5)     int i,j,n,ni;
6)     char c[160],t,ch;
7)     if((fp=fopen("A.txt","r"))==NULL)              /*打开文件A*/
8)     { printf("file A can not be opened\n");
9)       exit(0);
10)    }
11)    printf("\nA contents are :\n");
12)    for(i=0;(ch=fgetc(fp))!=EOF;i++)    /*将文件A中的字符读出赋值给数组c*/
13)    { c[i]=ch;
14)      putchar(c[i]);                    /*输出数组c中现有字符,即文件A中字符*/
15)    }
16)    fclose(fp);                                    /*关闭文件*/
17)    ni=i;                               /*标记数组c中字符末尾位置*/
18)    if((fp=fopen("B.txt","r"))==NULL)              /*打开文件B*/
19)    { printf("file B can not be opened\n");
20)      exit(0);
21)    }
22)    printf("\nB contents are :\n");
23)    for(i=ni;(ch=fgetc(fp))!=EOF;i++)    /*将文件B中的字符读出赋值给数组c*/
24)    { c[i]=ch;
25)      putchar(c[i]);                    /*输出数组c中新放入字符,即文件B中的字符*/
```

```
26)     }
27)     fclose(fp);                              /*关闭文件*/
28)     n=i;
29)     for(i=0;i<n;i++)                         /*字母排序*/
30)       for(j=i+1;j<n;j++)
31)         if(c[i]<c[j])
32)         { t=c[i];c[i]=c[j];c[j]=t; }
33)     printf("\nC file is :\n");
34)     fp=fopen("C.txt","w");                   /*打开文件C*/
35)     for(i=0;i<n;i++)        /*将数组c中字符读入到文件指针指向的文件C中*/
36)     { fputc(c[i],fp);
37)       putchar(c[i]);
38)     }
39)     printf("\n");
40)     fclose(fp);                              /*关闭文件*/
41) }
```

小贴士

程序中对数组 C 采用的是冒泡排序法，学习者也可以采用其他方式进行排序。

任务测试

根据任务 2 所学内容，完成下列测试

1. rewind 函数的作用是（   ）。
   A．重新打开文件
   B．使文件位置指针重新回到文件的开头
   C．使文件位置指针重新回到文件的末尾
   D．返回文件长度值

2. 在 C 语言中，关于函数 fseek 的说法正确的是（   ）。
   A．使位置指针重新返回文件的开头
   B．是位置指针到文件的末尾
   C．可以改变文件位置指针
   D．利用 fseek 函数只能实现文件顺序读写

3. 若 fp 为文件指针，且已正确打开，以下语句输出的结果为（   ）。

```
fseek(fp,0,SEEK_END);
i=ftell(fp);
printf("i=%d",i);
```

   A．fp 所指文件的记录的长度
   B．fp 所指文件的当前位置，以字节为单位
   C．fp 所指文件的长度，以字节为单位
   D．fp 所指文件的当前位置，以字为单位

任务评价

项目 11 文件操作			任务 2：相关函数的使用		
班级		姓名		综合得分	

知识学习情况评价（30%）					
评价内容		分值	自评（30%）	师评（70%）	得分
文件定位函数格式		15			
文件检测函数格式		15			
能力训练情况评价（60%）					
评价内容		分值	自评（30%）	师评（70%）	得分
掌握文件定位函数的使用方法		20			
掌握文件检测函数的使用方法		20			
掌握使用文件操作解决复杂问题的方法		20			
素质养成情况评价（10%）					
评价内容		分值	自评（30%）	师评（70%）	得分
出勤及课堂秩序		2			
严格遵守实训操作规程		4			
团队协作及创新能力养成		4			

项目小结及测试 11

○ 分析小结 ○

通过对文件指针等知识的学习，使学习者对按格式读/写函数、按字符读写函/数、按字符串读/写函数等文件操作函数有了进一步的了解，通过训练具备了在程序中综合运用所有知识点解决问题的能力。

学习笔记

·重点知识·

·易错点·

思考实践

全部任务已学习完毕，在实际问题的处理过程中，学习者可综合运用所学知识，结合算法、数据结构知识，慢慢积累程序设计经验。

项目测试

根据项目所学内容，完成下列测试

1. 请完成以下单项选择题

（1）若执行 fopen 函数时发生错误，则函数的返回值是（　　）。

　　A．地址值　　　　B．0　　　　　　C．1　　　　　　D．EOF

（2）若要用函数打开一个新的二进制文件，该文件既能读也能写，则文件方式字符串应是（　　）。

　　A．"ab+"　　　　B．"wb+"　　　　C．"rb+"　　　　D．"ab"

（3）fscanf 函数正确的调用形式是（　　）。

　　A．fsacanf(fp,格式字符串,输出表列)

　　B．fsacanf(格式字符串,输出表列,fp)

　　C．fsacanf(格式字符串,文件指针,输出表列)

　　D．fsacanf(文件指针,格式字符串,输入表列)

（4）fgets 函数的返回值为（　　）。

　　A．0　　　　　　　　　　　　　　B．-1

　　C．读入字符串的首地址　　　　　　D．读入字符串的长度

（5）fseek 函数的正确调用形式是（　　）。

　　A．fseek(文件指针,起始点,位移量);

B．fseek(文件指针,位移量,起始点);
C．fseek(位移量,起始点,文件指针);
D．fseek(起始点,位移量,文件指针);

（6）若 fp 是指向某文件的指针,且已读到文件末尾,则函数 feopf(fp)的返回值是（　　）。

A．EOF　　　　B．-1　　　　C．1　　　　D．NULL

（7）下列关于 C 语言数据文件的叙述正确的是（　　）。

A．文件有 ASCII 码字符序列组成,C 语言只能读写文本文件
B．文件有二进制数据序列组成,C 语言只能读写二进制文件
C．文件有记录序列组成,可按数据的存放形式分为二进制文件和文本文件
D．文件有数据流形式组成,可按数据的存放形式分为二进制文件和文本文件

（8）函数 fseek(pf,OL,SEEK_END)中的 SEEK_END 代表的起始点是（　　）。

A．文件开始　　　　　　　　B．文件末尾
C．文件当前位置　　　　　　D．以上都不对

（9）若调用 fputc 函数输出字符成功,则其返回值是（　　）。

A．EOF　　　　　　　　　　B．1
C．0　　　　　　　　　　　　D．输出的字符

2．课后实战,完成下列演练

【实战 1】从键盘输入 10 个整数写入文件中,再将这 10 个整数显示在屏幕上。

【实战 2】求 1000 以内所有的素数,并把它们写入文件 test.txt 中。

附录1
常用字符与 ASCII 码对照表

ASCII 值（十进制）	字符	ASCII 值（十进制）	字符	ASCII 值（十进制）	字符	ASCII 值（十进制）	字符
0	NUL	32	(space)	64	@	96	、
1	SOH	33	!	65	A	97	a
2	STX	34	"	66	B	98	b
3	ETX	35	#	67	C	99	c
4	EOT	36	$	68	D	100	d
5	ENQ	37	%	69	E	101	e
6	ACK	38	&	70	F	102	f
7	BEL	39	'	71	G	103	g
8	BS	40	(	72	H	104	h
9	HT	41	)	73	I	105	i
10	LF	42	*	74	J	106	j
11	VT	43	+	75	K	107	k
12	FF	44	,	76	L	108	l
13	CR	45	-	77	M	109	m
14	SO	46	.	78	N	110	n
15	SI	47	/	79	O	111	o
16	DLE	48	0	80	P	112	p
17	DCI	49	1	81	Q	113	q
18	DC2	50	2	82	R	114	r
19	DC3	51	3	83	S	115	s
20	DC4	52	4	84	T	116	t
21	NAK	53	5	85	U	117	u
22	SYN	54	6	86	V	118	v
23	TB	55	7	87	W	119	w
24	CAN	56	8	88	X	120	x
25	EM	57	9	89	Y	121	y
26	SUB	58	:	90	Z	122	z
27	ESC	59	;	91	[	123	{
28	FS	60	<	92	\	124	|
29	GS	61	=	93	]	125	}
30	RS	62	>	94	^	126	~
31	US	63	?	95	—	127	DEL

附录2
运算符的优先级和结合性

优先级	运算符	运算功能	目数	结合方向
15	( ) [ ] -> .	圆括号 数组元素下标 指向结构体成员 结构体成员	单目 单目 双目 双目	自左至右
14	! ~ ++、-- + - * & (类型名) sizeof	逻辑非 按位取反 自增、自减 求正 求负 间接运算符 求地址运算符 强制类型转换 求所占字节数	单目	自右至左
13	* / %	乘 除（取整） 求余数	双目	自左至右
12	+ -	加 减	双目	自左至右
11	<< >>	左移 右移	双目	自左至右
10	< <= > >=	小于 小于等于 大于 大于等于	双目	自左至右
9	== !=	等于 不等于	双目	自左至右
8	&	按位与	双目	自左至右
7	^	按位异或	双目	自左至右
6	|	按位或	双目	自左至右
5	&&	逻辑与	双目	自左至右
4	||	逻辑或	双目	自左至右
3	? :	条件运算	三目	自右至左
2	= +=、-=、*=、/=、%=、 &=、^=、!=、<<=、>>=	赋值 复合的赋值运算	双目	自右至左
1	,	逗号运算	双目	自左至右

附录 3
C 语言常用库函数

1. 数学函数

常用的数学函数如表 1 所示,这些函数包含在"math.h"文件中。

表 1　常用的数学函数

函数名	函数原型	函数功能	返回值
abs	int abs(int x)	计算整数 x 的绝对值	x 的绝对值
acos	double acos(double x)	计算反余弦 $\cos^{-1}(x)$ 的值	$\arccos(x)$ 的值
asin	double asin(double x)	计算反正弦 $\sin^{-1}(x)$ 的值	$\arcsin(x)$ 的值
atan	double atan(double x)	计算反正切 $\tan^{-1}(x)$ 的值	$\arctan(x)$ 的值
cos	double cos(double x)	计算余弦 $\cos(x)$ 的值	$\cos(x)$ 的值
exp	double exp(double x)	计算 e^x 的值	e^x 的值
fabs	double fabs(double x)	计算浮点数 x 的绝对值	x 的绝对值
floor	double floor(double x)	向下取整	不大于 x 的最大整数
log	double log(double x)	计算自然对数 $\log_e(x)$ 的值	$\log_e(x)$ 的值
log10	double log10(double x)	计算常用对数 $\log_{10}(x)$ 的值	$\log_{10}(x)$ 的值
pow	double pow(double x, double y)	计算 x^y 的值	x^y 的值
rand	int rand(void)	产生伪随机数	随机整数
sin	double sin(double x)	计算正弦 $\sin(x)$ 的值	$\sin(x)$ 的值
sqrt	double sqrt(double x)	计算平方根 $\sqrt{x}$ 的值(x 为非负数)	$\sqrt{x}$ 的值
tan	double tan(double x)	计算正切 $\tan(x)$ 的值	$\tan(x)$ 的值

2. 字符串函数

常用的字符串函数如表 2 所示,这些函数包含在"string.h"文件中。

表 2　常用的字符串函数

函数名	函数原型	函数功能	返回值
strcat	char *strcat(char *s1,char *s2);	将 s2 指向的字符串连接到 s1 指向的字符串末尾	返回 s1
strchr	char *strchr(char *s,int ch);	查找字符 ch 首次出现在 s 指向的字符串中的位置	返回指向字符首次出现位置的指针,若未找到该字符则返回空指针

续表

函数名	函数原型	函数功能	返回值
strcmp	int strcmp(char *s1,char *s2);	比较 s1 和 s2 指向的两个字符串	s1>s2,返回正数 s1=s2,返回 0 s1<s2,返回负数
strcpy	char *strcpy(char *s1,char *s2);	将 s2 指向的字符串复制到 s1 指向的字符串中	返回 s1
strlen	unsigned int strlen(char *s);	计算 s 指向字符串的长度（不包括终止符'\0'）	返回字符串的长度
strstr	char *strstr(char *s1,char *s2);	查找 s2 指向的子字符串首次出现在 s1 指向的字符串中的位置	返回指向子字符串首次出现位置的指针，若未找到该子字符串则返回空指针

3．输入输出函数

常用的输入输出函数如表 3 所示，这些函数包含在"stdio.h"文件中。

表 3 常用的输入输出函数

函数名	函数原型	函数功能	返回值
fclose	int fclose(FILE *stream);	关闭 stream 指向的文件	成功时返回 0,否则返回 EOF
feof	int feof(FILE *stream);	检查 stream 指向的文件是否结束	若文件已经结束，返回非零值，否则返回 0
fgetc	int fgetc(FILE *stream);	从 stream 指向的文件中读取一个字符	返回成功读取的字符，失败则返回 EOF
fgets	char *fgets(char *s, int count, FILE *stream);	从 stream 指向的文件中读取长度为 count-1 的字符串，并存储到 s 指向的内存空间	成功时返回 s,失败则返回空指针
fopen	FILE *fopen(const char *filename,char *mode);	以 mode 指定的方式打开 filename 指向的文件	成功时返回文件指针，失败则返回 0
fprintf	int fprintf(FILE *stream,char *format, args,…);	将 args 的值以 format 指定的格式输出到 stream 指向的文件中	返回成功输出的字符个数，错误则返回负数
fputc	int fputc(char ch, FILE * stream);	将字符 ch 输出到 stream 指向的文件	成功时返回输出的字符，失败则返回 EOF
fputs	int fputs(char *s, FILE *stream);	将 s 指向的字符串输出到 stream 指向的文件中	成功时返回非负值，失败则返回 EOF
fread	int fread(char *p, unsigned size, unsigned count, FILE *stream);	从 stream 指向的文件中读取长度为 size 的 count 个数据项，存储到 p 指向的内存空间	返回成功读入的数据项数量，如果文件结束或出错则返回 0
fscanf	int fscanf(FILE *stream,char *format, args,…);	从 stream 指向的文件按照 format 指向的格式字符串所规定的格式，将数据输入到 args 指向的内存空间	返回成功读入并存储的数据项数量，若错误则返回 EOF

续表

函数名	函数原型	函数功能	返回值
fwrite	int fwrite(char *p, unsigned size, unsigned count, FILE *stream);	将 p 指向的 count 个数据项输出到 stream 指向的文件，每个数据项大小为 size	返回成功输出数据项数量
getchar	int getchar(void);	从标准输入设备中读取一个字符	返回成功读入的字符；若文件结束或出错则返回-1
printf	int printf(char *format,args,…);	将 args 指向内存空间中的数据，按照 format 指向的格式输出到标准输出设备	返回成功输出的字符个数，错误则返回-1
putchar	int putchar(char ch);	将字符 ch 输出到标准输出设备	返回成功输出的字符；若错误则返回（-1）
scanf	int scanf(char *format,args,…);	从标准输入设备按照 format 指向格式，将数据输入到 args 指向的内存空间	返回成功读入并存储的数据项数量，若文件结束或出错则返回（-1）

4．动态存储分配函数

常用的输入/输出函数如表 4 所示，这些函数包含在"stdlib.h"文件中。

表 4 常用的输入/输出函数

函数名	函数原型	函数功能	返回值
calloc	void *calloc(unsigned num, unsigned size);	为 num 个数据项分配连续的内存空间，每个数据项所占内存大小为 size	分配成功时，返回所分配内存空间的首地址；分配失败时，返回 0
free	void free(void *p);	释放 p 指向的内存空间	无
malloc	void *malloc(unsigned size);	分配 size 字节的内存空间	分配成功时，返回所分配内存空间的首地址；分配失败时，返回 0
realloc	void *realloc(void *p, unsigned new_size);	将 p 指向的已分配内存空间的大小调整为 new_size	分配成功时，返回所分配内存空间的首地址；分配失败时，返回 0

反侵权盗版声明

电子工业出版社依法对本作品享有专有出版权。任何未经权利人书面许可，复制、销售或通过信息网络传播本作品的行为；歪曲、篡改、剽窃本作品的行为，均违反《中华人民共和国著作权法》，其行为人应承担相应的民事责任和行政责任，构成犯罪的，将被依法追究刑事责任。

为了维护市场秩序，保护权利人的合法权益，我社将依法查处和打击侵权盗版的单位和个人。欢迎社会各界人士积极举报侵权盗版行为，本社将奖励举报有功人员，并保证举报人的信息不被泄露。

举报电话：（010）88254396；（010）88258888

传　　真：（010）88254397

E-mail：dbqq@phei.com.cn

通信地址：北京市万寿路173信箱
　　　　　电子工业出版社总编办公室

邮　　编：100036